Göschens Lehrbücherei

1. Gruppe

Reine und angewandte Mathematik

Band 1

Irrationalzahlen

Von

Prof. Dr. Oskar Perron

Walter de Gruyter & Co.

vormals G. J. Göschen'sche Verlagshandlung
J. Guttentag, Verlagsbuchhandlung — Georg
Reimer — Karl J. Trübner — Veit & Comp.

Berlin 1960

Irrationalzahlen

Von

Dr. Oskar Perron

o. ö. Professor an der Universität München

Vierte, durchgesehene und ergänzte Auflage

Walter de Gruyter & Co.

vormals G. J. Göschen'sche Verlagshandlung
J. Guttentag, Verlagsbuchhandlung – Georg
Reimer – Karl J. Trübner – Veit & Comp.

Berlin 1960

Vorwort zur ersten Auflage

Das Buch, das ich hiermit der Öffentlichkeit übergebe, wendet sich in erster Linie an die Studierenden; doch dürfte es auch für den Kenner des Interesses nicht völlig entbehren. Weicht doch sein Inhalt ganz erheblich von den sonstigen Büchern über die irrationalen Zahlen ab.

Ich habe die Theorie von DEDEKIND zugrunde gelegt. Um dann die Rechenoperationen zu definieren und die Rechnungsgesetze zu beweisen, gibt es zwei Wege. Der erste, kurz und elegant, ist von R. BAIRE angebahnt und sodann von G. KOWALEWSKI in seinen „Grundzügen der Differential- und Integralrechnung" (Leipzig 1909) meisterhaft vollendet worden. Er besteht darin, daß zunächst nur die Gesetze über die Größenordnung aufgestellt werden; mit ihrer Hilfe allein gelingt die Einführung des Grenzbegriffs, der dann die Definitionen und Gesetze für Addition, Subtraktion usw. unschwer zu erledigen gestattet. Länger und kunstloser ist der zweite Weg, aber dafür viel naturgemäßer und dem unbefangenen Neuling eigentlich von selbst sich aufdrängend, so daß ich es für richtig hielt, meine Leser diesen Weg zu führen. Er besteht einfach darin, daß nach Einführung der DEDEKINDschen Schnitte nicht nur die Begriffe des Größer und Kleiner, sondern sogleich auch der Summe, Differenz usw. definiert und auf Grund dieser Definitionen die Rechengesetze entwickelt werden (Kapitel I). So erscheinen die Rechengesetze, wie es natürlich ist, als das Primäre; der Grenzbegriff als etwas Fernerliegendes kommt erst im zweiten Kapitel.

Das dritte Kapitel ist der Theorie der Potenzen und Logarithmen gewidmet, während im vierten die verschiedenen Darstellungsformen irrationaler Zahlen in einer bisher nicht gebotenen Vollständigkeit entwickelt werden. Das fünfte Kapitel behandelt die sog. diophantischen Approximationen, wobei ich in der zweiten Hälfte insbesondere das Ziel verfolgte, einen fundamentalen Satz von KRONECKER, der in den letzten Jahren eine gewisse Bedeutung für scheinbar ganz fern liegende mathematische Disziplinen, wie die Theorie der säkularen Störungen und die Theorie der RIEMANNschen Zetafunktion, erlangt hat, in gleicher Allgemeinheit wie KRONECKER zu entwickeln. Ob es mir dabei gelungen ist, die schwer lesbare KRONECKERsche Darstellung in eine genießbarere Form zu bringen, mögen die Leser entscheiden. Jedenfalls konnte ich den Umfang auf weniger als ein Drittel herabdrücken. Das letzte Kapitel endlich handelt von den Eigenschaften der algebraischen und transzendenten Zahlen. Daß hier die Transzendenzbeweise für die Zahlen e und π nicht fehlen dürfen, ist selbstverständlich.

Die Vorkenntnisse, die die Lektüre des Buches erfordert, sind gering. Wer eine höhere Schule absolviert hat, darf von dem dort Gelernten ruhig ein gutes Teil vergessen und wird immer noch ausreichen. Nur an zwei Stellen wird eine Kleinigkeit mehr vorausgesetzt. In der zweiten Hälfte des fünften Kapitels kommen die einfachsten Sätze über Determinanten und lineare Gleichungssysteme vor, und beim Transzendenzbeweis für π mußte ich imaginäre Zahlen zu Hilfe nehmen, weil ein ganz im Reellen operierender Beweis noch nicht bekannt ist; immerhin versuchte ich, den Beweis möglichst elementar zu gestalten. Der Transzendenzbeweis für e ist mit den einfachsten Mitteln geführt, die im Buche selbst gewonnen werden.

Aber freilich, gewöhnlich ist es in der Mathematik so: Je weniger „Vorkenntnisse" vorausgesetzt werden, ein um so reiferes Urteil und schärferes logisches Denkvermögen wird verlangt. Doch glaubte ich auch in dieser Hinsicht keine großen Anforderungen stellen zu sollen. Ich habe mich im Gegenteil bemüht, den Leser zu Verständnis und Urteilsfähigkeit anzuleiten, sowohl durch Beispiele wie auf manche andere Weise. Durch gelegentliche Hinweise auf schwierigere Fragen, die über den Rahmen des Buches hinausgehen und zum Teil noch ungelöst sind, habe ich den Wissens- und Forscherdrang der Studierenden teils anzuregen, teils zu befriedigen gesucht. Die wichtigste Literatur, die bis auf die jüngsten Tage reicht, ist am Schluß des Buches zusammengestellt.

Heidelberg, im Dezember 1920.

Oskar Perron

Vorwort zur vierten Auflage

Die etwas erweiterte zweite Auflage erschien im Jahr 1939 und war trotz des Krieges schon 1943 erschöpft. Erst 1947 war es möglich, die dritte Auflage herauszubringen. Aber die trostlose Zeit erlaubte damals nur einen anastatischen Neudruck auf schlechtestem Papier und ohne daß wünschenswerte Änderungen durchgeführt werden konnten. Nun kommt die vierte wieder in würdigem Gewande und mit einer Reihe von kleinen Änderungen und Ergänzungen. Für manches, was aus Raumgründen nicht mehr aufgenommen werden konnte, wurde wenigstens die wichtigste Literatur nachgewiesen; ebenso auch für einige Fragen, die beim Leser zwar auf Verständnis stoßen und gewiß seine Neugier wecken, aber mit den geringen Vorkenntnissen, mit denen ich im ganzen Buch auszukommen suche, nicht mehr bewältigt werden können.

Beim Lesen der Korrektur hat mich meine Tochter, Frau Erika Schnaidt, unterstützt. Ihr, sowie dem Verlag, der allen meinen Wünschen bereitwillig entgegen kam, gilt mein herzlicher Dank.

München, im Juli 1960

Oskar Perron

Inhaltsverzeichnis

Erstes Kapitel

Die Grundlagen

Zweites Kapitel

Der Begriff der Grenze

Drittes Kapitel

Potenzen und Logarithmen

Viertes Kapitel

Verschiedene Darstellungsformen irrationaler Zahlen

Erstes Kapitel

Die Grundlagen

§ 1. Die rationalen Zahlen

Die Theorie der rationalen (ganzen und gebrochenen, positiven und negativen) Zahlen setzen wir in diesem Buche als bekannt voraus. Solange wir andere Zahlen noch nicht haben, d. h. bis § 9 einschließlich, heißt *Zahl* soviel wie *rationale Zahl*. Hier in § 1 mögen zunächst die Gesetze zusammengestellt werden, auf denen das Rechnen mit diesen Zahlen beruht.

Um anzudeuten, daß zwei Zeichen a, b ein und dieselbe Zahl bezeichnen, schreibt man $a = b$. Um anzudeuten, daß a, b zwei verschiedene Zahlen bezeichnen, schreibt man $a \neq b$. Die Rechengesetze sind nun die folgenden.

A. Größenordnung

I. Wenn $a \neq b$, so ist *entweder* $a < b$ *oder* $a > b$.

II. Wenn $a = b$, so ist *weder* $a < b$ *noch* $a > b$.

III. Wenn $a < b$, so ist $b > a$ und umgekehrt.

IV. Wenn $a < b$, $b < c$, so ist auch $a < c$.

Definition. Die Zahl a heißt *positiv*, wenn $a > 0$ ist; sie heißt *negativ*, wenn $a < 0$ ist; sie *verschwindet*, wenn $a = 0$ ist. Die Zahl 0 selbst wird weder positiv noch negativ genannt.

B. Summe

V. Sind a, b Zahlen, so ist auch $a + b$ eine (durch a und b eindeutig bestimmte) Zahl.

VI. $$a + b = b + a \qquad \text{(Kommutativgesetz).}$$

VII. $$a + (b + c) = (a + b) + c \qquad \text{(Assoziativgesetz).}$$

VIII. $$a + 0 = a.$$

IX. Wenn $a < b$, so ist auch $a + c < b + c$ (Monotoniegesetz).

C. Differenz

X. Sind a, b Zahlen, so ist auch $a - b$ eine (durch a und b eindeutig bestimmte) Zahl. Statt $0 - b$ schreibt man auch einfacher $-b$.

XI. $$b + (a - b) = a.$$

D. Produkt

XII. Sind a, b Zahlen, so ist auch ab eine (durch a und b eindeutig bestimmte) Zahl. Statt ab schreibt man auch $a \cdot b$ oder $a \times b$.

XIII. $ab = ba$ (Kommutativgesetz).

XIV. $a\,(bc) = (ab)\,c$ (Assoziativgesetz).

XV. $(a + b)\,c = ac + bc$ (Distributivgesetz).

XVI. $1 \cdot a = a$.

XVII. $0 \cdot a = 0$.

XVIII. Wenn $a < b$, und $c > 0$, so ist auch $ac < bc$ (Monotoniegesetz).

E. Quotient

XIX. Sind a, b Zahlen, und $b \neq 0$, so ist auch $\frac{a}{b}$ eine (durch a und b eindeutig bestimmte) Zahl. Statt $\frac{a}{b}$ schreibt man auch $a : b$.

XX. $b \cdot \frac{a}{b} = a$.

F. Der Archimedische Satz

XXI. Ist a eine Zahl, so gibt es *positive ganze* Zahlen n, für welche $n > a$ ist.

Auf diesen Gesetzen im Verein mit der rekurrenten Erzeugungsweise der positiven ganzen Zahlen, die dem „Schluß von n auf $n + 1$“ (vollständige Induktion) zugrunde liegt[1]), beruht die gesamte Arithmetik. Allerdings wendet man beim Rechnen fortwährend noch einige andere, ebenso oder fast ebenso einfache Gesetze an; sie sind aber insofern nichts Neues, als sie sich aus den obigen rein logisch herleiten lassen. Diese Erkenntnis hat sich in der Hauptsache jeder Leser schon auf der Schule mehr oder weniger deutlich verschafft; sie soll ihm hier nur an einigen Beispielen zum klaren Bewußtsein gebracht werden.

Den Satz:

„Wenn $a > b$, $b > c$, so ist auch $a > c$“

kann man unmittelbar aus III und IV folgern. Aus VI und VII folgt mittels vollständiger Induktion, daß eine Summe von beliebig vielen Summanden ganz unabhängig ist von ihrer Reihenfolge und von der Stellung der Ordnungsklammern, die man deshalb meistens unterdrückt, wie schon in der Fußnote auf dieser Seite geschehen. Ebenso ist es nach XIII und XIV bei einem Produkt

---

[1]) Infolge dieser rekurrenten Erzeugungsweise ist jede positive ganze Zahl n eine *Anzahl*, d. h. entweder 1 oder eine Summe der Form

$$n = 1 + 1 + 1 + \ldots + 1.$$

von beliebig vielen Faktoren. Aus den Gesetzen über die Größenordnung und die Summe schließt man, daß beliebig viele gleichsinnige Ungleichungen zueinander addiert werden dürfen. Wenn alles positiv ist, dürfen sie auch miteinander multipliziert werden.

Für die Subtraktion ist der *Eindeutigkeitssatz* von Wichtigkeit, welcher aussagt, daß die Gleichung

$$b + x = a$$

außer der nach XI vorhandenen Lösung $x = a - b$ keine weitere Lösung zuläßt. Wenn nämlich $a = b + x = x + b$ sein soll, so ist nach VIII, XI und VII

$$\begin{aligned} x &= x + 0 = x + [b + (0 - b)] = (x + b) + (0 - b) = a + (0 - b) \\ &= a + (-b) \text{ (nach X)}. \end{aligned}$$

Es gibt also höchstens *eine* Lösung, nämlich $x = a + (-b)$, die daher mit der nach XI existierenden Lösung $x = a - b$ übereinstimmen muß. Man hat also nebenbei noch die Formel gewonnen:

$$a + (0 - b) = a + (-b) = a - b.$$

Aus dieser folgt weiter mit Benutzung von VI, VII und XI:

$$(b + a) - b = (a + b) + (0 - b) = a + [b + (0 - b)] = a + 0,$$

also schließlich die Formel

$$(b + a) - b = a.$$

Aus dem Eindeutigkeitssatz und aus VIII und XI für $a = b$ fließt weiter die Formel

$$b - b = 0.$$

Ferner aus VIII, VI und XI: $a - 0 = (a - 0) + 0 = 0 + (a - 0) = a$; also

$$a - 0 = a.$$

Weiterhin folgert man leicht die bekannten Vorzeichenregeln für die Klammerauflösung bei der Subtraktion. Als typisches Beispiel mag der Beweis für die Formel

$$a - (b - c) = (a - b) + c$$

hier Platz greifen. Setzt man zur Abkürzung $b - c = p$, $a - p = q$, also

$$q = a - (b - c),$$

so ist zunächst nach XI

$$\begin{aligned} c + p &= c + (b - c) = b, \\ p + q &= p + (a - p) = a. \end{aligned}$$

Sodann ist wegen VIII und XI

$$q = q + 0 = q + [b + (0 - b)] = q + [(c + p) + (0 - b)]$$

und, weil bei Summen die Reihenfolge der Glieder und die Ordnungsklammern beliebig verändert werden können,

$$q = [(p + q) + (0 - b)] + c = [a + (0 - b)] + c = (a - b) + c.$$

Oder also, wenn man den ursprünglichen Wert für q einsetzt:

$$a - (b - c) = (a - b) + c. \qquad \text{W. z. b. w.}$$

Speziell für $a = 0$ ergibt sich wegen $0 + c = c + 0 = c$:

$$-(b - c) = (-b) + c = c + (-b) = c - b,$$

und hieraus weiter für $b = 0$, nachdem schon oben $a - 0 = a$ nachgewiesen wurde,

$$-(-c) = c - 0 = c.$$

Auch für die Division gilt der analoge *Eindeutigkeitssatz*, daß die Gleichung $bx = a$ für $b \neq 0$ außer der nach XX existierenden Lösung keine weitere hat, und es ist

$$a \cdot \frac{1}{b} = \frac{a}{b}.$$

Ferner gelten die Formeln

$$\begin{aligned}
&(ba) : b = a && (\text{für } b \neq 0),\\
&b : b = 1 && (\text{für } b \neq 0),\\
&a : 1 = a, && \\
&a : (b : c) = (a : b) \cdot c && (\text{für } b \neq 0,\ c \neq 0),\\
&1 : \frac{b}{c} = \frac{c}{b} && (\text{für } b \neq 0,\ c \neq 0),\\
&1 : \frac{1}{c} = c && (\text{für } c \neq 0).
\end{aligned}$$

Das beweist man alles wörtlich wie oben bei der Subtraktion, wobei man einfach die Zahl 0 durch 1 und die Zeichen $+$ und $-$ durch $\cdot$ und $:$ (oder Bruchstrich) ersetzt und statt der Gesetze VI, VII, VIII, XI die Gesetze XIII, XIV, XVI, XX anwendet.

Wir beweisen noch die bekannte und sehr wichtige Tatsache:

Ein Produkt (von zwei oder mehr Faktoren) verschwindet dann und nur dann, wenn wenigstens einer der Faktoren verschwindet.

Man sieht leicht, daß es genügt, den Satz für ein Produkt von *zwei* Faktoren zu beweisen. Wenn nun in dem Produkt ab der erste Faktor verschwindet, so ist nach XVII auch das Produkt gleich Null; das gleiche gilt mit Rücksicht auf XIII, wenn der zweite Faktor verschwindet. Wenn umgekehrt $ab = 0$ ist und etwa $b \neq 0$, so ist zu zeigen, daß $a = 0$ ist.

Nun ist in der Tat

$$a = a \cdot 1 = a \cdot \left(b \cdot \frac{1}{b}\right) = (a \cdot b) \cdot \frac{1}{b} = 0 \cdot \frac{1}{b} = 0. \quad \text{W. z. b. w.}$$

Für Brüche gilt die bekannte Kürzungs- und Erweiterungsformel

$$\frac{a}{b} = \frac{ac}{bc} \text{ für } b \neq 0,\ c \neq 0.$$

In der Tat, wegen $b \neq 0$, $c \neq 0$ ist auch $bc \neq 0$, so daß beide Brüche einen Sinn haben. Nun ist

$$ca = ac = (bc) \cdot \frac{ac}{bc} = (cb) \cdot \frac{ac}{bc} = c \cdot \left(b \cdot \frac{ac}{bc}\right).$$

Die Gleichung $cx = ca$ hat daher außer der trivialen Lösung $x = a$ auch die Lösung $x = b \cdot \frac{ac}{bc}$. Wegen der Eindentigkeit der Division müssen beide einander gleich sein; also ist zunächst

$$a = b \cdot \frac{ac}{bc}.$$

Da aber auch $a = b \cdot \frac{a}{b}$ ist, sind die beiden Brüche $\frac{ac}{bc}$ und $\frac{a}{b}$ Lösungen der Gleichung $bx = a$ und wegen der Eindeutigkeit der Division einander gleich. W. z. b. w.

Auch all die viel benutzten, wiewohl weniger einfachen Regeln und Formeln, wie z. B. die Summenformel für die endliche geometrische Reihe, der binomische Satz für positive ganze Exponenten, und viele andere sind lediglich logische Folgerungen aus den angegebenen Gesetzen und können als bekannt angesehen werden. Insofern sind unsere Gesetze I bis XXI *vollständig*.

Eine andere Frage ist die, ob die einundzwanzig Gesetze voneinander *unabhängig*, oder ob vielleicht einige von ihnen bereits logische Folgen der übrigen und insofern als Grundgesetze überflüssig sind. Eine erschöpfende Klärung dieser Frage würde zu weit führen und soll hier unterbleiben; wir verweisen auf die Darstellung bei Loewy (vgl. Literaturverzeichnis). Um irrigen Vorstellungen vorzubeugen, sei jedoch bemerkt, daß wir Unabhängigkeit weder angestrebt noch erreicht haben. Beispielsweise sei erwähnt, weil es manchen Leser überraschen mag, daß das Gesetz XVII eine Folge der übrigen ist.

In der Tat, nach XII ist $0 \cdot a$ eine Zahl, und wenn etwa $0 \cdot a < 0$ wäre, hätte man:

$1 \cdot a = (1 + 0)\, a = 1 \cdot a + 0 \cdot a = 0 \cdot a + 1 \cdot a < 0 + 1 \cdot a = 1 \cdot a + 0 = 1 \cdot a$; also $1 \cdot a < 1 \cdot a$. Ebenso führt die Annahme $0 \cdot a > 0$ auf einen Widerspruch, so daß nach I. notwendig $0 \cdot a = 0$ sein muß.

§ 2. Definition des Schnittes

Der Theorie der Irrationalzahlen legen wir nach DEDEKIND den Begriff des Schnittes zugrunde. Wir definieren:

Definition. *Eine Einteilung aller (rationalen) Zahlen in zwei Klassen A und B derart, daß jede Zahl der Klasse A kleiner ist als jede Zahl der Klasse B, heißt ein Schnitt. Dabei heißt A die Unterklasse, B die Oberklasse des Schnittes.*

Beispiel. Die Unterklasse enthält die Zahl 0 und alle negativen Zahlen, die Oberklasse alle positiven Zahlen.

Offenbar ist ein Schnitt bereits eindeutig bestimmt, wenn wir seine Unterklasse angeben; denn die Oberklasse besteht dann einfach aus allen anderen Zahlen. Ebenso ist ein Schnitt auch durch Angabe seiner Oberklasse eindeutig bestimmt. Wie erkennt man aber, ob eine gegebene Menge von Zahlen die Unter- oder Oberklasse eines Schnittes ist? Die Antwort ist leicht:

Eine Menge A von Zahlen ist dann und nur dann die Unterklasse eines (eindeutig bestimmten) Schnittes, wenn nicht jede Zahl zu A gehört und wenn jede Zahl, die kleiner ist als eine zu A gehörende Zahl, ebenfalls zu A gehört[1]).

In der Tat hat die Unterklasse eines jeden Schnittes diese Eigenschaft; denn gehört a zur Unterklasse, und ist $b < a$, so kann b nicht zur Oberklasse gehören, weil sonst definitionsgemäß $b > a$ sein müßte; also gehört auch b zur Unterklasse. Ist umgekehrt A eine Menge der angegebenen Art, und bezeichnet man die Menge aller anderen Zahlen mit B, so kann es in B keine Zahl b geben, die kleiner ist als eine Zahl von A; denn jedes solche b würde definitionsgemäß ebenfalls zu A gehören. Also ist jede Zahl von B größer als jede Zahl von A, und somit ist A wirklich die Unterklasse eines Schnittes.

Ebenso einfach beweist man:

Eine Menge B von Zahlen ist dann und nur dann die Oberklasse eines (eindeutig bestimmten) Schnittes, wenn nicht jede Zahl zu B gehört und wenn jede Zahl, die größer ist als eine zu B gehörende Zahl, ebenfalls zu B gehört[1]).

Wir beweisen jetzt nach dem Vorgang von HÖLDER zwei Hilfssätze.

Hilfssatz 1. *Bei jedem Schnitt gibt es, wenn k irgendeine positive Zahl bedeutet, in der Unterklasse eine Zahl a und in der Oberklasse eine Zahl b derart, daß* $b - a = k$ *ist.*

Ist nämlich c eine beliebige Zahl der Unterklasse, d eine beliebige Zahl der Oberklasse, so sei n eine ganze Zahl, die größer als die positive Zahl $\frac{d-c}{k}$ ist. Dann ist $c + nk > d$, also $c + nk$ eine Zahl der Oberklasse. Von den Zahlen

$$c, c + k, c + 2k, \ldots, c + nk$$

[1]) In der beliebten logistischen Sprache ließe sich das natürlich kürzer ausdrücken. Doch soll hier und überhaupt im ganzen Buch von ihr abgesehen werden; auch die etwas breitere deutsche Fassung dürfte hinreichend verständlich sein.

gehört demnach die erste zur Unterklasse, die letzte zur Oberklasse. Unter ihnen müssen folglich zwei benachbarte vorhanden sein, die zu verschiedenen Klassen gehören: Diese leisten aber das Verlangte, da ihre Differenz gleich k ist.

Übrigens soll mit Hilfssatz 1 natürlich nicht gesagt sein, daß die Zahlen a und b *eindeutig* bestimmt sind. Im Gegenteil sieht man leicht, daß sie sich auf unendlich viele Arten wählen lassen.

Hilfssatz 2. *Ist $k > 1$ und enthält die Oberklasse eines Schnittes* nicht alle *positiven Zahlen, so gibt es in der Unterklasse eine positive Zahl a und in der Oberklasse eine positive Zahl b derart, daß $\frac{b}{a} = k$ ist.*

Ist nämlich c eine positive Zahl der Unterklasse, d eine Zahl der Oberklasse, so sei n eine ganze Zahl, die größer ist als die positive Zahl $\frac{d-c}{c\,(k-1)}$. Dann ist

$$c + cn\,(k-1) > d,$$

also

$$\begin{aligned} ck^n = c + c\,(k^n - 1) &= c + c\,(k^{n-1} + k^{n-2} + \dots + k + 1)\,(k-1) \\ &> c + cn\,(k-1) > d, \end{aligned}$$

so daß die Zahl ck^n gewiß zur Oberklasse gehört. Von den Zahlen

$$c,\ ck,\ ck^2,\ \dots,\ ck^n$$

gehört demnach die erste zur Unterklasse, die letzte zur Oberklasse. Unter ihnen müssen folglich zwei benachbarte vorhanden sein, die zu verschiedenen Klassen gehören; diese leisten aber das Verlangte, da ihr Quotient gleich k ist.

Übrigens lassen sich auch die Zahlen a, b des Hilfssatzes 2 wieder auf unendlich viele Arten wählen.

§ 3. Die drei Arten von Schnitten

Es gibt drei Arten von Schnitten.

Erste Art. Die Unterklasse hat eine größte Zahl, die Oberklasse hat keine kleinste Zahl.

Beispiel. Die Unterklasse enthält die Zahl a und alle kleineren, die Oberklasse alle größeren Zahlen. Hier ist a die größte Zahl der Unterklasse.

Zweite Art. Die Unterklasse hat keine größte Zahl, die Oberklasse hat eine kleinste Zahl.

Beispiel. Die Oberklasse enthält die Zahl a und alle größeren, die Unterklasse alle kleineren Zahlen. Hier ist a die kleinste Zahl der Oberklasse.

Dritte Art. Die Unterklasse hat keine größte Zahl, die Oberklasse hat keine kleinste Zahl.

Beispiel: Sei k eine natürliche Zahl, aber kein Quadrat, so daß bei der Zerlegung in Primfaktoren wenigstens ein Primfaktor, er sei P, in ungerader

Potenz auftritt. Dann nehmen wir in die Oberklasse alle positiven Zahlen, deren Quadrat größer als k ist, in die Unterklasse alle anderen Zahlen. In der Tat ist dann jede Zahl der Unterklasse offenbar kleiner als jede Zahl der Oberklasse, die Einteilung ist also ein Schnitt. Wir wollen beweisen, daß die Unterklasse keine größte und die Oberklasse keine kleinste Zahl enthält. Zunächst bemerken wir, daß es keine Zahl gibt, deren Quadrat gleich k ist. Denn würde man sie in der Form pq^{-1} schreiben, wo p und q ganze Zahlen sind, so wäre $k = p^2 q^{-2}$, also $kq^2 = p^2$. Hier würde aber die linke Seite den Primfaktor P in ungerader, die rechte in gerader Potenz enthalten, im Widerspruch mit dem Satz, daß jede ganze Zahl nur auf *eine* Weise in Primfaktoren zerlegbar ist.

Nehmen wir jetzt an, die Unterklasse hätte eine größte Zahl a, wobei also $a^2 < k$ und natürlich $a \geqq 0$ wäre, oder die Oberklasse hätte eine kleinste Zahl b, wobei also $b^2 > k$ und $b > 0$ wäre, so wählen wir zwei positive Zahlen p, q, wobei $p^2 > kq^2$, und setzen[1])

$$\frac{pa + qk}{qa + p} = a' \text{ bezw. } \frac{pb + qk}{qb + p} = b'. \text{ Dann ist } b' > 0 \text{ und}$$

$$a' - a = \frac{q\,(k - a^2)}{qa + p} > 0, \quad b' - b = \frac{q\,(k - b^2)}{qb + p} < 0,$$

$$a'^2 - k = \frac{(pa + qk)^2 - k\,(qa + p)^2}{(qa + p)^2} = \frac{(p^2 - kq^2)\,(a^2 - k)}{(qa + p)^2} < 0,$$

$$b'^2 - k = \frac{(pb + qk)^2 - k\,(qb + p)^2}{(qb + p)^2} = \frac{(p^2 - kq^2)\,(b^2 - k)}{(qb + p)^2} > 0.$$

Es ist also $a' > a$, $a'^2 < k$ bzw. $0 < b' < b$, $b'^2 > k$; folglich ist a' eine Zahl der Unterklasse, aber größer als a, bzw. b' eine Zahl der Oberklasse, aber kleiner als b, was beides der Voraussetzung widerspricht.

Die drei Arten von Schnitten bilden logisch noch keine vollständige Disjunktion. Es fehlt der Fall, daß die Unterklasse eine größte und gleichzeitig die Oberklasse eine kleinste Zahl hat. Aber Schnitte dieser Art gibt es nicht. Denn wäre a die größte Zahl der Unterklasse, b die kleinste Zahl der Oberklasse, so wäre $a < b$, folglich

$$a < \frac{a + b}{2} < b.$$

Die Zahl $\frac{a + b}{2}$ würde daher, weil größer als a, nicht zur Unterklasse, aber, weil kleiner als b, auch nicht zur Oberklasse gehören, was unmöglich ist.

Offenbar sind die Schnitte der ersten und zweiten Art mit den angegebenen Beispielen erschöpft. Es besteht somit ein umkehrbar eindeutiges Entsprechen

---

[1]) Dieses Beweisverfahren verdanke ich einer mündlichen Mitteilung meines Kollegen H. Tietze.

zwischen diesen Schnitten und den (rationalen) Zahlen, indem jeder Zahl ein solcher Schnitt und umgekehrt jedem solchen Schnitt eine Zahl entspricht, die bei der ersten Art die größte der Unterklasse, bei der zweiten Art die kleinste der Oberklasse ist. Infolgedessen können wir jede rationale Zahl unzweideutig dadurch bestimmen, daß wir den entsprechenden Schnitt der ersten oder zweiten Art angeben. Für unsere Zwecke empfiehlt es sich, dabei den Schnitt der ersten Art zu bevorzugen. *Bis auf weiteres verstehen wir daher unter einem Schnitt schlechthin nur einen solchen der ersten oder dritten Art, so daß die Oberklasse niemals eine kleinste Zahl enthält.*

Einem Schnitt der dritten Art entspricht keine rationale Zahl. Wir werden bald sehen, daß wir berechtigt sind zu sagen, es entspricht ihm eine *irrationale* Zahl.

Wir bezeichnen jetzt bis auf weiteres rationale Zahlen mit kleinen lateinischen Buchstaben, Schnitte (der ersten und dritten Art) mit kleinen griechischen Buchstaben, die Klassen eines Schnittes mit großen lateinischen Buchstaben. Um auszudrücken, daß der Schnitt α die Unterklasse A und die Oberklasse B hat, bezeichnen wir ihn auch durch (A/B). Sind $a_1, a_2, \ldots$ die Zahlen der Klasse A und $b_1, b_2, \ldots$ die Zahlen der Klasse B, so schreiben wir statt dessen auch ausführlicher $(a_1, a_2, \ldots/b_1, b_2, \ldots)$. Also[1])

$$\alpha = (A/B) = (a_1, a_2 \ldots / b_1, b_2, \ldots).$$

Den einer Zahl a entsprechenden Schnitt erster Art bezeichnen wir auch durch $\hat{a}$. Insbesondere bedeuten also $\hat{0}$, $\hat{1}$ die den Zahlen 0 und 1 entsprechenden Schnitte erster Art.

§ 4. Größenordnung von Schnitten

Sind

$$\alpha = (A/B), \; \alpha' = (A'/B')$$

zwei Schnitte (erster oder dritter Art) und enthält die Klasse A' nur Zahlen aus A, ebenso die Klasse A nur Zahlen aus A', so sind die Klassen A, A' miteinander identisch; folglich sind auch die Schnitte identisch, in Zeichen: $\alpha = \alpha'$. Tritt dieser Fall nicht ein, so sind α, α' zwei verschiedene Schnitte, und wir schreiben: $\alpha \neq \alpha'$. Alsdann enthält entweder die Klasse A' wenigstens eine Zahl aus B oder die Klasse A enthält wenigstens eine Zahl aus B'. Aber beides zugleich kann nicht eintreten; denn würde die Zahl a den Klassen A' und B, die Zahl b den Klassen A und B' angehören, so wäre, weil jede Zahl von A kleiner als jede Zahl von B ist, $b < a$; aber, weil auch jede Zahl von A' kleiner als jede Zahl von B' ist, zugleich $a < b$, was nicht sein kann.

---

[1]) Die Schreibweise $a_1, a_2, \ldots$ für die Zahlen der Klasse A ist hier nur schematisch zu verstehen; es soll damit nicht behauptet werden, daß diese Zahlen sich wirklich den als Indizes gebrauchten positiven ganzen Zahlen zuordnen lassen, so daß es eine erste, zweite usw. gibt. Wie wir später (§ 44) zeigen werden, ist eine solche Zuordnung allerdings möglich; doch spielt das hier keine Rolle.

Wenn nun die Klasse A' eine Zahl aus B enthält, so sieht man leicht, daß beide Klassen sogar unendlich viele Zahlen gemein haben. Denn ist b eine solche gemeinsame Zahl, so gibt es in B, weil eine kleinste nicht vorhanden ist, eine kleinere Zahl b_1, dann noch eine kleinere b_2, usw., und alle diese Zahlen gehören, weil sie $< b$ sind, auch der Klasse A' an.

Wir definieren jetzt: *Wenn die Klasse A' eine und folglich unendlich viele Zahlen aus B enthält, so heißt α kleiner als α' und α' größer als α; in Zeichen:*

$$\alpha < \alpha', \ \alpha' > \alpha.$$

Nach dem Bewiesenen ist dann nicht zugleich $\alpha > \alpha'$ und auch nicht $\alpha' < \alpha$. Demnach können wir bis jetzt die folgenden drei Gesetze über Größenordnung aufstellen:

I. Wenn $\alpha \neq \alpha'$, so ist *entweder* $\alpha < \alpha'$ *oder* $\alpha > \alpha'$.

II. Wenn $\alpha = \alpha'$, so ist *weder* $\alpha < \alpha'$ *noch* $\alpha > \alpha'$.

III. Wenn $\alpha < \alpha'$, so ist $\alpha' > \alpha$ und umgekehrt.

Hierzu kommt aber noch ein viertes Gesetz:

IV. Wenn $\alpha < \alpha'$, $\alpha' < \alpha''$, so ist auch $\alpha < \alpha''$.

Zum Beweise sei

$$\alpha = (A/B), \ \alpha' = (A'/B'), \ \alpha'' = (A''/B'').$$

Wegen $\alpha < \alpha'$ enthält A' Zahlen aus B; wegen $\alpha' < \alpha''$ enthält A'' Zahlen aus B' und folglich *alle* Zahlen aus A'. Daher enthält A'' auch Zahlen aus B, d. h. es ist $\alpha < \alpha''$. W. z. b. w.

Jetzt seien a, a' zwei Zahlen, und zwar $a < a'$. Sind dann

$$\hat{a} = (A/B), \ \hat{a}' = (A'/B')$$

die entsprechenden Schnitte erster Art, so enthält die Klasse A' die Zahl a'. Die Klasse B enthält jede Zahl, die größer ist als a, also insbesondere die Zahl a'. Daher haben A' und B mindestens die Zahl a' gemeinsam, und folglich ist $\hat{a} < \hat{a}'$. *Die Schnitte erster Art stehen also in der gleichen Größenordnung wie die ihnen entsprechenden rationalen Zahlen.*

In weiterer Analogie mit den Zahlen definieren wir noch:

Der Schnitt α heißt *positiv*, wenn $\alpha > \hat{0}$;

der Schnitt α heißt *negativ*, wenn $\alpha < \hat{0}$;

der Schnitt α *verschwindet*, wenn $\alpha = \hat{0}$.

Ein positiver Schnitt ist somit dadurch charakterisiert, daß seine Unterklasse wenigstens eine und folglich unendlich viele positive Zahlen enthält; die Oberklasse enthält dann nur positive Zahlen. Ein negativer Schnitt ist dadurch charakterisiert, daß seine Oberklasse eine und folglich unendlich viele negative Zahlen enthält; die Unterklasse enthält dann nur negative Zahlen. Die positiven bzw. negativen Schnitte erster Art entsprechen den positiven bzw. negativen Zahlen.

Zum Schluß beweisen wir noch drei einfache Sätze.

Satz 1. *Gehört die Zahl b der Oberklasse des Schnittes α an*[1]), *so ist $\hat{b} > \alpha$; gehört sie der Unterklasse an, so ist $\hat{b} \leqq \alpha$, und zwar $\hat{b} = \alpha$ nur, wenn b die (bei Schnitten erster Art vorhandene) größte Zahl der Unterklasse ist.*

Gehört die Zahl b der Oberklasse von α an, so gehört sie anderseits auch, weil Schnitte zweiter Art ausgeschlossen sind, zur Unterklasse von $\hat{b}$, so daß $\alpha < \hat{b}$ ist. Gehört dagegen b der Unterklasse von α an, so ist entweder b die größte Zahl dieser Klasse, und dann ist $\alpha = \hat{b}$, oder es gibt in ihr noch eine größere Zahl b_1; diese gehört aber der Oberklasse von $\hat{b}$ an, so daß jetzt $\hat{b} < \alpha$ ist.

Satz 2. *Ist α ein beliebiger Schnitt, so gibt es unendlich viele Schnitte erster Art, die größer, und ebenso viele, die kleiner sind als α.*

In der Tat ist jeder Schnitt, der einer Zahl der Oberklasse von α entspricht, nach Satz 1 größer als α. Und jeder Schnitt, der einer Zahl der Unterklasse von α entspricht, ist mit höchstens einer Ausnahme kleiner als α.

Satz 3. *Sind α, α' zwei Schnitte, und zwar $\alpha < \alpha'$, so gibt es unendlich viele Schnitte erster Art γ, für welche $\alpha < \gamma < \alpha'$ ist.*

Setzt man nämlich

$$\alpha = (A/B),\ \alpha' = (A'/B'),$$

so haben wegen $\alpha < \alpha'$ die Klassen A' und B unendlich viele Zahlen gemein. Ist c eine solche, aber nicht gerade die größte, so leistet der Schnitt $\gamma = \hat{c}$ nach Satz 1 das Verlangte.

§ 5. Die Summe zweier Schnitte

Sind

$$\alpha = (a_1, a_2, \ldots / b_1, b_2, \ldots),\ \alpha' = (a_1', a_2', \ldots / b_1', b_2', \ldots)$$

zwei beliebige Schnitte (erster oder dritter Art), so betrachten wir die Menge B'' derjenigen Zahlen, die sich in der Form $b_i + b_j'$ darstellen lassen. Diese Menge hat folgende Eigenschaften:

1. Sie enthält keine kleinste Zahl, weil unter den Zahlen b_i und b_j' sich keine kleinste findet.

2. Nicht jede Zahl gehört ihr an. Denn die Zahl $a_1 + a_1'$ ist z. B. nicht in der Form $b_i + b_j'$ darstellbar, weil ja $a_1 < b_i$ und $a_1' < b_j'$ ist.

3. Ist c eine Zahl der Menge, so gehört auch jede größere zur Menge. Denn wenn $c = b_i + b_j'$ ist, so hat jede Zahl c_1, die $> c$ ist, die Form $c_1 = b_i + d$, wo $d > b_j'$. Aber eine Zahl, die $> b_j'$ ist, muß selbst zur Oberklasse von α' gehören, so daß d gleich einem b_k' sein muß; daher ist $c_1 = b_i + b_k'$.

[1]) Wohlgemerkt haben wir Schnitte zweiter Art ausgeschlossen; sonst müßte der Satz etwas geändert werden.

Nach dem Kriterium auf Seite 6 ist somit B'' die Oberklasse eines eindeutig bestimmten Schnittes α'', der wegen 1. von der ersten oder dritten Art ist. Von diesem Schnitt α'' sagt man, er entsteht aus α und α' durch *Addition*, und man nennt ihn die *Summe* von α und α'; in Zeichen:

$$\alpha'' = \alpha + \alpha'.$$

Dieser Definition zufolge gilt also unmittelbar das Gesetz:

V. Sind α, α' Schnitte, so ist auch $\alpha + \alpha'$ ein (durch α und α' eindeutig bestimmter) Schnitt.

Des weiteren gelten aber auch die folgenden Gesetze:

VI. $$\alpha + \alpha' = \alpha' + \alpha \qquad \text{(Kommutativgesetz).}$$

VII. $$\alpha + (\alpha' + \alpha'') = (\alpha + \alpha') + \alpha'' \qquad \text{(Assoziativgesetz).}$$

VIII. $$\alpha + \hat{0} = \alpha.$$

IX. Wenn $\alpha < \alpha'$, so ist auch $\alpha + \alpha'' < \alpha' + \alpha''$ (Monotoniegesetz).

Die Gesetze VI und VII folgen unmittelbar aus der Definition der Summe, da ja für Zahlen die entsprechenden Formeln gelten. Wir wenden uns zum Beweis von VIII. Sei

$$\alpha = (a_1, a_2, \ldots / b_1, b_2, \ldots).$$

Da die Oberklasse des Schnittes $\hat{0}$ aus allen positiven Zahlen besteht, so besteht die Oberklasse des Schnittes $\alpha + \hat{0}$ aus allen Zahlen der Form

$$b_i + \text{positive Zahl.}$$

Jede Zahl dieser Form ist aber gewiß gleich einem b_j. Betrachten wir umgekehrt eine beliebige Zahl b_j aus der Oberklasse von α, so gibt es in dieser Klasse, weil eine kleinste nicht vorhanden ist, gewiß noch eine kleinere Zahl b_i, und folglich ist

$$b_j = b_i + \text{positive Zahl.}$$

Hiernach sind die Oberklassen der Schnitte α und $\alpha + \hat{0}$ identisch, so daß die Schnitte selbst einander gleich sind.

Zum Beweis von IX sei

$$\alpha = (A/B) = (a_1, a_2, \ldots / b_1, b_2 \ldots),$$
$$\alpha' = (A'/B') = (a'_1, a'_2, \ldots / b'_1, b'_2, \ldots),$$
$$\alpha'' = (A''/B'') = (a''_1, a''_2, \ldots / b''_1, b''_2, \ldots).$$

Die Voraussetzung $\alpha < \alpha'$ besagt, daß die Klasse A' unendlich viele Zahlen aus B enthält; seien etwa

(1) $$a'_1 = b_1, \; a'_2 = b_2$$

zwei solche Zahlen, und zwar $b_1 < b_2$. Dann gibt es nach Hilfssatz 1 in der Klasse A'' eine Zahl a_r'' und in der Klasse B'' eine Zahl b_s'' derart, daß

$$b_s'' - a_r'' = b_2 - b_1 \tag{2}$$

ist. Nach der Definition des Zeichens $<$ ist zum Beweis von IX lediglich zu zeigen, daß die Unterklasse des Schnittes $\alpha' + \alpha''$ eine Zahl aus der Oberklasse des Schnittes $\alpha + \alpha''$ enthält, d. h. daß es unter den Zahlen, die nicht die Form $b_i' + b_j''$ haben, solche der Form $b_k + b_l''$ gibt. Nun sieht man leicht, daß die Zahl $a_2' + a_r''$ das leistet. Denn sie hat nicht die Form $b_i' + b_j''$, weil ja $a_2' < b_i'$, $a_r'' < b_j''$ ist; wohl aber ist nach (1) und (2)

$$a_2' + a_r'' = b_1 + b_s'',$$

womit nun alles bewiesen ist.

Sind a, a' zwei Zahlen, so bestehen die Oberklassen der Schnitte erster Art $\hat{a}$ bzw. $\hat{a}'$ aus allen Zahlen, die größer als a bzw. a' sind. Daher besteht die Oberklasse des Schnittes $\hat{a} + \hat{a}'$ aus allen Zahlen der Form

$$(a + \text{positive Zahl}) + (a' + \text{positive Zahl});$$

das sind genau alle Zahlen, die größer sind als $a + a'$. Dagegen enthält die Unterklasse die Zahl $a + a'$ selbst und alle kleineren. Somit ist der Schnitt $\hat{a} + \hat{a}'$ von der ersten Art, und die ihm entsprechende Zahl ist $a + a'$. *Die Addition von Schnitten erster Art läuft also auf die Addition der entsprechenden Zahlen hinaus.*

§ 6. Die Differenz zweier Schnitte

Sind

$$\alpha = (a_1, a_2, \ldots / b_1, b_2, \ldots), \quad \alpha' = (a_1', a_2', \ldots / b_1', b_2', \ldots)$$

zwei beliebige Schnitte (erster oder dritter Art), so betrachten wir die Menge B'' derjenigen Zahlen, die sich in der Form $b_i - a_j'$ darstellen lassen. Diese Menge hat folgende Eigenschaften:

1. Sie enthält keine kleinste Zahl, weil unter den Zahlen b_i sich keine kleinste findet.

2. Nicht jede Zahl gehört ihr an. Denn die Zahl $a_1 - b_1'$ ist z. B. nicht in der Form $b_i - a_j'$ darstellbar, weil ja $a_1 < b_i$ und $b_1' > a_j'$ ist.

3. Ist c eine Zahl der Menge, so gehört auch jede größere zur Menge. Denn wenn $c = b_i - a_j'$ ist, so hat jede Zahl c_1, die $> c$ ist, die Form $d - a_j'$, wo $d > b_i$. Aber eine Zahl, die $> b_i$ ist, muß selbst zur Oberklasse von α gehören, so daß d gleich einem b_k sein muß; daher ist $c_1 = b_k - a_j'$.

Nach dem Kriterium auf Seite 6 ist somit B'' die Oberklasse eines eindeutig bestimmten Schnittes α'', der wegen 1. von der ersten oder dritten Art ist. Von diesem Schnitt α'' sagt man, er entsteht aus α und α' durch *Subtraktion* und man nennt ihn die *Differenz* von α und α'; in Zeichen:

$$\alpha'' = \alpha - \alpha'.$$

Statt $\hat{0} - \alpha'$ schreibt man auch $-\alpha'$.

Aus dieser Definition fließt unmittelbar das Gesetz:

X. Sind α, α' Schnitte, so ist auch $\alpha - \alpha'$ ein (durch α und α' eindeutig bestimmter) Schnitt. Statt $\hat{0} - \alpha'$ schreibt man auch einfacher $-\alpha'$.

Außerdem gilt aber noch das folgende Gesetz:

XI. $$\alpha' + (\alpha - \alpha') = \alpha.$$

Zum Beweis genügt es zu zeigen, daß die Oberklassen der Schnitte $\alpha' + (\alpha - \alpha')$ und α miteinander identisch sind; d. h., daß die Zahlen der Form $b'_r + (b_i - a'_j)$ sich decken mit den Zahlen b_s. Nun ist die Zahl $b'_r + (b_i - a'_j)$ größer als b_i, also in der Tat gleich einem b_s. Umgekehrt kann man zu jedem b_s, da die Oberklasse eines Schnittes keine kleinste Zahl enthält, ein kleineres b_i finden, so daß also $b_s - b_i$ positiv ist; nach Hilfssatz 1 gibt es dann in der Ober- bzw. Unterklasse von α' eine Zahl b'_r bzw. a'_j derart, daß

$$b'_r - a'_j = b_s - b_i$$

ist. Also auch

$$b_s = b'_r + (b_i - a'_j). \quad \text{W. z. b. w.}$$

Sind a, a' zwei Zahlen, so besteht die Oberklasse des Schnittes $\hat{a}$ aus allen Zahlen, die $> a$ sind; die Unterklasse des Schnittes $\hat{a}'$ aus allen Zahlen, die $\leqq a'$ sind. Daher besteht die Oberklasse des Schnittes $\hat{a} - \hat{a}'$ aus allen Zahlen der Form

$$(a + \text{positive Zahl}) - a'$$

und der Form

$$(a + \text{positive Zahl}) - (a' - \text{positive Zahl}):$$

Das ergibt aber genau alle Zahlen, die größer sind als $a - a'$. Die Unterklasse enthält dann die Zahl $a - a'$ selbst und alle kleineren. Somit ist der Schnitt $\hat{a} - \hat{a}'$ von der ersten Art, und die ihm entsprechende Zahl ist $a - a'$. *Die Subtraktion von Schnitten erster Art läuft also auf die Subtraktion der entsprechenden Zahlen hinaus.*

Wir beweisen noch den im nächsten Paragraphen zu benutzenden

Satz 4. *Jeder negative Schnitt α läßt sich in die Form $\hat{0} - \alpha' = -\alpha'$ setzen, wo α' ein eindeutig bestimmter positiver Schnitt ist.*

Beweis. Erstens: Der Schnitt $\alpha' = \hat{0} - \alpha = -\alpha$ leistet das Verlangte. Denn es ist

$$\begin{aligned} \alpha + \alpha' &= \alpha + (\hat{0} - \alpha) = \hat{0}, \text{ also} \\ \alpha &= \alpha + \hat{0} = \alpha + [\alpha' + (\hat{0} - \alpha')] = (\alpha + \alpha') + (\hat{0} - \alpha') \\ &= \hat{0} + (-\alpha') = (-\alpha') + \hat{0} = -\alpha', \end{aligned}$$

und außerdem wegen $\alpha < \hat{0}$:

$$\hat{0} = \alpha + \alpha' < \hat{0} + \alpha' = \alpha' + \hat{0} = \alpha', \text{ also } \alpha' > 0.$$

Zweitens: Es gibt keinen anderen Schnitt, der das leistet. Denn wenn $\alpha = \hat{0} - \alpha'$ sein soll, so ist

$$\alpha' + \alpha = \alpha' + (\hat{0} - \alpha') = \hat{0}, \text{ also}$$

$$\begin{aligned} \alpha' &= \alpha' + \hat{0} = \alpha' + [\alpha + (\hat{0} - \alpha)] = (\alpha' + \alpha) + (\hat{0} - \alpha) \\ &= \hat{0} + (\hat{0} - \alpha) = (\hat{0} - \alpha) + \hat{0} = \hat{0} - \alpha. \end{aligned}$$

§ 7. Das Produkt zweier Schnitte

Seien

$$\alpha = (a_1, a_2, \ldots / b_1, b_2, \ldots), \ \alpha' = (a_1', a_2', \ldots / b_1', b_2', \ldots)$$

zwei *positive* Schnitte (erster oder dritter Art), so daß unter den Zahlen a_1, $a_2, \ldots$, ebenso unter den Zahlen $a_1', a_2', \ldots$ gewisse positive vorkommen; sei etwa

$$a_1 > 0, \ a_1' > 0.$$

Die Zahlen b_i und b_j' sind sämtlich positiv. Dann betrachten wir die Menge B'' derjenigen Zahlen, die sich in der Form $b_i b_j'$ darstellen lassen. Diese Menge hat folgende Eigenschaften.

1. Sie enthält keine kleinste Zahl, weil unter den Zahlen b_i und b_j' sich keine kleinste findet.

2. Nicht jede positive Zahl gehört ihr an. Denn die Zahl $a_1 a_1'$ ist z. B. nicht in der Form $b_i b_j'$ darstellbar, weil ja $0 < a_1 < b_i$ und $0 < a_1' < b_j'$, also gewiß $a_1 a_1' < b_i b_j'$ ist.

3. Ist c eine Zahl der Menge, so gehört auch jede größere zur Menge. Denn wenn $c = b_i b_j'$, so hat jede Zahl c_1, die $> c$ ist, die Form $c_1 = b_i d$, wo $d > b_j'$. Aber eine Zahl, die $> b_j'$ ist, muß selbst zur Oberklasse von α' gehören, so daß d gleich einem b_k' sein muß; daher ist $c_1 = b_i b_k'$.

Nach dem Kriterium auf Seite 6 ist somit B'' die Oberklasse eines Schnittes α'', der wegen 1. von der ersten oder dritten Art und wegen 2. positiv ist. Von diesem Schnitt α'' sagen wir, er entsteht aus α und α' durch *Multiplikation*, und wir nennen ihn das *Produkt* von α und α', in Zeichen:

$$\alpha'' = \alpha\alpha' = \alpha \cdot \alpha' = \alpha \times \alpha'.$$

Das Produkt zweier Schnitte, die nicht beide positiv sind, definieren wir dagegen durch die Formeln

$$\left.\begin{aligned} &(1) & \alpha \cdot (-\alpha') &= -(\alpha\alpha') \\ &(2) & (-\alpha) \cdot \alpha' &= -(\alpha\alpha') \\ &(3) & (-\alpha) \cdot (-\alpha') &= \alpha\alpha' \end{aligned}\right\} \text{für } \alpha > \hat{0}, \ \alpha' > \hat{0},$$

$$\left.\begin{aligned} &(4) & \hat{0} \cdot \alpha &= \hat{0} \\ &(5) & \alpha \cdot \hat{0} &= \hat{0} \end{aligned}\right\} \text{für beliebige } \alpha,$$

womit nach Satz 4 alle Möglichkeiten erschöpft sind.

Hiernach gilt jedenfalls das Gesetz:

XII. Sind α, α' Schnitte, so ist auch $\alpha\alpha'$ ein (durch α und α' eindeutig bestimmter) Schnitt. Statt $\alpha\alpha'$ schreibt man auch $\alpha \cdot \alpha'$ oder $\alpha \times \alpha'$.

Außerdem gelten aber noch die folgenden Gesetze:

XIII. $\alpha\alpha' = \alpha'\alpha$ (Kommutativgesetz).

XIV. $\alpha(\alpha'\alpha'') = (\alpha\alpha')\alpha''$ (Assoziativgesetz).

XV. $(\alpha + \alpha')\alpha'' = \alpha\alpha'' + \alpha'\alpha''$ (Distributivgesetz).

XVI. $\hat{1} \cdot \alpha = \alpha$.

XVII. $\hat{0} \cdot \alpha = \hat{0}$.

XVIII. Wenn $\alpha < \alpha'$, und $\alpha'' > \hat{0}$, so ist auch $\alpha\alpha'' < \alpha'\alpha''$ (Monotoniegesetz).

Die Gesetze XIII und XIV folgen für positive Schnitte unmittelbar aus der Definition des Produktes, da ja für Zahlen die entsprechenden Formeln gelten. Daß sie aber auch richtig bleiben, falls nicht alle Schnitte positiv sind, fließt dann ohne Schwierigkeit aus den Definitionsformeln (1) bis (5).

Den Beweis von XV führen wir zunächst für *positive* α, α', α''. Sei dann

$$\alpha = (a_1, a_2, \ldots / b_1, b_2, \ldots),$$
$$\alpha' = (a_1', a_2', \ldots / b_1', b_2', \ldots),$$
$$\alpha'' = (a_1'', a_2'', \ldots / b_1'', b_2'', \ldots).$$

Nach den Definitionen von Summe und Produkt besteht nun die Oberklasse des Schnittes $(\alpha + \alpha')\alpha''$ aus allen Zahlen der Form

$$\text{(A)} \qquad (b_i + b_j')\, b_k'';$$

die Oberklasse des Schnittes $\alpha\alpha'' + \alpha'\alpha''$ aber aus allen Zahlen der Form

$$\text{(B)} \qquad b_p b_q'' + b_r' b_s'',$$

und wir haben nur zu zeigen, daß das genau die gleichen Zahlen sind. Nun hat aber jede Zahl der Form (A) eo ipso auch die Form (B), da ja

$$(b_i + b_j')\, b_k'' = b_i b_k'' + b_j' b_k''$$

ist. Daß umgekehrt jede Zahl der Form (B) auch in die Form (A) gesetzt werden kann, erkennt man folgendermaßen. Sei $b_p b_q'' + b_r' b_s''$ die betreffende Zahl. Ist dann $b_q'' = b_s''$, so hat sie bereits die Form (A). Wenn $b_q'' < b_s''$, so ist $\dfrac{b_r' b_s''}{b_q''} > b_r'$. Aber jede Zahl, die $> b_r'$, ist selbst gleich einem b_t'; also ist $\dfrac{b_r' b_s''}{b_q''} = b_t'$ und somit

$$b_p b_q'' + b_r' b_s'' = b_p b_q'' + b_t' b_q'' = (b_p + b_t')\, b_q'',$$

wodurch die Form (A) hergestellt ist. Wenn endlich $b_q'' > b_s''$, so ist $\frac{b_p b_q''}{b_s''} > b_p$. Aber jede Zahl, die $> b_p$, ist selbst gleich einem b_u; also ist $\frac{b_p b_q''}{b_s''} = b_u$ und somit

$$b_p b_q'' + b_r' b_s'' = b_u b_s'' + b_r' b_s'' = (b_u + b_r') \, b_s'',$$

wodurch auch diesmal die Form (A) hergestellt ist.

Damit haben wir das Gesetz XV vollständig bewiesen für den Fall, daß die Schnitte α, α', α'' alle drei positiv sind. Daß es auch in allen anderen Fällen gilt, folgt dann ohne Schwierigkeit aus den Definitionsformeln (1) bis (5) und den bereits bewiesenen Gesetzen. Wir wollen das beispielsweise an dem Fall erläutern, daß α' negativ, aber α, α'' positiv sind, um dann die übrigen Fälle dem Leser zu überlassen. Schreiben wir demgemäß $-\alpha'$ statt α', wo das neue α' positiv ist (nach Satz 4), so handelt es sich um die Formel

$$[\alpha + (-\alpha')] \, \alpha'' = \alpha\alpha'' + (-\alpha') \, \alpha''$$

oder, was wegen (2) und mit Rücksicht auf die Gesetze der Subtraktion[1]) dasselbe ist:

$$(\alpha - \alpha') \, \alpha'' = \alpha\alpha'' - \alpha'\alpha''.$$

Diese Formel ist aber für $\alpha = \alpha'$ wegen (4) gewiß richtig, da $\alpha - \alpha = \hat{0}$. Für $\alpha > \alpha'$ ist nach XI und dem bereits bewiesenen Teil des Gesetzes XV

$$\alpha\alpha'' = [\alpha' + (\alpha - \alpha')] \, \alpha'' = \alpha' \alpha'' + (\alpha - \alpha') \, \alpha'';$$

also wenn man beiderseits $\alpha'\alpha''$ subtrahiert:

$$\alpha\alpha'' - \alpha'\alpha'' = (\alpha - \alpha') \, \alpha''.$$

Für $\alpha < \alpha'$ endlich folgt entsprechend

$$(\alpha' - \alpha) \, \alpha'' = \alpha'\alpha'' - \alpha\alpha''.$$

Also auch

$$-[(\alpha' - \alpha) \, \alpha''] = -(\alpha'\alpha'' - \alpha\alpha'').$$

Hier ist aber die linke Seite nach (2) gleich

$$[-(\alpha' - \alpha)] \, \alpha'' = (\alpha - \alpha') \, \alpha'',$$

---

[1]) Die hier zweimal benutzte Formel

$$\alpha + (-\beta) = \alpha - \beta$$

und die weiterhin benutzten Formeln

$$(\beta + \alpha) - \beta = \alpha, \quad \beta - \beta = \hat{0}, \quad -(\beta - \gamma) = \gamma - \beta$$

finden sich allerdings nicht unter den Gesetzen des § 5 und § 6. Sie sind aber logische Folgen aus diesen Gesetzen und ergeben sich aus ihnen wörtlich ebenso wie sich auf Seite 3 und 4 die entsprechenden Formeln aus den gleichlautenden Gesetzen für Zahlen ergaben.

und die rechte Seite gleich $\alpha\alpha'' - \alpha'\alpha''$, so daß wieder folgt:

$$(\alpha - \alpha')\,\alpha'' = \alpha\alpha'' - \alpha'\alpha'',$$

womit nun alles erledigt ist.

Wir wenden uns jetzt zum Beweis von XVI. Sei zunächst α positiv. Die Zahlen der Oberklasse von α seien wieder $b_1, b_2, \ldots$; sie sind sämtlich positiv. Da die Oberklasse des Schnittes $\hat{1}$ aus allen Zahlen besteht, die größer als 1 sind, so besteht die Oberklasse des Schnittes $\hat{1} \cdot \alpha$ aus allen Zahlen der Form

$$(1 + \text{positive Zahl}) \times b_i.$$

Jede Zahl dieser Form ist aber von selbst gleich einem b_j. Betrachten wir umgekehrt eine beliebige Zahl b_j aus der Oberklasse von α, so gibt es in dieser Klasse gewiß noch eine kleinere Zahl b_i, und folglich ist

$$b_j = (1 + \text{positive Zahl}) \times b_i,$$

womit der Fall eines positiven α erledigt ist.

Wenn α negativ, so setzen wir $\alpha = -\beta$, wo β positiv ist (nach Satz 4). Nach dem Bewiesenen ist dann $\hat{1} \cdot \beta = \beta$; also

$$\hat{1} \cdot \alpha = \hat{1} \cdot (-\beta) = -(\hat{1} \cdot \beta) = -\beta = \alpha.$$

Endlich für $\alpha = \hat{0}$ ist das Gesetz XVI nach der Definitionsformel (5) ohne weiteres richtig.

Das Gesetz XVII bedarf nach der Definitionsformel (4) keines Beweises. Wir wenden uns daher zum Beweis von XVIII. Aus $\alpha < \alpha'$ folgt nach den Gesetzen der Addition und Subtraktion:

$$\hat{0} = \alpha + (\hat{0} - \alpha) < \alpha' + (\hat{0} - \alpha).$$

Also, da das Produkt von positiven Schnitten definitionsgemäß wieder positiv ist,

$$\hat{0} < [\alpha' + (\hat{0} - \alpha)]\,\alpha''.$$

Nach den Additionsgesetzen schließt man hieraus:

$$\alpha\alpha'' < [\alpha' + (\hat{0} - \alpha)]\,\alpha'' + \alpha\alpha''.$$

Hier erweist sich aber die rechte Seite nach XV, sowie den Gesetzen der Addition und Subtraktion gleich

$$([\alpha' + (\hat{0} - \alpha)] + \alpha)\,\alpha'' = (\alpha' + [(\hat{0} - \alpha) + \alpha])\,\alpha'' = (\alpha' + \hat{0})\,\alpha'' = \alpha' \cdot \alpha'',$$

so daß die letzte Ungleichung übergeht in: $\alpha\alpha'' < \alpha'\alpha''$. W. z. b. w.

Sind a, a' zwei positive Zahlen, so bestehen die Oberklassen der Schnitte $\hat{a}$ bzw. $\hat{a}'$ aus allen Zahlen, die größer als a bzw. a' sind. Daher besteht die Oberklasse des Schnittes $\hat{a}\hat{a}'$ aus allen Zahlen der Form

$$(a + \text{positive Zahl}) \times (a' + \text{positive Zahl});$$

das sind aber genau alle Zahlen, die größer sind als aa'. Demnach ist der Schnitt $\hat{a}\hat{a}'$ von der ersten Art, und die ihm entsprechende Zahl ist aa'. Das gleiche gilt aber auch, wenn a, a' nicht beide positiv sind. Ist z. B., um nur einen Fall zu behandeln, a positiv, a' negativ, so sei $a' = 0 - b$. Dann ist, da die Subtraktion von Schnitten erster Art auf die Subtraktion der entsprechenden Zahlen hinausläuft, $\hat{a}' = \hat{0} - \hat{b} = -\hat{b}$. Daher nach der Definitionsformel (1)

$$\hat{a}\hat{a}' = \hat{a}(-\hat{b}) = -\hat{a}\hat{b} = \hat{0} - \hat{a}\hat{b}.$$

Da aber der Schnitt $\hat{a}\hat{b}$, weil a und b positiv sind, nach dem Bewiesenen von der ersten Art ist und der Zahl ab entspricht, so ist auch der Schnitt $\hat{0} - \hat{a}\hat{b}$ von der ersten Art und entspricht der Zahl

$$0 - ab = a(-b) = aa'.$$

Zusammenfassend ergibt sich also: *Die Multiplikation von Schnitten erster Art läuft auf die Multiplikation der entsprechenden Zahlen hinaus.*

§ 8. Der Quotient zweier Schnitte

Seien wieder

$$\alpha = (a_1, a_2, \ldots / b_1, b_2, \ldots), \ \alpha' = (a'_1, a'_2, \ldots / b'_1, b'_2, \ldots)$$

zwei *positive* Schnitte (erster oder dritter Art), so daß unter den Zahlen a_1, $a_2, \ldots$, ebenso unter den Zahlen $a'_1, a'_2, \ldots$ gewisse positive vorkommen, und die b_i, b'_j sämtlich positiv sind; insbesondere mag etwa a_1 positiv sein. Dann betrachten wir die Menge B'' derjenigen Zahlen, die sich in der Form $\frac{b_i}{a'_j}$ mit positivem a'_j darstellen lassen. Diese Menge hat folgende Eigenschaften:

1. Sie enthält keine kleinste Zahl, weil unter den Zahlen b_i sich keine kleinste findet.

2. Nicht jede positive Zahl gehört ihr an. Denn die positive Zahl $\frac{a_1}{b'_1}$ ist z.B. nicht in der Form $\frac{b_i}{a'_j}$ darstellbar, weil ja $a_1 < b_i$ und $b'_1 > a'_j$ ist.

3. Ist c eine Zahl der Menge, so gehört auch jede größere zur Menge. Denn wenn $c = \frac{b_i}{a'_j}$ mit positivem a'_j, so hat jede Zahl c_1, die $> c$ ist, die Form $c_1 = \frac{d}{a'_j}$, wo $d > b_i$. Aber eine Zahl, die $> b_i$ ist, muß selbst zur Oberklasse von α gehören, so daß d gleich einem b_k sein muß; daher ist $c_1 = \frac{b_k}{a'_j}$.

Nach dem Kriterium auf Seite 6 ist somit B'' die Oberklasse eines Schnittes α'', der wegen 1. von der ersten oder dritten Art und wegen 2. positiv ist. Von diesem Schnitt α'' sagen wir, er entsteht aus α und α' durch *Division*, und wir nennen ihn den *Quotienten* von α und α', in Zeichen:

$$\alpha'' = \frac{\alpha}{\alpha'} = \alpha : \alpha'.$$

Den Quotienten zweier Schnitte, die nicht beide positiv sind, definieren wir dagegen durch die Formeln

$$\left.\begin{aligned} &(1) && \frac{-\alpha}{\alpha'} = -\frac{\alpha}{\alpha'} \\ &(2) && \frac{\alpha}{-\alpha'} = -\frac{\alpha}{\alpha'} \\ &(3) && \frac{-\alpha}{-\alpha'} = \frac{\alpha}{\alpha'} \end{aligned}\right\} \text{ für } \alpha > \hat{0},\ \alpha' > \hat{0},$$

$$(4) \qquad \frac{\hat{0}}{\alpha'} = \hat{0} \qquad \text{für } \alpha' \neq \hat{0}.$$

Hiernach gilt jedenfalls das Gesetz

XIX. Sind α, α' Schnitte, und $\alpha' \neq \hat{0}$, so ist auch $\frac{\alpha}{\alpha'}$ ein (durch α und α' eindeutig bestimmter) Schnitt. Statt $\frac{\alpha}{\alpha'}$ schreibt man auch $\alpha : \alpha'$.

Dagegen verzichten wir ausdrücklich auf eine Definition und Benutzung des Zeichens $\frac{\alpha}{\alpha'}$ *wenn* $\alpha' = \hat{0}$ *ist. Durch den Schnitt* $\hat{0}$ *läßt sich nicht dividieren, gleich wie im Bereich der Zahlen ja auch die Division durch die Zahl* 0 *nicht gestattet ist.*

Nun beweisen wir noch das Gesetz

XX. $$\alpha' \cdot \frac{\alpha}{\alpha'} = \alpha.$$

Zunächst seien α, α' wieder positiv. Dann bestehen die Zahlen der Oberklasse des Schnittes $\alpha' \cdot \frac{\alpha}{\alpha'}$ aus allen Zahlen der Form $b'_r \cdot \frac{b_i}{a'_j}$, wo a'_j positiv, und wir haben nur zu zeigen, daß diese sich decken mit den Zahlen b_s. Nun ist $b'_r > a'_j$; daher wird die Zahl $b'_r \cdot \frac{b_i}{a'_j}$ größer als b_i und somit in der Tat gleich einem b_s sein. Umgekehrt kann man zu jedem b_s ein kleineres b_i finden, so daß $\frac{b_s}{b_i} > 1$

ist; und nach Hilfssatz 2 gibt es dann in der Ober- bzw. Unterklasse von α' eine Zahl b'_r bzw. a'_j, die beide positiv sind und so beschaffen, daß

$$\frac{b'_r}{a'_j} = \frac{b_s}{b_i}$$

ist. Mithin wird

$$b_s = b'_r \cdot \frac{b_i}{a'_j}. \quad \text{W. z. b. w.}$$

Die übrigen Fälle erledigen sich nun leicht mit Benutzung der Definitionsformeln (1) bis (4) und des soeben bewiesenen Falles, sowie der Formeln (1) bis (5) des vorigen Paragraphen. Hiernach ist in der Tat für positive β, β':

$$\beta' \cdot \frac{-\beta}{\beta'} = \beta' \cdot \left(-\frac{\beta}{\beta'}\right) = -\left(\beta' \cdot \frac{\beta}{\beta'}\right) = -\beta,$$

$$(-\beta') \cdot \frac{\beta}{-\beta'} = (-\beta') \cdot \left(-\frac{\beta}{\beta'}\right) = \beta' \cdot \frac{\beta}{\beta'} = \beta,$$

$$(-\beta') \cdot \frac{-\beta}{-\beta'} = (-\beta') \cdot \frac{\beta}{\beta'} = -\left(\beta' \cdot \frac{\beta}{\beta'}\right) = -\beta.$$

Endlich ist noch

$$(\pm\beta') \cdot \frac{\hat{0}}{\pm\beta'} = (\pm\beta') \cdot \hat{0} = \hat{0},$$

womit das Gesetz XX in allen Fällen bewiesen ist.

Sind a, a' positive Zahlen, so besteht die Oberklasse des Schnittes $\hat{a}$ aus allen Zahlen, die $> a$ sind, und die Unterklasse des Schnittes $\hat{a}'$ aus allen Zahlen, die $\leqq a'$ sind. Daher besteht die Oberklasse des Quotienten $\hat{a} : \hat{a}'$ aus allen Zahlen der Form $c : c'$, wo $c > a$ und $0 < c' \leqq a'$ ist; das sind aber genau alle Zahlen, die größer als $a : a'$ sind. Demnach ist auch der Schnitt $\hat{a} : \hat{a}'$ von der ersten Art, und seine entsprechende Zahl ist $a : a'$. Das gleiche gilt aber auch, wenn die Zahlen a, a' nicht beide positiv sind. Denn wenn beispielsweise a positiv, aber $a' = -b' = 0 - b'$ negativ, so ist

$$\hat{a} : \hat{a}' = \hat{a} : (\hat{0} - \hat{b}') = \hat{a} : (-\hat{b}') = -(\hat{a} : \hat{b}');$$

nach dem Bewiesenen ist aber der Schnitt $\hat{a} : \hat{b}'$ von der ersten Art und entspricht der Zahl $a : b'$; daher ist auch der Schnitt $-(\hat{a} : \hat{b}')$ von der ersten Art und entspricht der Zahl

$$-(a : b') = a : (-b') = a : a'.$$

Ebenso einfach erledigen sich die anderen Vorzeichenkombinationen, so daß wir zusammenfassend sagen können: *Die Division von Schnitten erster Art läuft auf die Division der entsprechenden Zahlen hinaus.*

§ 9. Der Archimedische Satz

Unter dem Archimedischen Satz für Schnitte verstehen wir das Gesetz

XXI. Ist α ein Schnitt, so gibt es *positive ganze* Zahlen n, die so beschaffen sind, daß ihr entsprechender Schnitt $\hat{n}$ der Ungleichung $\hat{n} > \alpha$ genügt.

Zum Beweis dieses Satzes sei b eine Zahl der Oberklasse des Schnittes α. Nach dem Archimedischen Satz für Zahlen (Seite 2) gibt es positive ganze Zahlen n, für welche $n > b$ ist; diese gehören dann erst recht der Oberklasse des Schnittes α an, und nach Satz 1 ist daher $\hat{n} > \alpha$.

Im Anschluß hieran beweisen wir noch den

Satz 5. *Ist α ein beliebiger Schnitt, so gibt es eine und nur eine ganze Zahl n, deren entsprechender Schnitt $\hat{n}$ den Ungleichungen*

$$\hat{n} \leqq \alpha < \hat{n} + \hat{1}$$

genügt; n heißt die größte im Schnitt α enthaltene ganze Zahl.

Zunächst ist klar, daß *höchstens eine* solche Zahl existieren kann. Denn gäbe es mehrere n_1 und n_2, wobei $n_1 < n_2$, so wäre $n_1 + 1 \leqq n_2$, also auch $\hat{n}_1 + \hat{1} \leqq \hat{n}_2$; daher

$$\alpha < \hat{n}_1 + \hat{1} \leqq \hat{n}_2 \leqq \alpha,$$

somit $\alpha < \alpha$, was nicht sein kann.

Daß nun wirklich eine Zahl n der behaupteten Art existiert, erkennt man folgendermaßen. Nach XXI gibt es eine ganze Zahl p derart, daß $\hat{p} > \alpha$ ist; ebenso gibt es auch eine ganze Zahl q derart, daß $\hat{q} > -\alpha$ ist. Dann ist aber $-\hat{q} < \alpha$, also

$$-\hat{q} < \alpha < \hat{p}.$$

Daher ist auch $-q < p$. Die aufeinander folgenden ganzen Zahlen

$$-q, -q + 1, -q + 2, \ldots, p - 1, p$$

haben also zum Teil, aber nicht alle die Eigenschaft, daß ihr entsprechender Schnitt größer als α ist. Unter denen mit dieser Eigenschaft muß daher notwendig eine kleinste sein. Nennt man diese $n + 1$, so wird

$$\hat{n} \leqq \alpha < \hat{n} + \hat{1}.$$

Damit ist Satz 5 bewiesen.

§ 10. Die irrationalen Zahlen. Absoluter Betrag

Die Gesetze I bis XXI, die wir für die Arithmetik der Schnitte aufgestellt haben, stimmen in der Form vollständig überein mit den in § 1 angegebenen und mit den gleichen Nummern versehenen Gesetzen für die Arithmetik der rationalen Zahlen. Daher sind auch die Folgerungen hier die gleichen wie dort, und da das Rechnen mit Zahlen lediglich auf diesen Gesetzen beruht, so folgt, daß man mit Schnitten genau so rechnen darf, wie man es mit Zahlen gewohnt ist. In Anlehnung an § 1 sei nur einiges hervorgehoben.

Eine Summe oder ein Produkt von beliebig vielen Schnitten, wofür wir hier auch Summanden bzw. Faktoren sagen wollen, ist unabhängig von der Reihenfolge und von der Stellung der Ordnungsklammern, die sich deshalb unterdrücken lassen. — Gleichsinnige Ungleichungen darf man zueinander addieren und, wenn alles positiv ist, auch miteinander multiplizieren. — Für die Subtraktion von Schnitten gilt der Eindeutigkeitssatz: Die Gleichung $\beta + \xi = \alpha$ hat die Lösung $\xi = \alpha - \beta$, aber keine weitere Lösung. Daraus ergeben sich dann die Formeln

$$\beta - \beta = \hat{0},$$
$$\alpha - (\beta - \gamma) = (\alpha - \beta) + \gamma$$

usw. Ebenso hat die Gleichung $\beta\xi = \alpha$, wenn $\beta \neq \hat{0}$ ist, die Lösung $\xi = \frac{\alpha}{\beta}$, aber keine weitere Lösung, und es gelten die Formeln

$$\beta : \beta = \hat{1} \text{ (für } \beta \neq \hat{0}),$$
$$\alpha : (\beta : \gamma) = (\alpha : \beta) \cdot \gamma \text{ (für } \beta \neq \hat{0}, \gamma \neq \hat{0})$$

usw. All das ist wörtlich ebenso zu beweisen wie in § 1, nur statt „Zahl" muß es jedesmal „Schnitt" heißen. Von diesem Prinzip haben wir bereits auf Seite 17 Gebrauch gemacht (vgl. die dortige Fußnote). Auch all die vielbenutzten wiewohl weniger einfachen Regeln und Formeln, wie z. B. die Summenformel für die endliche geometrische Reihe, der binomische Satz für positive ganze Exponenten und viele andere, sind lediglich logische Folgerungen aus den angegebenen Gesetzen und dürfen ohne weiteres von uns benutzt werden.

Wichtig ist vor allem der

Satz 6. *Ein Produkt (von zwei oder mehr Schnitten) verschwindet dann und nur dann, wenn wenigstens einer der Faktoren verschwindet.*

Das Beweismuster dafür findet sich ebenfalls in § 1.

Ein außerordentlich viel benutztes Theorem ist ferner

Satz 7. *Bedeutet n ($\geqq 2$) eine ganze Zahl, so besteht die Gleichung*

$$\alpha + \alpha + \ldots + \alpha = \hat{n} \cdot \alpha,$$

wenn links die Anzahl der Summanden gleich n ist.

Der Satz läßt sich leicht direkt auf Grund der Summen- und Produktdefinition von Schnitten beweisen. Doch wollen wir ihn lieber als logische Folgerung unserer Gesetze herleiten. Nach XVI ist $\hat{1} \cdot \alpha = \alpha$; also

$$\alpha + \alpha = \hat{1} \cdot \alpha + \hat{1} \cdot \alpha = (\hat{1} + \hat{1}) \cdot \alpha = \hat{2} \cdot \alpha.$$

Der Satz ist daher richtig für $n = 2$. Nimmt man aber an, er gelte für einen gewissen Wert $n = n_1$, so folgt:

$$\underbrace{\alpha + \alpha + \ldots + \alpha}_{n_1 + 1} = \underbrace{\alpha + \alpha + \ldots + \alpha}_{n_1} + \alpha = \hat{n}_1 \cdot \alpha + \hat{1} \cdot \alpha = (\hat{n}_1 + \hat{1}) \cdot \alpha.$$

Da nun $\hat{n}_1 + \hat{1}$ der der Zahl $n_1 + 1$ entsprechende Schnitt ist, so besagt dies, daß der Satz auch für den Wert $n = n_1 + 1$ und folglich allgemein gilt.

Die gesamte Arithmetik der Schnitte ist aber nicht nur mit der Arithmetik der rationalen Zahlen in formaler Übereinstimmung, sondern sie enthält die letztgenannte Arithmetik oder, genauer gesagt, ein *umkehrbar eindeutiges Abbild derselben* als Teil in sich. Denn jede Beziehung (gleich oder größer oder kleiner sein) zwischen rationalen Zahlen, wobei nur die Operationen der Addition, Subtraktion, Multiplikation, Division auftreten, bleibt richtig, wenn wir darin die rationalen Zahlen durch ihre entsprechenden Schnitte erster Art ersetzen, und ebenso umgekehrt. In der Tat haben wir das ja für jede der vier genannten Operationen ausdrücklich am Ende der jeweiligen Paragraphen und für die Größenordnung in der Mitte von § 4 festgestellt. Die Arithmetik der Schnitte erster Art ist also ein umkehrbar eindeutiges Abbild der Arithmetik der rationalen Zahlen.

Einem Ding einen Namen zu geben, den bereits ein anderes Ding hat, ist im allgemeinen unzweckmäßig, weil man dann die beiden Dinge miteinander verwechseln wird. Trotzdem wollen wir jetzt den Schnitten erster Art den bereits anderweitig vergebenen Namen „Zahlen", und zwar „rationale Zahlen" beilegen. Denn durch eine Verwechslung mit den wirklichen rationalen Zahlen kann nach obigem niemals ein Fehler entstehen, so daß gegen diese Namengebung ein begründeter Einwand nicht erhoben werden kann.

Ebenso dürfen wir die Schnitte zweiter Art als rationale Zahlen ansprechen und brauchen überhaupt die Schnitte zweiter Art jetzt nicht mehr von der Betrachtung auszuschließen. Nur wenn es sich um die Größenvergleichung oder Ausführung von Rechenoperationen handelt, ist ein Schnitt zweiter Art, damit die Definitionen der §§ 4—8 unverändert anwendbar bleiben, durch den ihm entsprechenden Schnitt erster Art zu ersetzen. Das geschieht einfach dadurch, daß man die kleinste Zahl der Oberklasse aus dieser wegnimmt und in die Unterklasse verweist.

Alsdann ist es aber nur natürlich, daß wir auch die Schnitte dritter Art mit dem Namen „Zahl" belegen, und zwar wollen wir diese als „irrationale Zahlen" bezeichnen. Wir gelangen so zu einer Erweiterung des Zahlenbegriffs und speziell zu folgender Definition:

Ein Schnitt dritter Art heißt irrationale Zahl.

Wir hätten diese Definition ebensogut schon in § 3 geben können. haben es aber vorgezogen zu warten, bis wir durch die Erkenntnis, daß für den erweiterten Zahlenbereich die gleichen Rechengesetze gelten wie für den Bereich der rationalen Zahlen, die innere Berechtigung dazu erlangt haben. *Von jetzt an gebrauchen wir das Wort „Zahl" durchweg in der erweiterten Bedeutung: rationale oder irrationale Zahl.* Man sagt auch spezieller *reelle Zahl*, zur Unterscheidung von den uns in diesem Buche nicht interessierenden *imaginären* Zahlen.

Die Schnitte als Zahlen anzusprechen, ist aber nicht nur nicht schädlich, sondern sogar eminent nützlich, weil wir durch die Beseitigung des Dualismus von Zahl und Schnitt einen als überflüssig erkannten Ballast wirklich über Bord werfen. Vieles läßt sich dadurch bequemer und einheitlicher formulieren. So hat es vor allem keinen Zweck mehr, die Zeichen $\hat{0}$, $\hat{1}$, $\hat{n}$ weiter beizubehalten; wir dürfen dafür einfacher 0, 1, n schreiben. Ebensowenig brauchen wir auf die strenge Unterscheidung der lateinischen und griechischen Buchstaben zu achten, vielmehr werden wir von jetzt an die Buchstaben beider Alphabete unterschiedslos gebrauchen, indem wir mit beiden *Schnitte* oder, was ja jetzt dasselbe ist, *Zahlen* bezeichnen. Die Sätze 3, 5, 7 nehmen jetzt die folgende einfachere Gestalt an:

Satz 3a. *Zwischen je zwei Zahlen liegen noch unendlich viele rationale Zahlen.*

Satz 5a. *Zu jeder Zahl α gibt es eine und nur eine ganze Zahl n, die den Ungleichungen $n \leqq \alpha < n + 1$ genügt. Man nennt sie die größte in α enthaltene ganze Zahl.*

Satz 7a. *Die Summe $\alpha + \alpha + \ldots + \alpha$ mit n gleichen Summanden ist gleich dem Produkt $n\alpha$*[1]).

Wir haben bis jetzt lediglich durch die Angabe eines einzigen Beispiels gezeigt, daß es Schnitte dritter Art, also irrationale Zahlen wirklich gibt (§ 3). Man sieht aber leicht, daß es deren unendlich viele gibt. Denn wenn α eine irrationale Zahl, so ist auch $\alpha + \beta$ irrational, wenn β eine beliebige rationale Zahl bezeichnet; ebenso $\alpha\gamma$, wenn γ eine von Null verschiedene rationale Zahl ist. In der Tat, wäre $\alpha + \beta$ oder $\alpha\gamma$ rational, so müßte auch α wegen

$$\alpha = (\alpha + \beta) - \beta = \frac{\alpha\gamma}{\gamma}$$

als Differenz bzw. Quotient von rationalen Zahlen selbst rational sein, gegen die Voraussetzung.

Als Gegenstück zu Satz 3a ergibt sich hieraus noch

Satz 8. *Zwischen je zwei Zahlen liegen noch unendlich viele irrationale Zahlen.*

[1]) Es ist gut, sich der Anwendung dieses Satzes wirklich bewußt zu werden, was vielleicht nicht immer geschieht. Das Distributivgesetz der Multiplikation, sowie die Kommutativ- und Assoziativgesetze der Addition und Multiplikation liefern z. B. zunächst nur:

$$(\alpha + \beta)^2 = \alpha^2 + \alpha\beta + \alpha\beta + \beta^2.$$

Schreibt man statt dessen wie gewohnt $\alpha^2 + 2\,\alpha\beta + \beta^2$, so hat man die beiden mittleren Summanden in eine Ordnungsklammer zusammengefaßt und dann die *Summe* $\alpha\beta + \alpha\beta$ ersetzt durch das *Produkt* $2 \cdot \alpha\beta$, und das ist eben die Anwendung des obigen Satzes.

In der Tat, sind α, β die gegebenen Zahlen, und etwa $\alpha < \beta$, so sei γ eine *irrationale* Zahl. Dann ist auch $\alpha - \gamma < \beta - \gamma$, und nach Satz 3a gibt es unendlich viele rationale Zahlen r, für welche

$$\alpha - \gamma < r < \beta - \gamma$$

ist. Daraus folgt aber

$$\alpha < \gamma + r < \beta,$$

und hier ist $\gamma + r$ irrational.

Unter dem *absoluten Betrag* einer Zahl α, in Zeichen $|\alpha|$, versteht man, wenn $\alpha \geqq 0$ ist, die Zahl α selbst, andernfalls die Zahl $-\alpha$. Daher ist der absolute Betrag der Zahl 0 selbst 0; aber von jeder andern Zahl ist der absolute Betrag positiv. Für den absoluten Betrag ergeben sich ohne weiteres die folgenden Rechenregeln:

$$\alpha \leqq |\alpha|,$$
$$|-\alpha| = |\alpha|,$$
$$|\alpha \cdot \beta| = |\alpha| \cdot |\beta|,$$
$$\left|\frac{\alpha}{\beta}\right| = \frac{|\alpha|}{|\beta|} \quad (\text{für } \beta \neq 0),$$
$$|\alpha \pm \beta| \leqq |\alpha| + |\beta|,$$
$$|\alpha \pm \beta| \geqq |\alpha| - |\beta|.$$

Nach der dritten Regel ist der absolute Betrag eines Produktes von zwei Faktoren gleich dem Produkt der absoluten Beträge der Faktoren. Durch vollständige Induktion erkennt man, daß das entsprechend auch für ein Produkt von beliebig vielen Faktoren gilt. — Nach der vorletzten Regel ist der absolute Betrag einer Summe von zwei Summanden höchstens gleich der Summe der absoluten Beträge dieser Summanden. Auch das gilt, wie man wieder durch vollständige Induktion einsieht, entsprechend für eine Summe von beliebig vielen Summanden.

§ 11. Die Zahlenlinie. Streckenmessung

Die reellen Zahlen lassen sich umkehrbar eindeutig den Punkten einer geraden Linie zuordnen, die wir stets von links nach rechts erstreckt denken: *Zahlenlinie*. Um das einzusehen, ordnen wir zunächst die beiden Zahlen 0 und 1 zwei beliebigen Punkten A_0 und A_1 auf der Geraden zu; dabei soll A_1 rechts von A_0 liegen. Sind dann m, n zwei positive ganze Zahlen, so teilen wir die Strecke $\overline{A_0 A_1}$ in n kongruente Teile und reihen m derartige Teile von A_0 aus nach rechts hin aneinander; der Endpunkt, den wir so erreichen, heiße P. Wenn wir statt m, n gleiche Vielfache dieser Zahlen nehmen, so gelangen wir, wie leicht zu sehen, zum gleichen Endpunkt P_2 so daß dieser nicht eigentlich von

m und n, sondern nur von dem Quotienten $\frac{m}{n}$ abhängt. Deshalb wollen wir die rationale Zahl $\frac{m}{n}$ ebendiesem Punkt P zuordnen; ist speziell $\frac{m}{n}$ gleich 1, so kommen wir dabei auf den Punkt A_1, so daß wir mit der früheren Zuordnung der Zahl 1 in Übereinstimmung bleiben. Trägt man eine mit $\overline{A_0P}$ kongruente Strecke von A_0 aus nach links ab, so soll dem linken Endpunkt die Zahl $-\frac{m}{n}$ zugeordnet werden.

Damit ist bereits jede rationale Zahl einem und nur einem Punkt der Geraden zugeordnet; wir wollen diese Punkte auch als *rationale Punkte* bezeichnen. Die Zuordnung hat offensichtlich folgende Eigenschaft, wobei Punkt und zugeordnete Zahl durch den gleichen Buchstaben bezeichnet sind: *Wenn die rationale Zahl a kleiner ist als die rationale Zahl b, so liegt der Punkt a links vom Punkt b, und umgekehrt.*

Außerdem gilt der Satz, daß es *zwischen zwei beliebigen Punkten P, Q gewiß rationale Punkte gibt.* Wenn man nämlich genügend viele zu $\overline{PQ}$ kongruente Strecken von A_0 aus nach rechts hin aneinanderreiht, so kommt man nach dem *Archimedischen Axiom* schließlich über A_1 hinaus. Sind dazu etwa n kongruente Strecken erforderlich, so liegt von den Punkten

$$\ldots, \frac{-2}{n}, \frac{-1}{n}, \frac{0}{n}, \frac{1}{n}, \frac{2}{n}, \ldots$$

wenigstens einer zwischen P und Q.

Hieraus folgt weiter, daß rechts und links von jedem Punkt sich rationale Punkte finden, weil überhaupt Punkte rechts und links vorhanden sind.

Um nun *jedem* Punkt P der Geraden eine Zahl zuzuordnen, stellen wir die folgende Überlegung an. Sowohl rechts wie links von P gibt es rationale Punkte; demnach zerfällt die Gesamtheit aller rationalen Punkte in zwei Klassen: die Punkte der einen liegen links von P (Linksklasse), die der anderen rechts von P (Rechtsklasse), wobei der Punkt P selbst, falls er rational ist, nach Belieben der einen oder anderen Klasse zugezählt werden mag. Alsdann liegt sicher jeder Punkt der Linksklasse links von jedem Punkt der Rechtsklasse. Die den Punkten der Linksklasse zugeordneten rationalen Zahlen sind also sämtlich kleiner als die den Punkten der Rechtsklasse zugeordneten. Erstere bilden daher die Unterklasse, letztere die Oberklasse eines Schnittes; dieser Schnitt ist eine bestimmte Zahl α, und *sie* ist es, die wir dem Punkt P zuordnen wollen. Ist P speziell ein rationaler Punkt, so ist auch α eine rationale Zahl, und zwar diejenige, welche wir schon früher dem Punkt P zugeordnet haben.

Nunmehr ist *jedem* Punkt der Geraden eine Zahl zugeordnet, und zwar je zwei verschiedenen Punkten auch zwei verschiedene Zahlen. Denn zwei verschiedene Punkte P, Q können nicht die gleiche Klasseneinteilung liefern, weil zwischen ihnen rationale Punkte liegen, die dann für den einen zur Links-, für den anderen zur Rechtsklasse gehören. Daß aber mit unserer Zuordnung alle Zahlen erschöpft sind, mit anderen Worten, daß auch umgekehrt *jede* Zahl durch unser Verfahren einem Punkt zugeordnet wird, ist damit nicht gesagt und ist auch ohne weiteres nicht beweisbar. Wir müssen das oder eine äquivalente Eigenschaft der Geraden als geometrisches Axiom betrachten (Stetigkeitsaxiom), also in letzter Linie der Anschauung zu entnehmen suchen. Es empfiehlt sich, das Stetigkeitsaxiom in folgender Form auszusprechen, die sich der Anschauung ungezwungen darbietet:

Teilt man eine beliebige Menge von Punkten der Geraden irgendwie in zwei Klassen derart, daß jeder Punkt der einen Klasse (Linksklasse) links von jedem Punkt der anderen Klasse (Rechtsklasse) liegt, so gibt es auf der Geraden wenigstens einen Punkt P, der keinen Punkt der Linksklasse rechts und keinen Punkt der Rechtsklasse links läßt.

Wendet man das Axiom speziell auf die Menge der rationalen Punkte an, so sieht man, daß es dann auch *nur einen* solchen Punkt P gibt, da ja zwei verschiedene Punkte, wie wir schon zuvor bemerkten, auch verschiedene Klasseneinteilungen der rationalen Punkte liefern.

Durch das Stetigkeitsaxiom wird nun in der Tat erzwungen, daß zu jeder Zahl α ein bestimmter Punkt existiert, dem sie nach unserem Verfahren zugeordnet ist. Denn die Zahl α ist ein Schnitt; alle rationalen Zahlen der Unterklasse sind kleiner als die der Oberklasse. Daher liegen die den ersteren zugeordneten rationalen Punkte links von den den letzteren zugeordneten Punkten. Wir erhalten also auch eine Klasseneinteilung der rationalen Punkte, durch welche nach dem Stetigkeitsaxiom und der daran angeschlossenen Bemerkung ein ganz bestimmter Punkt P markiert wird. Suchen wir zu diesem die zugeordnete Zahl, so finden wir eben α.

Wir wollen jetzt Punkt und zugeordnete Zahl mit dem gleichen Buchstaben bezeichnen und beweisen zunächst den

Satz 9. *Wenn die Zahl α kleiner als die Zahl β ist, so liegt der Punkt α links vom Punkt β, und umgekehrt.*

Wenn nämlich $\alpha < \beta$, so gibt es nach Satz 3a eine zwischen α und β liegende rationale Zahl r; diese gehört dann zur Oberklasse von α und zur Unterklasse von β. Betrachtet man daher die durch die Punkte α und β bewirkten Klasseneinteilungen der rationalen Punkte, so gehört der Punkt r zur Rechtsklasse des Punktes α und zur Linksklasse des Punktes β, ohne mit α oder β identisch zu sein. Somit liegt der Punkt r rechts vom Punkt α und links vom Punkt β; also gewiß der Punkt α links vom Punkt β.

Wenn umgekehrt der Punkt α links vom Punkt β liegt, so können die Zahlen α, β nicht einander gleich sein, weil jede Zahl *nur einem* Punkt zugeordnet ist. Es kann aber auch nicht β kleiner als α sein, weil sonst nach dem

Bewiesenen der Punkt β links vom Punkt α liegen müßte. Also bleibt nur übrig, daß α kleiner als β ist.

Die Zuordnung von Punkt und Zahl führt zur *Streckenmessung*, deren Aufgabe darin besteht, jeder auf der Zahlenlinie liegenden Strecke eine *positive* Zahl, ihre *Maßzahl* (Längenmaßzahl) zuzuordnen auf Grund der folgenden Forderungen:

1. *Kongruente Strecken haben gleiche Maßzahl.*

2. *Zerlegt man eine Strecke in mehrere Teilstrecken, so ist die Maßzahl der ganzen Strecke die Summe der Maßzahlen der Teilstrecken.*

3. *Die Maßzahl der Strecke* $\overline{01}$ *ist* 1.

Wie werden sehen, daß diese Forderungen sich wirklich erfüllen lassen und daß durch sie die Maßzahl für jede Strecke *eindeutig* festgelegt ist. Seien zunächst a, b zwei *rationale* Zahlen und etwa $a < b$. Setzen wir demgemäß

$$a = \frac{l}{n}, \ b = \frac{m}{n},$$

wo l, m, n ganze Zahlen sind, und zwar n positiv, so ist $l < m$. Die Strecken

$$(1) \qquad \ldots, \overline{\frac{-2}{n}\ \frac{-1}{n}},\quad \overline{\frac{-1}{n}\ \frac{0}{n}},\quad \overline{\frac{0}{n}\ \frac{1}{n}},\quad \overline{\frac{1}{n}\ \frac{2}{n}}, \ldots$$

sind einander kongruent, haben also nach Forderung 1 gleiche Maßzahlen, die wir zunächst x nennen. Da die Strecke $\overline{0\,1}$ aus n dieser Strecken, nämlich aus

$$\overline{\frac{0}{n}\ \frac{1}{n}},\quad \overline{\frac{1}{n}\ \frac{2}{n}}, \ldots, \overline{\frac{n-1}{n}\ \frac{n}{n}}$$

zusammengesetzt ist, muß nach den Forderungen 2 und 3

$$\underbrace{x + x + \ldots + x}_{n} = 1$$

also $n x = 1$ sein; daher $x = \frac{1}{n}$. Die Strecke $\overline{ab} = \overline{\frac{l}{n}\ \frac{m}{n}}$ ist ebenso aus $m - l$ der Strecken (1), nämlich aus

$$\overline{\frac{l}{n}\ \frac{l+1}{n}},\quad \overline{\frac{l+1}{n}\ \frac{l+2}{n}}, \ldots \overline{\frac{m-1}{n}\ \frac{m}{n}}$$

zusammengesetzt. Daher ist ihre Maßzahl gleich.

$$\underbrace{\frac{1}{n} + \frac{1}{n} + \ldots + \frac{1}{n}}_{m-l} = \frac{m-l}{n} = \frac{m}{n} - \frac{l}{n} = b - a.$$

Für $a > b$ findet man analog als Maßzahl $a - b$. Zusammenfassend ergibt sich als Maßzahl der Strecke $\overline{ab}$, wenn die Zahlen a, b rational sind, der Wert $|b - a|$.

Das gleiche gilt aber auch, wenn a, b nicht beide rational sind. Denn ist etwa $a < b$, und bezeichnen wir die geforderte Maßzahl der Strecke $\overline{ab}$ zunächst mit μ, so kann μ nicht kleiner als $b - a$ sein, weil man sonst folgendermaßen schließen könnte: Es ist $b - a - \mu$ positiv; also gibt es nach Satz 3a zwei rationale Zahlen r_1 und r_2, die den Ungleichungen

$$a < r_1 < a + \frac{b - a - \mu}{2} < b - \frac{b - a - \mu}{2} < r_2 < b \tag{2}$$

genügen. Daraus folgt einerseits mit Hilfe von Satz 9, daß die Strecke $\overline{r_1 r_2}$ ein Teil der Strecke $\overline{ab}$ ist, also nach Forderung 2 eine kleinere Maßzahl hat; d. h. nachdem für Strecken mit rationalen Endpunkten die Sache schon bewiesen ist,

$$r_2 - r_1 < \mu.$$

Andererseits aber folgt aus (2) auch

$$r_2 - r_1 > \left(b - \frac{b - a - \mu}{2}\right) - \left(a + \frac{b - a - \mu}{2}\right) = \mu$$

was dem Vorigen widerspricht.

Ebensowenig kann μ größer als $b - a$ sein. Dann wäre nämlich $\mu - (b - a)$ positiv, und es gäbe zwei rationale Zahlen s_1 und s_2, welche den Ungleichungen genügen:

$$a - \frac{\mu - (b - a)}{2} < s_1 < a < b < s_2 < b + \frac{\mu - (b - a)}{2}. \tag{3}$$

Daher wäre einerseits (nach Satz 9) die Strecke $\overline{ab}$ ein Teil der Strecke $\overline{s_1 s_2}$, also

$$s_2 - s_1 > \mu.$$

andererseits aber auch nach (3)

$$s_2 - s_1 < \left(b + \frac{\mu - (b - a)}{2}\right) - \left(a - \frac{\mu - (b - a)}{2}\right) = \mu,$$

was dem Vorigen widerspricht.

Es bleibt also nur die Möglichkeit $\mu = b - a$. Für $b < a$ findet man ebenso $\mu = a - b$; also zusammenfassend $\mu = |b - a|$.

Wenn daher die Maßzahl unseren drei Forderungen genügen soll, kann es keine andere sein als $|b - a|$ für die Strecke $\overline{ab}$. Nun ist noch zu zeigen, daß diese wirklich den Forderungen genügt. Für die Forderungen 2 und 3 ist das evident. Schwieriger ist einzusehen, daß auch die Forderung 1 erfüllt ist.

Seien $\overline{ab}$ und $\overline{cd}$ zwei kongruente Strecken und etwa $a < b$, $c < d$, dann müssen wir zeigen, daß $b - a = d - c$ ist.

Nehmen wir an, es wäre $b - a < d - c$, dann gibt es eine rationale Zahl r, die den Ungleichungen

$$b - a < r < d - c$$

genügt und daher positiv ist; also ist auch

$$b - r < a, \; c < d - r,$$

und es gibt wieder zwei rationale Zahlen r_1, r_2, für welche die Ungleichungen

$$b - r < r_1 < a,$$
$$c < r_2 < d - r$$

bestehen. Daraus folgt aber:

$$r_1 < a < b < r_1 + r,$$
$$c < r_2 < r_2 + r < d.$$

Daher wird die Strecke $\overline{ab}$ nach Satz 9 von der Strecke $\overline{r_1 (r_1 + r)}$ umschlossen; die Strecke $\overline{cd}$ dagegen umschließt die Strecke $\overline{r_2 (r_2 + r)}$. Aber die beiden Vergleichsstrecken $\overline{r_1 (r_1 + r)}$ und $\overline{r_2 (r_2 + r)}$ sind kongruent. Denn setzt man

$$r = \frac{m}{n}, \; r_1 = \frac{m_1}{n}, \; r_2 = \frac{m_2}{n},$$

wobei m, m_1, m_2, n ganze Zahlen sind, und zwar n, also auch m positiv, so setzt sich die Strecke $\overline{r_1 (r_1 + r)}$ aus den m miteinander kongruenten Teilstrecken

$$\overline{\frac{m_1}{n} \; \frac{m_1 + 1}{n}}, \; \overline{\frac{m_1 + 1}{n} \; \frac{m_1 + 2}{n}}, \; \ldots, \; \overline{\frac{m_1 + m - 1}{n} \; \frac{m_1 + m}{n}}$$

zusammen; ebenso die Strecke $\overline{r_2 (r_2 + r)}$ aus den m Teilstrecken

$$\overline{\frac{m_2}{n} \; \frac{m_2 + 1}{n}}, \; \overline{\frac{m_2 + 1}{n} \; \frac{m_2 + 2}{n}}, \; \ldots, \; \overline{\frac{m_2 + m - 1}{n} \; \frac{m_2 + m}{n}},$$

welche mit den vorigen kongruent sind.

Die Strecke $\overline{ab}$ kann daher nicht der ganzen Strecke $\overline{cd}$, sondern nur einem Teil kongruent sein, was der Voraussetzung widerspricht. Ebenso ist die Annahme $d - c < b - a$ unstatthaft, es bleibt also nur $b - a = d - c$ übrig. W. z. b. w. Somit hat sich ergeben:

Satz 10. *Die Maßzahl der Strecke* $\overline{ab}$ *auf der Zahlenlinie ist* $| b - a |$.

Insbesondere hat eine vom Punkt 0 ausgehende Strecke, wenn ihr Endpunkt a ist, die Maßzahl $| a |$.

Zweites Kapitel

Der Begriff der Grenze

§ 12. Untere und obere Grenze einer Zahlenmenge

In diesem Kapitel benutzen wir unsere Zahlendefinition zum Nachweis der Existenz gewisser Zahlen. Ist M eine endliche oder unendliche *Zahlenmenge*, d. h. eine irgendwie definierte Gesamtheit von endlich oder unendlich vielen Zahlen[1]), so sollen zunächst einige Begriffe definiert werden.

Definition 1. *Gibt es eine Zahl a derart, daß für jede Zahl x der Menge M die Ungleichung $x \geqq a$ gilt, so heißt M nach unten beschränkt. Jede solche Zahl a heißt eine untere Schranke von M.*

Definition 2. *Gibt es eine Zahl b derart, daß für jede Zahl x der Menge M die Ungleichung $x \leqq b$ gilt, so heißt M nach oben beschränkt. Jede solche Zahl b heißt eine obere Schranke von M.*

Definition 3. *Ist die Menge M sowohl nach unten als nach oben beschränkt, so heißt sie schlechthin beschränkt.*

Ist a eine untere Schranke, so ist offenbar auch jede kleinere Zahl eine untere Schranke. Ist b eine obere Schranke, so ist auch jede größere Zahl eine obere Schranke.

Beispiel 1. Die Oberklasse eines Schnittes α ist nach unten beschränkt. Denn jede Zahl der Oberklasse ist $\geqq \alpha$, daher α eine untere Schranke. Nach oben dagegen ist die Menge nicht beschränkt.

Beispiel 2. Die Unterklasse eines Schnittes α ist nach oben beschränkt, aber nicht nach unten.

Beispiel 3. Jede Menge von Zahlen, die alle zwischen 1 und 2 liegen, ist beschränkt; denn 1 ist eine untere, 2 eine obere Schranke.

Beispiel 4. Jede endliche Menge ist beschränkt.

Es ist nützlich, sich von diesen Begriffen auch eine geometrische Vorstellung zu machen, indem man sie auf die Zahlenlinie überträgt. Einer Zahlenmenge entspricht dann eine *Punktmenge*. Eine solche heißt „nach unten beschränkt", wenn es einen Punkt a gibt, der keinen Punkt der Menge links läßt; a heißt eine untere oder auch linke Schranke; jeder weiter links als a gelegene Punkt ist dann erst recht eine solche Schranke. Ähnlich ist es für die obere oder rechte Schranke. „Beschränkt" schlechthin ist eine Punktmenge, wenn ihre Punkte sämtlich einer endlichen Strecke ab angehören.

---

[1]) Beispiele von Zahlenmengen sind schon in § 2 vorgekommen.

Von größter Wichtigkeit ist nun der

Satz 11 (Satz von Bolzano-Gauß). *Ist M eine nach unten beschränkte Menge, so gibt es unter allen unteren Schranken eine größte. Diese heißt die untere Grenze der Menge M. — Ist M eine nach oben beschränkte Menge, so gibt es unter allen oberen Schranken eine kleinste. Diese heißt die obere Grenze der Menge M.*

Es wird genügen, den Satz für die *untere* Grenze zu beweisen. Ist a eine untere Schranke, so ist jede kleinere Zahl ebenfalls eine untere Schranke; es gibt also auch *rationale* untere Schranken (nach Satz 2 oder 3a). Ist andererseits x eine Zahl der Menge, so ist jede Zahl, die $> x$, gewiß keine untere Schranke; es gibt also auch *rationale* Zahlen, die nicht untere Schranken sind. Hiernach hat die Menge aller rationalen unteren Schranken die folgenden Eigenschaften:

1. Nicht jede rationale Zahl gehört ihr an.

2. Ist c eine ihr angehörende Zahl, so gehört ihr auch jede rationale Zahl, die $< c$ ist, an.

Nach dem Kriterium auf Seite 6 ist sie daher die Unterklasse eines Schnittes[1]), d. h. einer Zahl α, und wir wollen jetzt zeigen, daß eben α die untere Grenze ist.

Erstens ist α überhaupt eine untere Schranke. Denn wäre eine gewisse Zahl x_1 der Menge kleiner als α, so gäbe es nach Satz 3a zwischen x_1 und α eine rationale Zahl r, und es wäre

$$x_1 < r < \alpha.$$

Wegen $r < \alpha$ würde r der Unterklasse von α angehören, d. h. es wäre r eine rationale untere Schranke; daher müßte für jedes x der Menge notwendig $x \geqq r$ sein, also insbesondere $x_1 \geqq r$, was dem obigen widerspricht.

Zweitens ist aber α die *größte* untere Schranke. Denn nehmen wir an, es gäbe eine größere β, so findet sich zwischen α und β eine rationale Zahl r', und es ist

$$\alpha < r' < \beta.$$

Da β eine untere Schranke sein soll, so ist die kleinere Zahl r' erst recht eine untere Schranke, gehört also zur Unterklasse von α. Andererseits gehört r' wegen $\alpha < r'$ zur Oberklasse von α; unsere Annahme ist also widerspruchsvoll.

Bezeichnet man die untere Grenze mit g, so ist diese Zahl eindeutig durch folgende Forderungen bestimmt:

1. Jede Zahl der Menge ist $\geqq g$.

---

[1]) Der Schnitt ist erster oder dritter Art, wovon sich der Leser zur Übung überzeugen möge. Bei dem analogen Beweis für die *obere* Grenze erhält man einen Schnitt *zweiter* oder dritter Art, was aber nach den auf Seite 24 unten über Schnitte zweiter Art gemachten Ausführungen durchaus nichts schadet.

2. Bedeutet ε eine (beliebig kleine) positive Zahl, so gibt es in der Menge mindestens eine Zahl x, für welche $x < g + \varepsilon$ ist.

Ebenso ist die obere Grenze G eindeutig durch folgende Forderungen bestimmt:

1. Jede Zahl der Menge ist $\leqq G$.
2. Bedeutet ε eine (beliebig kleine) positive Zahl, so gibt es in der Menge mindestens eine Zahl x, für welche $x > G - \varepsilon$ ist.

Daß diese Aussagen mit der im Bolzano-Gaussschen Satz gegebenen Formulierung äquivalent sind, ist evident. Offenbar ist stets $g < G$; nur wenn die Menge aus einer einzigen Zahl x besteht, ist $g = G = x$.

Wenn eine Menge eine kleinste (größte) Zahl enthält, so ist das zugleich die untere (obere) Grenze, die in diesem Fall auch Minimum (Maximum) genannt wird. Während aber die untere (obere) Grenze bei jeder nach unten (oben) beschränkten Menge existiert, ist eine kleinste (größte) durchaus nicht immer vorhanden; d. h. die untere (obere) Grenze ist nicht notwendig eine Zahl der Menge.

Beispiel 1. Die Menge aller Zahlen x, für welche $1 \leqq x \leqq 2$ ist, hat die untere Grenze 1 und die obere Grenze 2. Beide gehören der Menge an; die untere Grenze 1 ist ihre kleinste Zahl, ihr Minimum; die obere Grenze 2 ist ihre größte Zahl, ihr Maximum.

Beispiel 2. Die Menge aller Zahlen x, für welche $1 \leqq x < 2$ ist, hat ebenfalls die untere Grenze 1 und die obere Grenze 2. Aber nur die untere gehört selbst der Menge an, die obere nicht; die Menge enthält also eine kleinste Zahl, nämlich 1, aber keine größte Zahl.

Beispiel 3. Ist α ein beliebiger Schnitt, also eine Zahl, so ist α die untere Grenze der Oberklasse und zugleich die obere Grenze der Unterklasse. Ob α einer der beiden Klassen angehört oder nicht, hängt davon ab, ob der Schnitt erster, zweiter oder dritter Art ist.

Wir bemerken hier, daß der Bolzano-Gausssche Satz unmöglich bewiesen werden kann ohne eine Theorie der Irrationalzahlen. Denn im Bereich der rationalen Zahlen allein ist der Satz falsch, weil eine nach unten beschränkte Menge von rationalen Zahlen durchaus nicht immer eine rationale untere Grenze hat. Ist z. B. α eine irrationale Zahl, also ein Schnitt dritter Art, so ist die Oberklasse dieses Schnittes eine nach unten beschränkte Menge rationaler Zahlen ohne rationale untere Grenze; denn die untere Grenze ist ja die irrationale Zahl α.

Wie wir im ersten Kapitel mit den rationalen Zahlen Schnitte gebildet haben, so können wir auch mit den reellen Zahlen Schnitte bilden, indem wir uns die Gesamtheit der reellen Zahlen in eine Unter- und eine Oberklasse geteilt denken derart, daß jede Zahl der Unterklasse kleiner ist als jede Zahl der Oberklasse. Dann werden wir zunächst vermuten, daß wir auf diesem Weg zu einer nochmaligen Erweiterung des Zahlbegriffs gelangen. Tatsächlich ist das aber nicht der Fall. Denn die Schnitte erster und zweiter Art führen ja zu keinen neuen Zahlen; nur die Schnitte dritter Art, bei denen also die Unterklasse keine größte und die Oberklasse keine kleinste Zahl enthält, würden das tun. Aber man überzeugt sich leicht, daß es Schnitte dritter Art jetzt überhaupt nicht gibt. Denn die Unterklasse ist nach oben beschränkt, da ihre Zahlen kleiner sind als jede Zahl der Oberklasse; die Unterklasse hat also eine obere Grenze α. Diese gehört entweder zur Unterklasse und ist dann deren größte, oder sie gehört zur Oberklasse und ist dann deren kleinste.

Wegen dieser Eigenschaft, keiner Erweiterung durch Schnitte fähig zu sein, bezeichnet man das System der reellen Zahlen als ein lückenloses System oder gewöhnlich als ein *Kontinuum*. Entsprechend nennt man auch die Gerade ein Kontinuun von Punkten.

Die Terminologie der Begriffe „untere Schranke", „untere Grenze" usw. ist in der Literatur schwankend, indem z. B. manche Autoren als „untere Schranke" das bezeichnen, was wir nach K. Weierstrass „untere Grenze" genannt haben. Bei der Lektüre ist also Vorsicht geboten. Das Wort „beschränkt", eine Übersetzung des französischen „borné", ist in der deutschen Literatur lange durch eine Umschreibung ersetzt worden, hat sich aber jetzt doch eingebürgert. Manche Autoren haben auch „geschränkt" gesagt, aber heute geschieht das wohl kaum mehr.

§ 13. Häufungszahl und Häufungspunkt

Definition. *Eine Zahl a heißt Häufungszahl einer Zahlenmenge, wenn die Doppelungleichung*

$$0 < |a - x| < \varepsilon,$$

wie klein auch die positive Zahl ε vorgegeben sei, von wenigstens einer Zahl x der Menge befriedigt wird.

Übrigens enthält die Menge dann sogar unendlich viele derartige Zahlen x, so daß es Häufungszahlen jedenfalls nur bei unendlichen Mengen gibt. Denn ist x_1 eine solche Zahl und setzt man $|a - x_1| = \varepsilon_1$, so ist $0 < \varepsilon_1 < \varepsilon$. Daher wird nach der Definition auch eine Zahl x in der Menge vorhanden sein, für welche

$$0 < |a - x| < \varepsilon_1$$

ist; sei x_2 eine solche und etwa $|a - x_2| = \varepsilon_2$. Dann werden aber auch die Ungleichungen

$$0 < |a - x| < \varepsilon_2$$

wieder durch eine gewisse Zahl der Menge, etwa x_3, befriedigt. So kann man fortfahren, und es ist allgemein

$$|a - x_n| = \varepsilon_n, \quad 0 < |a - x_{n+1}| < \varepsilon_n;$$

daher $\varepsilon_{n+1} < \varepsilon_n$. Für $n < m$ ist also

$$|a - x_m| < |a - x_n|,$$

folglich $x_m \neq x_n$. Die Zahlen $x_1, x_2, x_3, \ldots$ sind somit alle voneinander verschieden, und sie genügen sämtlich den Forderungen

$$0 < |a - x| < \varepsilon.$$

Die Häufungszahlen einer Menge gehören nicht notwendig selbst der Menge an.

Beispiel 1. Die Menge

$$1, \frac{1}{2}, \frac{1}{3}, \frac{1}{4}, \ldots, \frac{1}{n}, \ldots$$

hat die Häufungszahl 0; sie gehört nicht selbst der Menge an.

Beispiel 2. Die Menge der Zahlen

$$\frac{n}{n^2 + 1} \quad (n = 0, \pm 1, \pm 2, \pm 3, \ldots)$$

hat die Häufungszahl 0; sie gehört selbst der Menge an.

Beispiel 3. Die Menge aller rationalen Zahlen hat jede Zahl zur Häufungszahl; denn bei jedem a gibt es zwischen a und $a + \varepsilon$ nach Satz 3a Zahlen der Menge, und für diese ist $0 < |a - x| < \varepsilon$. Hier gehört ein Teil der Häufungszahlen, nämlich die rationalen, selbst der Menge an; ein anderer Teil, nämlich die irrationalen, aber nicht.

Beispiel 4. Die Menge aller ganzen Zahlen hat, obwohl sie unendlich ist, keine Häufungszahl.

Der Begriff der Häufungszahl wird auf der Zahlenlinie als *Häufungspunkt* besonders anschaulich. Da der Ausdruck $|a - x|$ nach Satz 10 nichts anderes ist als die Maßzahl der Strecke $\overline{a\,x}$, so gewinnt man die Definition:

Ein Punkt a heißt Häufungspunkt einer Punktmenge, wenn die Menge gewisse Punkte x enthält, für welche die Strecke $\overline{a\,x}$ beliebig klein ausfällt, mit anderen Worten: wenn es in beliebiger Nähe von a Punkte der Menge gibt.

Der Leser möge sich die obigen Beispiele an der Zahlenlinie deutlich machen.

Wir beweisen jetzt

Satz 12. (Satz von Weierstraß). *Eine unendliche, aber beschränkte Zahlenmenge hat wenigstens eine Häufungszahl.*

Oder, was dasselbe sagt:

Satz 12a. *Eine unendliche, aber beschränkte Punktmenge hat wenigstens einen Häufungspunkt.*

Sei M die gegebene Zahlenmenge; ferner a eine untere, b eine obere Schranke, so daß für jede Zahl x von M

$$a \leqq x \leqq b$$

ist. Jedenfalls gibt es Zahlen y, die von unendlich vielen Zahlen der Menge M an Größe übertroffen werden, z. B. $y = a$ hat diese Eigenschaft. Für die Menge aller so beschaffenen y ist aber offenbar b eine obere Schranke. Daher hat die Menge dieser y auch eine obere Grenze G, und wir behaupten, daß eben G eine Häufungszahl von M ist. In der Tat, bedeutet ε eine beliebig kleine positive Zahl, so ist $y > G - \varepsilon$ für wenigstens ein y. Da aber jedes y von unendlich vielen Zahlen der Menge M übertroffen wird, so folgt, daß es in M unendlich viele Zahlen x gibt, für welche

$$x > G - \varepsilon \tag{1}$$

ist. Wären unendlich viele von diesen auch $> G + \varepsilon$, so wäre die Zahl $G + \varepsilon$ ein y, und G könnte nicht die obere Grenze aller y sein. Unter den Zahlen x der Menge M, welche der Ungleichung (1) genügen, müssen daher unendlich viele sein, für welche zugleich $x < G + \varepsilon$ ist. Für diese hat man dann:

$$G - \varepsilon < x < G + \varepsilon$$

oder also $| G - x | < \varepsilon$, so daß G wirklich eine Häufungszahl ist.

Es ergibt sich aber noch mehr: G ist die *größte* Häufungszahl der Menge M. Nehmen wir nämlich an, es gäbe eine größere: H, so ist:

$$G < \frac{G + H}{2} < H.$$

Da die Zahl $\frac{G + H}{2}$ also kleiner als die Häufungszahl H ist, so wird sie von unendlich vielen Zahlen der Menge M übertroffen, sie ist folglich ein y. Die obere Grenze G aller y muß also mindestens $\frac{G + H}{2}$ sein, daher $G \geqq \frac{G + H}{2}$, was dem obigen widerspricht. — Ebenso läßt sich eine kleinste Häufungszahl nachweisen, und man erhält

Satz 13. *Unter allen Häufungszahlen einer beschränkten Menge gibt es eine größte, ebenso eine kleinste.*

Die größte Häufungszahl einer Menge wird von einigen Autoren als oberer Limes der Menge bezeichnet, ebenso die kleinste Häufungszahl als unterer Limes. Doch wollen wir diese Benennungen für einen etwas anderen Begriff aufsparen. Übrigens können die größte und kleinste Häufungszahl sehr wohl einander gleich sein; dann hat eben die Menge nur *eine* Häufungszahl. Vgl. die obigen Beispiele 1 und 2.

§ 14. Oberer und unterer Limes einer Folge

Wird jeder positiven ganzen Zahl n eine Zahl a_n nach irgendeinem Gesetz zugeordnet, so spricht man von einer *Zahlenfolge* oder kurz *Folge* $a_1, a_2, a_3. \ldots,$ z. B. ist

$$1, \frac{1}{2}, \frac{1}{3}, \ldots, \frac{1}{n}, \ldots$$

eine solche. Eine Folge enthält hiernach stets unendlich viele Zahlen; doch wollen wir zulassen, daß diese teilweise oder auch alle einander gleich sind. Jede Zahlenfolge repräsentiert eine gewisse Zahlenmenge, die aber nicht notwendig unendlich ist; denn wenn z. B. alle Zahlen einer Folge einander gleich sind, so gehört ihr, als Menge aufgefaßt, nur eine einzige Zahl an, die Menge ist also endlich.

Ist die Folge $a_1, a_2, a_3, \ldots$ (als Menge aufgefaßt) nicht nach oben beschränkt, so sagt man, ihr oberer Limes sei unendlich, und drückt das aus durch die Formel

I. $$\mathop{lim\,sup}_{n\to\infty} a_n = \infty.$$

Ist dagegen die Folge $a_1, a_2, a_3 \ldots$ nach oben beschränkt, so gilt das gleiche um so mehr von der Folge

$$a_n, a_{n+1}, a_{n+2}, \ldots,$$

wo n eine der Zahlen 1, 2, 3, ... bedeutet, so daß diese Folge nach Satz 11 eine obere Grenze γ_n hat. Offenbar ist γ_n die größte der beiden Zahlen a_n, γ_{n+1}; es gelten also die Ungleichungen

(1) $$\gamma_1 \geqq \gamma_2 \geqq \gamma_3 \geqq \cdots.$$

Ist nun die Folge $\gamma_1, \gamma_2, \gamma_3, \ldots$ nicht nach unten beschränkt, so sagt man, der obere Limes der Folge $a_1, a_2, a_3, \ldots$ sei minus unendlich, und schreibt:

II. $$\mathop{lim\,sup}_{n\to\infty} a_n = -\infty.$$

Wenn dagegen die Folge $\gamma_1, \gamma_2, \gamma_3, \ldots$ nach unten beschränkt ist, also nach Satz 11 eine untere Grenze Γ hat, so bezeichnet man diese als den oberen Limes der Folge $a_1, a_2, a_3, \ldots,$ und schreibt:

III. $$\mathop{lim\,sup}_{n\to\infty} a_n = \Gamma.$$

Die Fälle I, II, III bilden augenscheinlich eine vollständige Disjunktion, so daß jede Zahlenfolge $a_1, a_2, a_3, \ldots$ einen eindeutig bestimmten oberen Limes hat, der entweder ∞ oder $-\infty$ oder eine (endliche) Zahl ist. Der obere Limes einer nach oben beschränkten Zahlenfolge ist höchstens gleich der oberen Grenze. In der Tat ist ja γ_1 die obere Grenze der Folge $a_1, a_2, a_3, \ldots,$ und es ist $\Gamma \leqq \gamma_1$.

Beispiele

1. $a_n = n$
2. $a_n = n + (-1)^n 2n$

hier ist $\limsup_{n \to \infty} a_n = \infty$.

3. $a_n = 1 - \frac{1}{n}$
4. $a_n = \frac{1}{2}[1 + (-1)^n]$

hier ist $\limsup_{n \to \infty} a_n = 1$.

5. $a_n = -n$
6. $a_n = -2n + (-1)^n n$

hier ist $\limsup_{n \to \infty} a_n = -\infty$.

Der obere Limes läßt sich, wie wir sehen werden, noch auf eine zweite Art definieren, nämlich:

Definition für Formel I. Wenn G irgendeine (beliebig große) Zahl bedeutet, so ist die Ungleichung $a_n > G$ für wenigstens einen Wert von n erfüllt.

Wie leicht zu sehen, ist sie dann sogar für unendlich viele n erfüllt.

Definition für Formel II. Wenn G irgendeine (beliebig große) Zahl bedeutet, so ist die Ungleichung $a_n < -G$ für alle hinreichend großen n erfüllt; d. h. es gibt einen (von G abhängenden) Index N derart, daß diese Ungleichung für alle n, die $\geqq N$ sind, erfüllt ist.

Definition für Formel III. Wenn ε eine (beliebig kleine) positive Zahl bedeutet, so ist

$$a_n < \Gamma + \varepsilon \text{ für alle hinreichend großen } n,$$
$$a_n > \Gamma - \varepsilon \text{ für unendlich viele } n.$$

Wir wollen zeigen, daß diese Definitionen den erstgegebenen äquivalent sind.

Beweis zu I. Hier sind beide Definitionen vollkommen identisch.

Beweis zu II. Nach der ersten Definition ist die Folge $\gamma_1, \gamma_2, \gamma_3, \ldots$ nicht nach unten beschränkt. Es ist also, wenn G eine beliebige Zahl bedeutet, $\gamma_n < -G$ für wenigstens einen Wert von n, etwa für $n = N$; wegen (1) gilt das dann aber auch für $n > N$. Da nach der Definition von γ_n aber $a_n \leqq \gamma_n$ ist, so wird erst recht

$$a_n < -G \text{ für alle hinreichend großen } n, \text{ nämlich für } n \geqq N.$$

Das ist aber gerade die zweite Definition. Geht man umgekehrt von dieser aus, so ist für einen gewissen Wert von n

$$a_n < -G,\ a_{n+1} < -G,\ a_{n+2} < -G,\ \ldots,$$

d. h. die Zahl $-G$ ist eine obere Schranke der Folge $a_n, a_{n+1}, a_{n+2}, \ldots$. Die obere Grenze γ_n dieser Folge ist sonach $\leqq -G$. Daher wird $\gamma_n \leqq -G$ für gewisse Werte von n, d. h. die Menge $\gamma_1, \gamma_2, \gamma_3, \ldots$ ist nicht nach unten beschränkt, womit wir wieder die erste Definition gewonnen haben.

Beweis zu III. Die erste Definition bestimmt die Zahl Γ durch die Forderungen

$$(2)\qquad \begin{cases} \gamma_n \geqq \Gamma \text{ für alle } n, \\ \gamma_n < \Gamma + \varepsilon \text{ für mindestens ein } n. \end{cases}$$

Da aber γ_n die obere Grenze der Folge $a_n, a_{n+1}, a_{n+2}, \ldots$ ist, so wird für $n = 1, 2, 3, \ldots$

$$(3)\qquad \begin{cases} a_{n+j} \leqq \gamma_n \text{ für } j = 0, 1, 2, \ldots \\ a_{n+j} > \gamma_n - \varepsilon \text{ für mindestens einen der Werte } j = 0, 1, 2, \ldots \end{cases}$$

Trifft die letzte Ungleichung etwa für $j = j_n$ zu, so folgt aus (2) und (3):

$$a_{n+j} < \Gamma + \varepsilon \text{ für } j = 0, 1, 2, \ldots \text{ und mindestens ein } n,$$

$$a_{n+j_n} > \Gamma - \varepsilon \text{ für alle } n;$$

das besagt aber so viel wie:

$$a_m < \Gamma + \varepsilon \text{ für alle hinreichend großen } m,$$

$$a_m > \Gamma - \varepsilon \text{ für unendlich viele } m,$$

und damit ist die zweite Definition gewonnen. Geht man umgekehrt von dieser aus, so gibt es unendlich viele n, für welche die Ungleichungen

$$a_n < \Gamma + \varepsilon,\ a_{n+1} < \Gamma + \varepsilon,\ a_{n+2} < \Gamma + \varepsilon, \ldots$$

$$a_n > \Gamma - \varepsilon$$

bestehen. Für solche Werte von n ist dann auch

$$(4)\qquad \gamma_n \leqq \Gamma + \varepsilon,$$

$$(5)\qquad \gamma_n > \Gamma - \varepsilon$$

Aber die Ungleichung (5) gilt sogar für alle n. Denn wäre sie etwa für $n = n_0$ falsch, so wäre sie wegen (1) erst recht für $n > n_0$ falsch; sie könnte also nicht für unendlich viele n gelten. Daher ist $\Gamma - \varepsilon$ eine untere Schranke der Folge $\gamma_1, \gamma_2, \gamma_3, \ldots$. Die untere Grenze dieser Folge ist also $\geqq \Gamma - \varepsilon$, und da ε hier jede positive Zahl bedeuten darf, so muß sie $\geqq \Gamma$ sein[1]). Anderseits ist diese untere Grenze wegen (4) gewiß $\leqq \Gamma + \varepsilon$, also, weil ε wieder jede positive Zahl bedeuten darf, auch $\leqq \Gamma$. Somit ist sie genau gleich Γ, womit wir wieder bei der ersten Definition angelangt sind.

---

[1]) Dieser Schluß wird in der Folge noch häufig angewandt. Es ist nötig, sich ihn vollständig klarzumachen: Wenn zwei Zahlen g_1, g_2 die Ungleichung $g_1 \geqq g_2 - \varepsilon$ für jede (selbst beliebig kleine) positive Zahl ε befriedigen, so ist $g_1 \geqq g_2$. Nimmt man nämlich an, es wäre $g_1 < g_2$, so ist $\frac{g_2 - g_1}{2}$ eine positive Zahl, die man also für ε einsetzen darf. Dann kommt aber:

$$g_1 \geqq g_2 - \frac{g_2 - g_1}{2} = \frac{g_1 + g_2}{2},$$

also auch $g_1 \geqq g_2$, in Widerspruch mit der Annahme.

In analoger Weise ergibt sich der Begriff des unteren Limes. Ist die Folge a_1, a_2, a_3, ... nicht nach unten beschränkt, so schreibt man

Ia. $$\lim_{n\to\infty} \inf a_n = -\infty.$$

Ist dagegen die Folge a_1, a_2, a_3, ... nach unten beschränkt, so gilt das gleiche von der Folge

$$a_n, \; a_{n+1}, \; a_{n+2}, \; \ldots,$$

die also eine untere Grenze δ_n hat. Dabei ist

(1a) $$\delta_1 \leqq \delta_2 \leqq \delta_3 \leqq \ldots .$$

Wenn dann die Folge δ_1, δ_2, δ_3, ... nicht nach oben beschränkt ist, so schreibt man

IIa. $$\lim_{n\to\infty} \inf a_n = \infty.$$

Ist dagegen die Folge δ_1, δ_2, δ_3, ... nach oben beschränkt, und ist Δ ihre obere Grenze, so schreibt man

IIIa. $$\lim_{n\to\infty} \inf a_n = \Delta.$$

Die drei Fälle bilden wieder eine vollständige Disjunktion, so daß jede Zahlenfolge a_1, a_2, a_3, ... einen eindeutig bestimmten unteren Limes hat, der entweder ∞ oder $-\infty$ oder eine Zahl ist. Der untere Limes einer nach unten beschränkten Zahlenfolge ist mindestens gleich der unteren Grenze: denn es ist $\Delta \geqq \delta_1$.

Der untere Limes läßt sich noch auf eine zweite Art definieren, nämlich:

D e f i n i t i o n f ü r F o r m e l Ia. Wenn G irgendeine (beliebig große) Zahl bedeutet, so ist die Ungleichung $a_n < -G$ für wenigstens einen Wert von n erfüllt.

Übrigens ist sie dann von selbst für unendlich viele n erfüllt.

D e f i n i t i o n f ü r F o r m e l IIa. Wenn G irgendeine (beliebig große) Zahl bedeutet, so ist die Ungleichung $a_n > G$ für alle hinreichend großen n erfüllt, d. h. es gibt einen (von G abhängenden) Index N derart, daß diese Ungleichung für alle n, die $\geqq N$ sind, erfüllt ist.

D e f i n i t i o n f ü r F o r m e l IIIa. Wenn ε eine (beliebig kleine) positive Zahl bedeutet, so ist

$$a_n > \Delta - \varepsilon \text{ für alle hinreichend großen } n,$$

$$a_n < \Delta + \varepsilon \text{ für unendlich viele } n.$$

Die Beweise sind ganz analog den vorigen und können dem Leser überlassen werden. — Bei den Anwendungen braucht man gewöhnlich die zweite der für die Begriffe oberer und unterer Limes gegebenen Definitionen. Trotzdem ist die erste theoretisch wichtiger, weil sie die Tatsache in Evidenz setzt, daß jede Folge einen eindeutig bestimmten oberen und unteren Limes hat. Auf Grund der zweiten Definition ist das nicht so direkt einzusehen, und ein Beweis wird immer mehr oder weniger darauf hinauslaufen, daß man die Äquivalenz mit der ersten Definition zeigt.

Nun beweisen wir noch drei einfache Sätze.

Satz 14. *Der obere Limes einer Folge ist nie kleiner als der untere Limes*[1]).

Das ist evident, wenn

$$\limsup_{n\to\infty} a_n = \infty \text{ oder } \liminf_{n\to\infty} a_n = -\infty$$

ist. Liegt keiner dieser Fälle vor, so existieren die Zahlen γ_n, δ_n, und offenbar ist $\gamma_n \geqq \delta_n$, also nach (1) und (1a) auch für einen beliebig großen Index p

$$\gamma_1 \geqq \gamma_2 \geqq \dots \geqq \gamma_p \geqq \delta_p \geqq \dots \geqq \delta_2 \geqq \delta_1,$$

woraus man für $n \leqq p$ und $m \leqq p$ abliest: $\gamma_n \geqq \delta_m$, das heißt aber:

$$\gamma_n \geqq \delta_m \text{ für beliebige } n \text{ und } m.$$

Somit ist insbesondere

$$\left.\begin{array}{l}\gamma_n \geqq \delta_1\\ \delta_n \leqq \gamma_1\end{array}\right\} \text{ für alle } n.$$

Demnach ist die Folge der γ_n nach unten beschränkt, und ihre untere Grenze Γ existiert; ebenso ist die Folge der δ_n nach oben beschränkt, und ihre obere Grenze Δ existiert. Dann ist, wie klein auch die positive Zahl ε sei, für mindestens ein n und ein m

$$\gamma_n < \Gamma + \varepsilon, \quad \delta_m > \Delta - \varepsilon,$$

also auch

$$\Gamma - \Delta > \gamma_n - \delta_m - 2\,\varepsilon \geqq -2\,\varepsilon.$$

Da ε beliebig klein, besagt das aber: $\Gamma - \Delta \geqq 0$, also: $\Gamma \geqq \Delta$. W. z. b. w.

Satz 15. *Wenn die Zahlen einer Folge von einer gewissen Stelle an alle den gleichen Wert a haben, so sind auch der obere und der untere Limes gleich a.*

In der Tat ist von einem gewissen n an $\gamma_n = \delta_n = a$; also auch $\Gamma = \Delta = a$.

Satz 16. *Wenn für alle hinreichend großen n die Ungleichung $a_n \geqq a'_n$ besteht, so ist auch*

$$\limsup_{n\to\infty} a_n \geqq \limsup_{n\to\infty} a'_n,$$

$$\liminf_{n\to\infty} a_n \geqq \liminf_{n\to\infty} a'_n.$$

---

[1]) Dabei sind für die Zeichen ∞ und $-\infty$ die Ungleichungen

$$-\infty < \Gamma < \infty$$

festgesetzt, wo Γ jede Zahl bedeutet.

Es wird genügen, den Satz für den oberen Limes zu beweisen. Ist dann $\limsup_{n\to\infty} a_n = \infty$, so ist die Sache selbstverständlich. Andernfalls wird für alle hinreichend großen Werte von n, etwa für $n \geqq n_0$

$$a_n \geqq a'_n,\ a_{n+1} \geqq a'_{n+1},\ a_{n+2} \geqq a'_{n+2},\ \ldots$$

Die obere Grenze γ_n der Folge $a_n, a_{n+1}, a_{n+2}, \ldots$ ist also auch eine obere Schranke der Folge $a'_n, a'_{n+1}, a'_{n+2}, \ldots$ Letztere hat daher eine obere Grenze γ'_n, welche $\leqq \gamma_n$ ist. Wenn nun $\limsup_{n\to\infty} a_n = -\infty$, so sind die γ_n nicht nach unten beschränkt, also die γ'_n auch nicht: daher

$$\limsup_{n\to\infty} a'_n = -\infty,$$

so daß für diesen Fall der Satz gewiß richtig ist. Wenn dagegen $\limsup_{n\to\infty} a_n = \Gamma$, so ist entweder

$$\limsup_{n\to\infty} a'_n = -\infty,$$

in welchem Fall der Satz wieder zutrifft oder

$$\limsup_{n\to\infty} a'_n = \Gamma',$$

wo Γ' die untere Grenze der γ'_n, also $\Gamma' \leqq \gamma'_n$ ist. Weil aber für $n \geqq n_0$ auch $\gamma'_n \leqq \gamma_n$ gefunden wurde, folgt hieraus für $n \geqq n_0$:

$$\Gamma' \leqq \gamma_n \leqq \gamma_{n-1} \leqq \ldots \leqq \gamma_2 \leqq \gamma_1 \text{ [nach (1)].}$$

Das heißt aber $\Gamma' \leqq \gamma_m$ für alle m. Folglich ist Γ' eine untere Schranke der Folge $\gamma_1, \gamma_2, \gamma_3, \ldots$, also $\Gamma' \leqq \Gamma$. Damit ist der Satz in allen Fällen bewiesen.

Bemerkung. Offenbar ändern sich der obere und der untere Limes einer Folge nicht, wenn man in der Folge eine endliche Anzahl von Elementen wegläßt oder hinzufügt oder durch andere ersetzt; so haben die drei Folgen

$$\frac{2}{1}, \frac{3}{2}, \frac{4}{3}, \frac{5}{4}, \frac{6}{5}, \frac{7}{6}, \ldots$$

$$\frac{4}{3}, \frac{5}{4}, \frac{6}{5}, \frac{7}{6}, \ldots$$

$$1, 2, \frac{4}{3}, \frac{5}{4}, \frac{6}{5}, \frac{7}{6}, \ldots$$

alle drei den oberen und unteren Limes 1, und allgemein ist

$$\limsup_{n\to\infty} a_n = \limsup_{n\to\infty} a_{n+1} = \limsup_{n\to\infty} a_{n+2} = \ldots$$

$$= \limsup_{n\to\infty} a_{n-1} = \limsup_{n\to\infty} a_{n-2} = \ldots;$$

ebenso für den unteren Limes. Wir wollen deshalb die Formeln I, II, III, Ia, IIa, IIIa auch dann in Anspruch nehmen, wenn die Zahlen a_n gar nicht von $n = 1$ an, sondern nur für alle hinreichend großen n, etwa für $n \geqq n_0$ definiert sind. In diesem Sinne ist z. B.

$$\mathop{lim\,sup}_{n \to \infty} \frac{n-4}{n-3} = 1,$$

obwohl hier die Zahl $a_n = \dfrac{n-4}{n-3}$ für $n = 3$ gar keinen Sinn hat. Die obigen Sätze 14, 15, 16 werden durch diese Modifikation der Begriffe oberer und unterer Limes offenbar nicht berührt.

Endlich sei bemerkt, daß man anstelle von n natürlich jeden Buchstaben verwenden kann, der im Lauf einer Rechnung nicht schon anderweitig gebraucht ist, also etwa $\mathop{lim\,sup}_{\nu \to \infty} a_\nu$. In der Literatur findet man anstelle von

$$\mathop{lim\,sup}_{n \to \infty} a_n \text{ bzw. } \mathop{lim\,inf}_{n \to \infty} a_n$$

auch häufig (heute sogar fast allgemein) die Schreibweise

$$\overline{\lim_{n \to \infty}}\, a_n \text{ bzw. } \underline{\lim_{n \to \infty}}\, a_n.$$

§ 15. Grenzwert einer Folge

Nach Satz 14 ist der obere Limes einer Zahlenfolge nie kleiner als der untere Limes. Im allgemeinen wird er größer sein; für $a_n = (-1)^n$ ist z. B.

$$\mathop{lim\,sup}_{n \to \infty} a_n = 1, \quad \mathop{lim\,inf}_{n \to \infty} a_n = -1.$$

Es gibt aber auch Folgen, deren oberer und unterer Limes einander gleich sind. Man spricht dann schlechthin vom Limes oder *Grenzwert* der Folge und schreibt einfach $\lim_{n \to \infty} a_n$. Hierbei sind wieder drei Fälle möglich:

I. $$\lim_{n \to \infty} a_n = \infty,$$

II. $$\lim_{n \to \infty} a_n = -\infty,$$

III. $$\lim_{n \to \infty} a_n = \Gamma.$$

Indem man für den oberen und unteren Limes jeweils die zweite der in § 14 gegebenen Definitionen zugrunde legt, ergibt sich für diese drei Formeln die folgende Bedeutung:

Formel I besagt: Wenn G eine beliebig große Zahl bedeutet, so ist die Ungleichung $a_n > G$ für alle hinreichend großen n erfüllt.

Formel II besagt: Wenn G eine beliebig große Zahl bedeutet, so ist die Ungleichung $a_n < -G$ für alle hinreichend großen n erfüllt.

Formel III besagt: Wenn ε eine beliebig kleine positive Zahl bedeutet, so ist die Doppelungleichung

$$\Gamma - \varepsilon < a_n < \Gamma + \varepsilon$$

oder, was dasselbe sagt, die Ungleichung

$$| a_n - \Gamma | < \varepsilon$$

für alle hinreichend großen n erfüllt.

Hierbei gilt auch wieder die Bemerkung am Schluß des vorigen Paragraphen; die a_n brauchen also nicht von $n = 1$ an, sondern nur für alle hinreichend großen n definiert zu sein.

Beispiel 1.
$$\lim_{n \to \infty} (n^2 + 2\,n) = \infty;$$

denn die Ungleichung $n^2 + 2\,n > G$ ist für alle hinreichend großen n, nämlich mindestens für $n > G$ erfüllt.

Beispiel 2.
$$\lim_{n \to \infty} \frac{-\,n^2 - n}{4} = -\,\infty;$$

denn die Ungleichung $\frac{-\,n^2 - n}{4} < -\,G$ ist für alle hinreichend großen n nämlich mindestens für $n > 4\,G$ erfüllt.

Beispiel 3.
$$\lim_{n \to \infty} \frac{n + (-1)^n}{n + 2} = 1;$$

denn die Ungleichung

$$\left| \frac{n + (-1)^n}{n + 2} - 1 \right| = \frac{2 - (-1)^n}{n + 2} < \varepsilon$$

ist für alle hinreichend großen n erfüllt, nämlich mindestens für $n > \frac{3}{\varepsilon}$.

Beispiel 4. Der Ausdruck

$$\lim_{n \to \infty} \frac{2 + (-1)^n}{3}$$

hat keinen Sinn; der Grenzwert existiert nicht. Denn es ist

$$\limsup_{n \to \infty} \frac{2 + (-1)^n}{3} = 1, \quad \liminf_{n \to \infty} \frac{2 + (-1)^n}{3} = \frac{1}{3}:$$

der obere und untere Limes sind also verschieden.

Der Begriff des Grenzwertes spielt in der gesamten Mathematik eine fundamentale Rolle; er ist wichtiger als die Begriffe des vorigen Paragraphen. Bei einer ersten Einführung kann man auf letztere verzichten und einfach den

Grenzwert auf die zuletzt angegebene Art definieren. Alsdann darf man aber nicht versäumen nachzuweisen, daß (was bei unserer Einführung selbstverständlich ist) die Fälle I, II, III sich gegenseitig ausschließen, und daß im Fall III die Zahl Γ eindeutig ist. Diese Beweise sind nicht schwer und werden dem Leser zur Übung empfohlen. Ebenso mag der leichte Beweis des folgenden Satzes dem Leser überlassen bleiben:

Satz 17. *Hat die Folge $a_1, a_2, a_3, \ldots$ einen (endlichen oder unendlichen) Grenzwert, so hat jede Teilfolge, z. B. $a_2, a_4, a_6, \ldots$ den gleichen Grenzwert.*

Zwei weitere Sätze folgen unmittelbar aus Satz 15 und 16, nämlich:

Satz 18. *Wenn die Zahlen der Folge $a_1, a_2, a_3, \ldots$ von einer gewissen Stelle an alle den gleichen Wert a haben, so ist auch $\lim\limits_{n\to\infty} a_n = a$.*

Satz 19. *Wenn für alle hinreichend großen n die Ungleichung $a_n \geqq a'_n$ besteht, so ist auch*

$$\lim_{n\to\infty} a_n \geqq \lim_{n\to\infty} a'_n,$$

falls die Grenzwerte existieren (∞ und $-\infty$ nicht ausgeschlossen)[1].

Endlich erwähnen wir den oft anzuwendenden

Satz 20. *Wenn für alle hinreichend großen n*

$$a_n \leqq \gamma_n \leqq a'_n$$

ist, wenn ferner die Grenzwerte

$$\lim_{n\to\infty} a_n, \quad \lim_{n\to\infty} a'_n$$

existieren und einander gleich sind (∞ und $-\infty$ nicht ausgeschlossen), so existiert auch der Grenzwert $\lim\limits_{n\to\infty} \gamma_n$ und ist den vorigen gleich.

In der Tat folgt aus den Sätzen 16 und 14:

$$\lim_{n\to\infty} a_n \leqq \liminf_{n\to\infty} \gamma_n \leqq \limsup_{n\to\infty} \gamma_n \leqq \lim_{n\to\infty} a'_n,$$

woraus man die Behauptung abliest, da die äußersten Glieder dieser Ungleichungskette nach Voraussetzung einander gleich sind.

Für das Rechnen mit Grenzwerten gelten die wichtigen Regeln:

1. $$\lim_{n\to\infty} (a_n + b_n) = \lim_{n\to\infty} a_n + \lim_{n\to\infty} b_n,$$

2. $$\lim_{n\to\infty} (a_n - b_n) = \lim_{n\to\infty} a_n - \lim_{n\to\infty} b_n,$$

---

[1] Man hüte sich aber, aus $a_n > a'_n$ zu schließen: $\lim\limits_{n\to\infty} a_n > \lim\limits_{n\to\infty} a'_n$. Es kann nur $\lim\limits_{n\to\infty} a_n \geqq \lim\limits_{n\to\infty} a'_n$ geschlossen werden. Für $a_n = \frac{2}{n}$, $a'_n = \frac{1}{n}$ ist z. B. durchweg $a_n > a'_n$; aber doch

$$\lim_{n\to\infty} a_n = \lim_{n\to\infty} a'_n = 0.$$

3. $$\lim_{n\to\infty} (a_n \cdot b_n) = \left(\lim_{n\to\infty} a_n\right) \cdot \left(\lim_{n\to\infty} b_n\right),$$

4. $$\lim_{n\to\infty} \frac{a_n}{b_n} = \frac{\lim\limits_{n\to\infty} a_n}{\lim\limits_{n\to\infty} b_n},$$

wobei vorausgesetzt ist, daß die Grenzwerte auf der rechten Seite existieren und endlich sind; in der letzten Formel außerdem, daß $\lim\limits_{n\to\infty} b_n \neq 0$ ist. Dagegen braucht die Existenz der linksstehenden Grenzwerte nicht vorausgesetzt zu werden, sondern läßt sich folgern.

Zum Beweis setzen wir

$$\lim_{n\to\infty} a_n = \alpha, \quad \lim_{n\to\infty} b_n = \beta.$$

Dann ist (nach den Rechenregeln am Schluß des § 10)

$$|(a_n \pm b_n) - (\alpha \pm \beta)| = |(a_n - \alpha) \pm (b_n - \beta)| \leqq |a_n - \alpha| + |b_n - \beta|.$$

Jeder Term der rechten Seite wird aber für genügend große n beliebig klein, z. B. wenn ε irgendeine positive Zahl bedeutet, auch kleiner als $\frac{\varepsilon}{2}$, so daß

$$|(a_n \pm b_n) - (\alpha \pm \beta)| < \frac{\varepsilon}{2} + \frac{\varepsilon}{2} = \varepsilon$$

wird, womit die Regeln 1 und 2 bewiesen sind.

Der Beweis von 3 ergibt sich aus:

$$\begin{aligned} |a_n b_n - \alpha\beta| &= |(a_n - \alpha)(b_n - \beta) + \beta(a_n - \alpha) + \alpha(b_n - \beta)| \\ &\leqq |a_n - \alpha| \cdot |b_n - \beta| + |\beta| \cdot |a_n - \alpha| + |\alpha| \cdot |b_n - \beta|; \end{aligned}$$

denn hier werden die drei Summanden auf der rechten Seite beliebig klein, wenn nur n hinreichend groß ist.

Beim Beweis von 4 ist $\beta \neq 0$ vorauszusetzen; dann ist $\frac{1}{2}|\beta|$ eine positive Zahl und folglich $|b_n - \beta| < \frac{1}{2}|\beta|$ für genügend große n. Daher auch

$$|b_n| = |\beta + (b_n - \beta)| \geqq |\beta| - |b_n - \beta| > |\beta| - \frac{1}{2}|\beta| = \frac{1}{2}|\beta|,$$

also gewiß $b_n \neq 0$, und außerdem

$$\begin{aligned} \left|\frac{a_n}{b_n} - \frac{\alpha}{\beta}\right| &= \left|\frac{|\beta(a_n - \alpha) - \alpha(b_n - \beta)|}{|b_n| \cdot |\beta|}\right| \\ &\leqq \frac{|\beta| \cdot |a_n - \alpha| + |\alpha| \cdot |b_n - \beta|}{\frac{1}{2}|\beta|^2}. \end{aligned}$$

Die Summanden im Zähler der rechten Seite werden aber für hinreichend große n beliebig klein; also wird auch die linke Seite beliebig klein, womit Regel 4 bewiesen ist.

Die Regeln 1 und 3 lassen sich durch vollständige Induktion sofort auf eine beliebige Anzahl von Summanden bzw. Faktoren ausdehnen.

Ein Spezialfall von 3 mit Anwendung von Satz 18 ist:

5. $$\lim_{n\to\infty} (a \cdot b_n) = a \cdot \lim_{n\to\infty} b_n.$$

Ein Spezialfall von 4 ist

6. $$\lim_{n\to\infty} \frac{1}{b_n} = \frac{1}{\lim\limits_{n\to\infty} b_n}, \text{ falls } \lim_{n\to\infty} b_n \neq 0.$$

Weiter gelten die unmittelbar aus dem Begriff des Grenzwerts folgenden Regeln:

7. Wenn $\lim\limits_{n\to\infty} a_n = \infty$, so ist $\lim\limits_{n\to\infty} (-a_n) = -\infty$. Wenn $\lim\limits_{n\to\infty} a_n = -\infty$, so ist $\lim\limits_{n\to\infty} (-a_n) = \infty$.

8. Wenn $\lim\limits_{n\to\infty} a_n = \infty$ oder $\lim\limits_{n\to\infty} a_n = -\infty$, so ist $\lim\limits_{n\to\infty} \dfrac{1}{a_n} = 0$.

9. Wenn $\lim\limits_{n\to\infty} a_n = 0$, aber $a_n \neq 0$ für alle hinreichend großen n, so ist $\lim\limits_{n\to\infty} \left|\dfrac{1}{a_n}\right| = \infty$.

10. Wenn $\lim\limits_{n\to\infty} a_n = \pm\infty$, $\lim\limits_{n\to\infty} b_n = b > 0$, so ist auch $\lim\limits_{n\to\infty} (a_n b_n) = \pm\infty$.

Beispiel. Es ist

$$\lim_{n\to\infty} \frac{n^p + a_1 n^{p-1} + a_2 n^{p-2} + \dots + a_{p-1} n + a_p}{n^q + b_1 n^{q-1} + b_2 n^{q-2} + \dots + b_{q-1} n + b_q} = \begin{cases} \infty \text{ für } p > q \\ 1 \text{ für } p = q \\ 0 \text{ für } p < q. \end{cases}$$

Der Bruch ist nämlich gleich

$$n^{p-q} \cdot \frac{1 + \frac{a_1}{n} + \frac{a_2}{n^2} + \dots + \frac{a_p}{n^p}}{1 + \frac{b_1}{n} + \frac{b_2}{n^2} + \dots + \frac{b_q}{n^q}},$$

und hierauf lassen sich die Regeln 1 bis 4 anwenden, wozu im Fall $p > q$ noch die Regel 10 tritt.

§ 16. Konvergente Folgen

Eine Folge von Zahlen heißt *konvergent*, wenn sie einen endlichen Grenzwert hat, wenn also der Fall III des vorigen Paragraphen vorliegt. Man sagt dann, die Folge konvergiert gegen ihren Grenzwert. Die Frage, ob eine Folge konvergent ist oder nicht, wird beantwortet durch den

Satz 21. (Kriterium von Bolzano-Cauchy-Cantor). *Die notwendige und hinreichende Bedingung dafür, daß die Folge $a_1, a_2, a_3, \ldots$ konvergent ist, besteht darin, daß die Ungleichung*

$$|a_m - a_n| < \varepsilon,$$

wie klein auch die positive Zahl ε sei, für alle hinreichend großen Werte von m und n erfüllt wird. — Ausführlicher heißt das: Zu jeder positiven Zahl ε muß sich eine ganze Zahl $N = N_\varepsilon$ angeben lassen derart, daß die obige Ungleichung richtig ist, sobald nur $m \geqq N$ und $n \geqq N$ genommen wird.

Die Bedingung ist notwendig; denn wenn ein endlicher Grenzwert Γ existiert, so ist für alle hinreichend großen m, n gewiß

$$|a_m - \Gamma| < \frac{\varepsilon}{2}, \; |a_n - \Gamma| < \frac{\varepsilon}{2},$$

also auch

$$|a_m - a_n| = |(a_m - \Gamma) - (a_n - \Gamma)| \leqq |a_m - \Gamma| + |a_n - \Gamma| < \frac{\varepsilon}{2} + \frac{\varepsilon}{2} = \varepsilon.$$

Die Bedingung ist aber auch hinreichend. Ist sie nämlich erfüllt, so hat man:

$$|a_m - a_N| < \varepsilon \text{ für } m = N+1, N+2, N+3, \ldots,$$

also erst recht:

$$|a_m| - |a_N| < \varepsilon \text{ für } m = N+1, N+2, N+3, \ldots.$$

Daher ist keine Zahl der Folge $a_1, a_2, a_3, \ldots$ absolut größer als die größte der $N + 1$ Zahlen

$$|a_1|, |a_2|, |a_3|, \ldots, |a_N|, |a_N| + \varepsilon.$$

Diese Folge ist also beschränkt. Sei Γ ihr oberer, γ ihr unterer Limes; dann ist

$$\Gamma - \varepsilon < a_m,$$
$$\gamma + \varepsilon > a_n$$

für unendlich viele Werte von m und n. Daher kann man insbesondere auch $m \geqq N$, $n \geqq N$ wählen und erhält dann durch Subtraktion der beiden Ungleichungen:

$$\Gamma - \gamma - 2\varepsilon < a_m - a_n \leqq |a_m - a_n| < \varepsilon.$$

Also ist $\Gamma < \gamma + 3\varepsilon$, und weil ε jede positive Zahl bedeuten darf, so folgt hieraus: $\Gamma \leqq \gamma$. Da aber nach Satz 14 nicht $\Gamma < \gamma$ sein kann, so ist $\Gamma = \gamma$, d. h. unsere Folge hat einen Grenzwert. W. z. b. w.

Eine einfachere, wenigstens hinreichende Bedingung ist in folgendem Kriterium enthalten:

Satz 22. *Wenn die Folge $a_1, a_2, a_3, \ldots$ monoton wächst, d. h. wenn*

$$a_1 \leqq a_2 \leqq a_3 \leqq \ldots$$

ist, wenn sie außerdem nach oben beschränkt ist, so konvergiert sie. Ihr Grenzwert Γ ist zugleich ihre obere Grenze, also gewiß $\Gamma \geqq a_n$ für alle n.

Man kann die Konvergenz beweisen, indem man zeigt, daß die Bedingung des vorigen Satzes erfüllt ist; doch ziehen wir einen direkten Beweis vor. Da die Folge nach oben und wegen des monotonen Wachsens offenbar auch nach unten beschränkt ist, hat sie einen endlichen oberen Limes Γ, und es ist

$$\text{(1)} \qquad a_n < \Gamma + \varepsilon \text{ für alle hinreichend großen } n,$$

$$\text{(2)} \qquad a_n > \Gamma - \varepsilon \text{ für unendlich viele } n.$$

Wegen des monotonen Wachsens gilt aber Ungleichung (2) ebenfalls für *alle* hinreichend großen n. Also folgt:

$$\Gamma - \varepsilon < a_n < \Gamma + \varepsilon \text{ für alle hinreichend großen } n,$$

oder, was dasselbe sagt,

$$|\, a_n - \Gamma \,| < \varepsilon \text{ für alle hinreichend großen } n.$$

Daher konvergiert die Folge, und Γ ist ihr Grenzwert.

Daß Γ zugleich die obere Grenze ist, ergibt sich so: Die Ungleichung (1) gilt wegen des monotonen Wachsens schon von $n = 1$ an. Daher ist $\Gamma + \varepsilon$ eine obere Schranke, und folglich kann die obere Grenze nicht größer als Γ sein. Wegen (2) kann sie aber auch nicht kleiner als Γ sein.

Ebenso beweist man den analogen

Satz 23. *Wenn die Folge $a_1, a_2, a_3, \ldots$ monoton abnimmt, d. h. wenn*

$$a_1 \geqq a_2 \geqq a_3 \geqq \ldots$$

ist, wenn sie außerdem nach unten beschränkt ist, so konvergiert sie. Ihr Grenzwert γ ist zugleich ihre untere Grenze, also gewiß $\gamma \leqq a_n$ für alle n.

Man kann die Sätze 21—23 auch ohne die Begriffe des oberen und unteren Limes beweisen, nur auf Grund der Grenzwertdefinition:

$$|\, a_n - \Gamma \,| < \varepsilon \text{ für alle hinreichend großen } n.$$

Dabei muß man den Grenzwert durch einen geeigneten *Schnitt* bestimmen. Dem Leser wird das als Übung empfohlen.

Wir beweisen jetzt noch den wichtigen

Satz 24. *Jede (rationale und irrationale) Zahl kann als Grenzwert einer Folge von rationalen Zahlen angesehen werden.*

In der Tat sei α irgendeine Zahl. Bedeutet dann n eine beliebige ganze positive Zahl, so gibt es nach Satz 3a Seite 25 zwischen den Zahlen α und $\alpha + \frac{1}{n}$ eine *rationale* Zahl a_n, und es ist

$$|a_n - \alpha| < \frac{1}{n}.$$

Da dies für $n = 1, 2, 3, \ldots$ gilt, folgt

$$\alpha = \lim_{n \to \infty} a_n,$$

womit der Satz bewiesen ist.

§ 17. Unendliche Reihen und Produkte

Die wichtigste Art von Grenzwerten sind die unendlichen Reihen. Sei $u_1, u_2, u_3, \ldots$ eine Zahlenfolge. Wir leiten aus ihr eine zweite Folge $s_1, s_2, s_3, \ldots$ her, indem wir setzen:

$$\begin{aligned} s_1 &= u_1, \\ s_2 &= u_1 + u_2, \\ &- - - - - \\ s_n &= u_1 + u_2 + \ldots + u_n, \\ &- - - - - - - - - . \end{aligned}$$

Wenn dann die Folge $s_1, s_2, s_3, \ldots$ konvergiert, also einen endlichen Grenzwert S hat, so nennt man die *unendliche Reihe*

$$u_1 + u_2 + u_3 + \ldots$$

konvergent (sie *konvergiert*) und legt ihr den Wert S bei; also

$$u_1 + u_2 + u_3 + \ldots = S.$$

Andernfalls heißt die Reihe *divergent* (sie *divergiert*). Die Zahl s_n heißt in jedem Fall die n^{te} *Partialsumme* der Reihe.

Haben die Reihenglieder u_n zum Teil oder alle ein Minuszeichen, so schreibt man dieses auch anstelle des Pluszeichens vor das betreffende Glied. Statt

$$1 + \left(-\frac{1}{2}\right) + \frac{1}{3} + \left(-\frac{1}{4}\right) + \frac{1}{5} + \left(-\frac{1}{6}\right) + \ldots$$

wird man z. B. kürzer schreiben

$$1 - \frac{1}{2} + \frac{1}{3} - \frac{1}{4} + \frac{1}{5} - \frac{1}{6} + -, \ldots$$

Im übrigen bedient man sich noch der folgenden Abkürzungen:

A. für die *endliche* Summe:

$$u_{n+1} + u_{n+2} + \ldots + u_{n+p} = \sum_{\nu = n+1}^{n+p} u_\nu = \sum_{\nu = 1}^{p} u_{n+\nu};$$

B. für die *unendliche* Reihe (oder Summe):

$$u_{n+1} + u_{n+2} + u_{n+3} + \dots = \sum_{\nu=n+1}^{\infty} u_\nu = \sum_{\nu=1}^{\infty} u_{n+\nu}.$$

Anstelle des Zeichens ν für den Summationsindex kann natürlich auch jeder andere Buchstabe verwandt werden, der in der betreffenden Formel nicht anderweitig vorkommt.

Aus der Definition des Wertes einer unendlichen Reihe folgen sofort die Regeln der gliedweisen Addition und Subtraktion, sowie der Multiplikation mit einem Faktor:

(1) $$\sum_{\nu=p}^{\infty} (u_\nu \pm v_\nu) = \sum_{\nu=p}^{\infty} u_\nu \pm \sum_{\nu=p}^{\infty} v_\nu,$$

(2) $$\sum_{\nu=p}^{\infty} a u_\nu = a \sum_{\nu=p}^{\infty} u_\nu,$$

wobei nur die rechtsstehenden Reihen als konvergent vorauszusetzen sind; die linksstehenden sind es dann von selbst. Das ergibt sich ohne weiteres aus den Rechenregeln 1, 2, 5 für Grenzwerte auf Seite 46 und 48.

Weiter lehrt Satz 17 Seite 46, daß man in beliebiger Weise mehrere Glieder einer konvergenten Reihe durch Ordnungsklammern zu einem einzigen Glied zusammenfassen kann, ohne ihren Wert zu ändern. Denn betrachtet man beispielsweise die beiden Reihen

$$u_1 + u_2 + u_3 + u_4 + u_5 + u_6 + \dots = \sum_{\nu=1}^{\infty} u_\nu,$$

$$(u_1 + u_2) + (u_3 + u_4) + (u_5 + u_6) + \dots = \sum_{\nu=1}^{\infty} (u_{2\nu-1} + u_{2\nu}),$$

so erkennt man sogleich, daß die Partialsummen der zweiten eine Teilfolge von den Partialsummen der ersten sind. Da man insbesondere die etwa auftretenden Nullen mit Nachbargliedern vereinigen kann, so sieht man, daß sich alle Nullen als Reihenglieder unterdrücken lassen.

Satz 21 liefert als notwendige und hinreichende Bedingung für Reihenkonvergenz:

$$|s_m - s_n| < \varepsilon, \text{ für alle hinreichend großen } m, n.$$

Damit ist offenbar gleichbedeutend:

$|s_{n+p} - s_n| < \varepsilon$ für $p = 1, 2, 3, \dots$ und alle hinreichend großen n; oder wenn man die Partialsummen durch die u_ν ausdrückt:

$$|u_{n+1} + u_{n+2} + \dots + u_{n+p}| = \left|\sum_{\nu=n+1}^{n+p} u_\nu\right| < \varepsilon.$$

Ein einfacheres Kriterium erhält man, wenn die Reihe lauter positive Glieder hat oder wenigstens keine negativen. Dann ist nämlich die Folge der Partialsummen monoton wachsend. Ist sie (nach oben) nicht beschränkt, so ist

$\lim_{n \to \infty} s_n = \infty$, die Reihe also divergent. Wenn sie dagegen nach oben beschränkt ist, so hat sie nach Satz 22 einen endlichen Grenzwert, die Reihe ist also konvergent. Das wird insbesondere dann eintreten, wenn ihre Glieder höchstens so groß sind wie die Glieder einer anderen bereits als konvergent erkannten Reihe. Denn für ihre Partialsummen ist dann der Wert jener anderen Reihe eine obere Schranke.

Beispiel 1. Die Reihe

$$\frac{1}{1 \cdot 2} + \frac{1}{2 \cdot 3} + \frac{1}{3 \cdot 4} + \ldots = \sum_{\nu=1}^{\infty} \frac{1}{\nu(\nu+1)}$$

konvergiert und hat den Wert 1. Denn hier ist

$$\begin{aligned} s_n &= \frac{1}{1 \cdot 2} + \frac{1}{2 \cdot 3} + \ldots + \frac{1}{n(n+1)} \\ &= \left(1 - \frac{1}{2}\right) + \left(\frac{1}{2} - \frac{1}{3}\right) + \ldots + \left(\frac{1}{n} - \frac{1}{n+1}\right) = 1 - \frac{1}{n+1}, \end{aligned}$$

also $\lim_{n \to \infty} s_n = 1$.

Beispiel 2. Die Reihe

$$\frac{1}{4} + \frac{1}{9} + \frac{1}{16} + \frac{1}{25} + \ldots = \sum_{\nu=1}^{\infty} \frac{1}{(\nu+1)^2} = \sum_{\nu=2}^{\infty} \frac{1}{\nu^2}$$

konvergiert. Denn ihre Glieder sind positiv, aber kleiner als im vorigen Beispiel.

Beispiel 3. Die Reihe

$$1 - \frac{1}{2} + \frac{1}{3} - \frac{1}{4} + - \ldots = \sum_{\nu=1}^{\infty} (-1)^{\nu-1} \frac{1}{\nu}$$

konvergiert. Denn die Partialsummen genügen hier den Ungleichungen

$$s_{2n-1} > s_{2n+1} > s_{2n+2} > s_{2n};$$

also ist

$$s_1 > s_3 > s_5 > \ldots > s_6 > s_4 > s_2.$$

Daher für $p = 1, 2, 3, \ldots$

$$| s_{n+p} - s_n | \leqq | s_{n+1} - s_n | = \frac{1}{n+1},$$

so daß die Bedingung des ersten Kriteriums erfüllt ist.

Beispiel 4. Die Reihe

$$1 + \frac{1}{2} + \frac{1}{3} + \frac{1}{4} + \ldots = \sum_{\nu=1}^{\infty} \frac{1}{\nu}$$

divergiert. Denn hier ist, wenn $2^n = m$ gesetzt wird,

$$s_{2m} - s_m = \frac{1}{2^n + 1} + \frac{1}{2^n + 2} + \dots + \frac{1}{2^n + 2^n}$$

$$> \frac{1}{2^{n+1}} + \frac{1}{2^{n+1}} + \dots + \frac{1}{2^{n+1}} = \frac{2^n}{2^{n+1}} = \frac{1}{2}.$$

Daher

$$s_4 - s_2 > \frac{1}{2},$$

$$s_8 - s_4 > \frac{1}{2},$$

— — — — —

$$s_{2m} - s_m > \frac{1}{2},$$

und folglich durch Addition:

$$s_{2m} > s_2 + \frac{n}{2} \text{ für } m = 2^n,$$

so daß die Folge $s_1, s_2, s_3, \dots$ nicht beschränkt ist.

Weiter gehen wir hier auf die allgemeine Theorie der unendlichen Reihen nicht ein; spezielle Reihen werden wir noch mehrfach zu untersuchen Gelegenheit haben. Übrigens sei bemerkt, daß sich jeder Grenzwert $\lim\limits_{n \to \infty} a_n$ in der Form einer unendlichen Reihe schreiben läßt; denn setzt man

$$a_1 = u_1$$

$$a_n - a_{n-1} = u_n \ (n = 2, 3, 4, \dots),$$

so ist

$$u_1 + u_2 + \dots + u_n = a_n,$$

und der Grenzwert $\lim\limits_{n \to \infty} a_n$ wird gleich der unendlichen Reihe

$$u_1 + u_2 + u_3 + \dots$$

Das *unendliche Produkt*

$$v_1 v_2 v_3 \dots,$$

wobei alle $v_n \neq 0$ sein sollen, heißt *konvergent* (es *konvergiert*), wenn die Folge der *Partialprodukte*

$$p_1 = v_1,$$

$$p_2 = v_1 v_2,$$

— — — —

$$p_n = v_1 v_2 \dots v_n,$$

— — — — —

einen endlichen, *von Null verschiedenen* Grenzwert $\lim_{n\to\infty} p_n = P$ hat; man legt dann dem unendlichen Produkt den Wert P bei. In jedem anderen Fall heißt das Produkt *divergent* (es *divergiert*); insbesondere sagt man, wenn $\lim_{n\to\infty} p_n = 0$ ist: *Das Produkt divergiert nach Null.*

Bei einem konvergenten Produkt darf man in beliebiger Weise mehrere Faktoren durch Ordnungsklammern zu einem einzigen zusammenfassen und alle Faktoren, die gleich 1 sind, unterdrücken. Das ist wieder eine unmittelbare Folge aus Satz 17 Seite 46.

Man wendet folgende Abkürzungen an:

A. für das *endliche* Produkt:

$$v_{n+1} v_{n+2} \ldots v_{n+p} = \prod_{\nu=n+1}^{n+p} v_\nu = \prod_{\nu=1}^{p} v_{n+\nu};$$

B. für das *unendliche* Produkt:

$$v_{n+1} v_{n+2} v_{n+3} \ldots = \prod_{\nu=n+1}^{\infty} v_\nu = \prod_{\nu=1}^{\infty} v_{n+\nu}.$$

Beispiel 1. Das Produkt

$$\frac{4}{3}\cdot\frac{9}{8}\cdot\frac{16}{15}\cdot\frac{25}{24}\ldots = \prod_{\nu=2}^{\infty} \frac{\nu^2}{\nu^2-1} = \prod_{\nu=1}^{\infty} \frac{(\nu+1)^2}{(\nu+1)^2-1}$$

ist konvergent und hat den Wert 2. Hier ist nämlich

$$v_n = \frac{(n+1)^2}{(n+1)^2-1} = \frac{(n+1)^2}{n(n+2)} = \frac{1+\dfrac{1}{n}}{1+\dfrac{1}{n+1}};$$

also

$$p_n = \frac{1+\dfrac{1}{1}}{1+\dfrac{1}{2}}\cdot\frac{1+\dfrac{1}{2}}{1+\dfrac{1}{3}}\cdot\frac{1+\dfrac{1}{3}}{1+\dfrac{1}{4}}\cdots\frac{1+\dfrac{1}{n}}{1+\dfrac{1}{n+1}} = \frac{2}{1+\dfrac{1}{n+1}}$$

und daher $\lim_{n\to\infty} p_n = 2$.

Beispiel 2. Das Produkt

$$\frac{2}{1}\cdot\frac{3}{2}\cdot\frac{4}{3}\cdot\frac{5}{4}\ldots = \prod_{\nu=1}^{\infty}\frac{\nu+1}{\nu}$$

ist divergent. Denn hier ist $p_n = n+1$, also $\lim_{n\to\infty} p_n = \infty$.

Beispiel 3. Das Produkt

$$\frac{1}{2}\cdot\frac{2}{3}\cdot\frac{3}{4}\cdot\frac{4}{5}\cdots=\prod_{\nu=1}^{\infty}\frac{\nu}{\nu+1}$$

divergiert nach Null. Denn hier ist $p_n = \frac{1}{n+1}$, also $\lim_{n\to\infty} p_n = 0$.

Auch auf die allgemeine Theorie der unendlichen Produkte wollen wir in diesem Buch nicht weiter eingehen.

§ 18. Historisches zum ersten und zweiten Kapitel

Das Bedürfnis, das Gebiet der rationalen Zahlen durch irrationale zu erweitern, ist zuerst in der Geometrie hervorgetreten. Die bereits im Altertum vorhandene Erkenntnis, daß es Strecken gibt, die mit einer gegebenen Strecke nicht kommensurabel sind, führt mit Notwendigkeit dazu. Trotzdem hat man sich lange gescheut, den inkommensurablen Verhältnissen neben den kommensurablen das volle Bürgerrecht auch im Gebiet der Zahlen einzuräumen. Solange die Geometrie rein synthetisch blieb, schien das auch weniger dringend. Für den Betrieb der analytischen Geometrie aber war es eine unerläßliche Vorbedingung. Anderseits konnte gerade die Erfindung der analytischen Geometrie durch DESCARTES und FERMAT dazu beitragen, das Mißtrauen gegen die irrationalen Zahlen zu zerstreuen. Eben das greifbare Substrat, das man für die Zahlen in der Maßgeometrie hatte, ließ die Skrupel völlig schwinden. Nur zu sehr; denn als vor rund ein und einem halben Jahrhundert unter Führung von GAUSS, CAUCHY, ABEL die Forderung einer strengeren Beweisführung in der gesamten Mathematik sich durchzusetzen begann, sah man diese Zahlen bereits als etwas so Selbstverständliches und Wohlfundiertes an, daß niemand daran dachte, auch hier nach dem Rechten zu sehen.

CAUCHY in seinem „Cours d'analyse" von 1821 betrachtet die irrationalen Zahlen als etwas Gegebenes und jedermann Vertrautes; er bemerkt gelegentlich zur Erläuterung des Begriffes „Grenzwert", daß die irrationalen Zahlen Grenzwerte von Folgen rationaler Zahlen sind. Später heißt es dann: „Damit die Folge $a_1, a_2, a_3, \ldots$ einen Grenzwert α hat, ist notwendig und hinreichend, daß die a_n sich von α, *also voneinander* beliebig wenig unterscheiden." CAUCHY hat demnach unseren Satz 21, bleibt aber, ohne sich dessen bewußt zu werden, den Beweis schuldig, daß die Bedingung wirklich hinreichend ist. Ein solcher Beweis kann auch unmöglich geführt werden ohne einen klar definierten Irrationalzahlbegriff; denn im Bereich der rationalen Zahlen ist ja der Satz nicht richtig, weil eben eine konvergente Folge rationaler Zahlen oft keinen rationalen, sondern einen irrationalen Grenzwert hat.

Weit scharfsinniger als CAUCHY ist bereits einige Jahre früher (1817) ein damals wenig beachteter und erst in neuerer Zeit gebührend gewürdigter Mann gewesen: BERNARD BOLZANO. Bei ihm findet sich, sogar viel klarer als bei CAUCHY ausgesprochen, ebenfalls der Satz 21, und BOLZANO hat auch die Notwendigkeit eines Beweises erkannt und einen solchen Beweis wenigstens versucht. Freilich mußte dieser in Ermangelung einer Definition der Irrationalzahlen schließlich in eine petitio principii auslaufen. Auch der BOLZANOsche Beweis von Satz 11 mußte aus dem gleichen Grund mißglücken; ein strenger Beweis wurde wohl zuerst durch WEIERSTRASS in Vorlesungen erbracht. Vor BOLZANO war schon GAUSS im Besitz von Satz 11 (vgl. Werke, Bd. X 1, S. 390ff.); er hat ihn aber nicht veröffentlicht, vielleicht, weil ihm bewußt war, daß er ihn nicht beweisen konnte. In der gleichen nachgelassenen Note von GAUSS finden sich auch schon die Begriffe oberer und unterer Limes, die im übrigen von CAUCHY a. a. O. in die Literatur eingeführt wurden.

Der erste, der klar erkannt hat, daß am Begriff der Irrationalzahlen selbst der Hebel angesetzt werden muß, war DEDEKIND. Die Anfänge seiner Ideen gehen auf das Jahr 1858 zurück; doch hat er sie erst 1872 publiziert. Seine Theorie, die von ihm selbst nur skizziert wurde, ist genau die, welche wir hier auseinandergesetzt haben, indem die irrationalen Zahlen mit Hilfe von Schnitten eingeführt werden. Allerdings versteht DEDEKIND unter der Zahl nicht direkt den Schnitt; er wehrt sich sogar gegen diesen von H. WEBER gemachten Vorschlag und sagt nur: „Jedesmal nun, wenn ein Schnitt (A/B) vorliegt, welcher durch keine rationale Zahl hervorgebracht wird (d. h. Schnitt dritter Art in unserer Ausdrucksweise), so *erschaffen* wir eine neue, eine *irrationale Zahl* α, welche wir als durch diesen Schnitt vollständig definiert ansehen; wir werden sagen, daß die Zahl α diesem Schnitt entspricht, oder daß sie diesen Schnitt hervorbringt.“ Das ist jedoch nur ein Unterschied in der Ausdrucksweise, der das Wesen der Sache nicht berührt.

Indes gibt es auch Irrationalzahltheorien, die ihrem Wesen nach von der DEDEKINDschen völlig verschieden sind. Ebenfalls im Jahre 1872 ist eine solche von GEORG CANTOR skizziert und von E. HEINE näher ausgeführt worden. Man nennt eine Folge rationaler Zahlen, die der Bedingung von Satz 21 mit rationalem ε genügt, eine *Fundamentalfolge*. Wenn eine solche eine rationale Zahl als Grenzwert hat, dann kann man sie als ein Äquivalent für diese rationale Zahl ansehen, analog wie wir einen Schnitt erster oder zweiter Art als ein solches Äquivalent angesehen haben. Es gibt aber auch Fundamentalfolgen, die keinen rationalen Grenzwert haben, und CANTOR sagt dann *kraft Definition*, daß ein irrationaler Grenzwert existiert. In dieser Theorie sind also die irrationalen Zahlen nicht Schnitte, sondern Fundamentalfolgen, und die von CAUCHY und BOLZANO nicht bewiesene Richtigkeit des Satzes 21 wird, wenigstens für Folgen *rationaler* Zahlen, einfach durch Definition erzwungen. Formal etwas allgemeiner, aber im Prinzip die gleiche Theorie wie CANTOR hat schon etwas vorher CH. MÉRAY entwickelt.

Eine dritte Irrationalzahltheorie rührt von WEIERSTRASS her, der sie indes nur in Vorlesungen vorgetragen, aber nie in Druckform publiziert hat. Einige

Andeutungen darüber hat ein Schüler von Weierstraß, E. KOSSAK, ebenfalls im Jahre 1872 gegeben. Neuere Darstellungen stammen von V. VON DANTSCHER und von MITTAG-LEFFLER.

Schließlich wäre noch die Theorie von PAUL BACHMANN zu nennen, die sich der allgemeinen CANTORschen als eine besonders handliche Spezialisierung unterordnet. BACHMANN denkt sich *zwei* Folgen rationaler Zahlen

$$a_1, a_2, a_3, \ldots \text{ und } b_1, b_2, b_3, \ldots,$$

die erste monoton wachsend, die zweite monoton abnehmend, und zwar derart, daß $b_n - a_n$ nie negativ, aber mit wachsendem n beliebig klein wird, Zwei solche Folgen haben, wie sich aus den Sätzen 22, 23 ergibt, einen gemeinsamen Grenzwert. BACHMANN erzwingt das *durch Definition*, indem er jedes solche Paar von Zahlenfolgen als eine Zahl α definiert, für die er das Zeichen

$$\alpha = \begin{pmatrix} a_1, a_2, a_3, \ldots \\ b_1, b_2, b_3. \ldots \end{pmatrix}$$

einführt. H. VON MANGOLDT definiert die irrationalen Zahlen zunächst als Schnitte, leitet dann aber für die Definition der Summe usw. ebenfalls zu der BACHMANNschen Darstellung über.

Gegenüber der DEDEKINDschen haben alle anderen Theorien den Nachteil, daß sie für eine und dieselbe Zahl unendlich viele Darstellungsformen liefern. So repräsentieren z. B. die beiden Fundamentalfolgen

$$\frac{1}{1}, \frac{1}{2}, \frac{1}{3}, \frac{1}{4}, \frac{1}{5}, \ldots$$

$$\frac{3}{1}, \frac{3}{2}, \frac{3}{3}, \frac{3}{4}, \frac{3}{5}, \ldots,$$

obwohl sie *als solche* ganz verschieden sind, doch die gleiche Zahl, nämlich 0. Daher müssen diese Theorien zunächst die *Gleichheit* definieren und auf Grund der Definition die Relationsgesetze

1. $a = a$,
2. Wenn $a = b$ ist, so ist auch $b = a$,
3. Wenn $a = b$ und $b = c$ ist, so ist auch $a = c$

beweisen; bei den Rechenoperationen ist die Ersetzbarkeit einer Zahl durch eine formal verschiedene, aber definitionsgemäß doch gleiche zu *beweisen*. Bei der DEDEKINDschen Theorie fällt das alles weg, weil Gleichheit nur *Identität* bedeutet.

Übrigens lassen sich auch die anderen Theorien so darstellen, daß die soeben als notwendig erkannten Beweise *scheinbar* nicht notwendig sind. So hat VAN DER WAERDEN die CANTORsche Theorie in der Weise modifiziert, daß er nicht jede einzelne Fundamentalfolge als eine Zahl definiert, sondern alle Fundamentalfolgen, die sich nur um Nullfolgen, das heißt Folgen mit dem

Grenzwert 0, unterscheiden, in eine Klasse (Restklasse) zusammenfaßt und dann diese *Klasse* (nicht einen einzelnen Angehörigen der Klasse) als Zahl definiert. Aber VAN DER WAERDENs Leser haben schon vorher in einem allgemeineren Rahmen das Rechnen mit Restklassen als ein Rechnen mit beliebigen Angehörigen dieser Klassen kennen gelernt und wissen, daß das Resultat unabhängig davon ist, mit *welchem* Angehörigen einer Klasse man rechnet. Dieser vorher geführte Beweis braucht daher jetzt nicht noch einmal geführt zu werden.

Nunmehr erhebt sich folgende Frage: Wenn ein Mathematiker mit dem Wort „Zahl" einen anderen Begriff verbindet als ein zweiter, kann denn da die Mathematik (Arithmetik) des einen dieselbe sein wie die des anderen? Müssen nicht beispielsweise die DEDEKINDsche und die CANTORsche Mathematik verschiedenen Inhalt haben, derart, daß ein Satz, der in der einen bewiesen wird, in der anderen vielleicht nicht mehr gilt? Glücklicherweise ist diese Befürchtung unbegründet. Denn in jedem Zahlensystem muß definiert werden und wird definiert, was unter $a < b$, $a + b$ usw. zu verstehen ist, wenn a, b Zahlen des Systems sind; ferner müssen die Rechengesetze: $a + b = b + a$ usw. bewiesen werden. Obwohl nun die Zahlen im einen System nicht das gleiche sind wie im anderen, so läßt sich doch das eine System so auf das andere *abbilden*, daß jeder Zahl des einen umkehrbar eindeutig eine Zahl des anderen als Bild zugeordnet ist, und daß diese Zuordnung den folgenden Forderungen genügt: „Sind a, b Zahlen des einen Systems und α, β ihre Bilder im andern System, so sind die Bilder der Zahlen

$$a + b, \quad a - b, \quad a \cdot b, \quad \frac{a}{b}$$

bzw. die Zahlen

$$\alpha + \beta, \quad \alpha - \beta, \quad \alpha \cdot \beta, \quad \frac{\alpha}{\beta},$$

und wenn $a < b$ ist, so ist auch $\alpha < \beta$." Hiernach muß dann jeder Satz der im einen System gilt, stets auch im anderen System richtig sein.

In der Tat ist es z. B. leicht, jeder Fundamentalfolge des CANTORschen Systems einen DEDEKINDschen Schnitt zuzuordnen derart, daß die obigen Forderungen erfüllt sind; es ist derjenige Schnitt (Zahl), welcher der Grenzwert der betreffenden Fundamentalfolge ist.

Darüber hinaus hat aber E. V. HUNTINGTON gezeigt, daß überhaupt zwei Zahlensysteme, für welche die Gesetze I bis XXI des § 1, sowie die Sätze 3a Seite 25 und 11 Seite 33 gelten, stets auf eine und nur eine Weise so aufeinander abbildbar sind, daß den obigen Forderungen genügt wird. Sehr gründliche Untersuchungen in dieser Richtung findet der Leser auch bei LOEWY. Diese Erörterungen legen es nahe, die Arithmetik *axiomatisch* festzulegen. So wenig es in der Geometrie darauf ankommt, was ein Punkt *ist* und was eine Gerade *ist*, sondern nur auf die in den Axiomen festgelegten gegenseitigen

Beziehungen zwischen Punkten, Geraden usw., so wenig kommt es in der Arithmetik darauf an, was die Zahlen *sind*, sondern nur auf die in Axiomen zu formulierenden Beziehungen zwischen den Zahlen. Freilich kommt man auch bei dieser Auffassung um eine Irrationalzahltheorie, wie wir sie aufgestellt haben, oder eine äquivalente nicht herum. Denn als Axiome kann man etwa die Gesetze I bis XXI des § 1 sowie die Sätze 3a und 11 annehmen; hieraus und aus der rekurrenten Erzeugungsweise der positiven ganzen Zahlen, die dem Schluß von n auf $n + 1$ zugrunde liegt, fließt die gesamte Arithmetik, ohne daß man auf irgendeine **Definition** der Irrationalzahl zurückgreifen muß[1]). Diese Axiome sind übrigens nicht voneinander unabhängig; damit sie aber brauchbar sind, müssen sie *widerspruchslos* sein. Allein die Widerspruchslosigkeit läßt sich nicht anders zeigen als dadurch, daß man wirklich ein Zahlensystem konstruiert, in dem die Axiome sämtlich gelten; das leistet eben das DEDEKINDsche oder sonst ein System, dessen Aufstellung deshalb nicht entbehrt werden kann.

[1]) Dazu sei bemerkt, daß wir unsere Zahlendefinition wirklich nur zum Nachweis der genannten Gesetze und Sätze herangezogen haben. Alles andere, was wir bewiesen haben und weiterhin beweisen werden, wird lediglich aus diesen gefolgert, *ohne die Zahlendefinition nochmals explizite zu benutzen.* — Übrigens könnte man es auch anders machen, worauf wir beispielsweise auf Seite 50 unten hingewiesen haben. Aber unser Weg ist nicht nur wegen der im allgemeinen größeren Einfachheit der Beweise, sondern, wie man sieht, auch vom Standpunkt der Axiomatik aus prinzipiell vorzuziehen.

Drittes Kapitel

Potenzen und Logarithmen

§ 19. Die Potenz mit ganzzahligem Exponenten

Die Potenz mit ganzzahligem Exponenten und beliebiger Basis a wird bekanntlich durch folgende vier Formeln definiert:

A. $$a^1 = a;$$

B. für $n = 2, 3, 4, \ldots$: $a^n = a \cdot a \cdot \cdots a$,

wobei die Anzahl der rechtsstehenden Faktoren gleich n ist;

C. $$a^{-n} = \frac{1}{a^n} \quad (n = 1, 2, 3, \ldots;\ a \neq 0);$$

D. $$a^0 = 1.$$

Manche Autoren schließen auch in der Formel D den Wert $a = 0$ aus; doch ist dieser Verzicht auf den Gebrauch des Zeichens 0^0 nicht empfehlenswert[1]). — Aus den Definitionsformeln A bis D fließen sogleich die bekannten für beliebige ganzzahlige Exponenten geltenden Rechengesetze:

I. $$a^n \cdot a^m = a^{n+m}.$$

II. $$\frac{a^n}{a^m} = a^{n-m}.$$

III. $$(a^n)^m = a^{nm}.$$

IV. $$a^n b^n = (ab)^n.$$

V. $$\frac{a^n}{b^n} = \left(\frac{a}{b}\right)^n.$$

VI. $$1^n = 1.$$

VII. Wenn $0 < a < b$, so ist für $n > 0$ auch $0 < a^n < b^n$.

---

[1]) Infolge dieses Verzichtes müßte man bei der bequemen und allgemein üblichen Schreibweise

$$a_0 + a_1 x + a_2 x^2 + \ldots = \sum_{\nu=0}^{\infty} a_\nu x^\nu$$

den Wert $x = 0$ ausschließen, weil für $x = 0$ der erste Term unter dem Summenzeichen gleich $a_0 \cdot 0^0$ ist. Aber das will doch gewiß niemand.

In den Formeln I bis V ist $a \neq 0$, $b \neq 0$ zu denken; andernfalls ist hinzuzufügen, daß diese Formeln gelten, soweit die vorkommenden Ausdrücke einen Sinn haben. — Wir beweisen nun einige Lehrsätze.

Satz 25. *Für $n = 2, 3, 4, \ldots$ und $1 + h > 0$ ist*

$$(1 + h)^n \geqq 1 + nh,$$

und zwar Gleichheit dann und nur dann, wenn $h = 0$ ist.

Für $h = 0$ ist der Satz nach VI evident. Sei also $h \neq 0$; dann ist

$$(1 + h)^2 = 1 + 2h + h^2 > 1 + 2h,$$

so daß der Satz gewiß für $n = 2$ gilt. Nimmt man aber an, er gelte für einen gewissen Wert $n = m$ ($\geqq 2$), so ist

$$(1 + h)^m > 1 + mh,$$

und indem man diese Ungleichung mit der nach Voraussetzung positiven Zahl $1 + h$ multipliziert, ergibt sich:

$$(1 + h)^{m+1} > (1 + mh)(1 + h) = 1 + (m + 1)h + mh^2 > 1 + (m + 1)h.$$

Der Satz gilt also auch für $n = m + 1$, und folglich allgemein.

Satz 26. *Für $a > 1$ ist $\lim\limits_{n \to \infty} a^n = \infty$;*

für $0 < |a| < 1$ ist $\lim\limits_{n \to \infty} a^n = 0$.

Für $a > 1$ kann man nämlich $a = 1 + h$ setzen, wo h positiv ist. Aus Satz 25 folgt dann:

$$a^n = (1 + h)^n > 1 + nh,$$

und daher: $\lim\limits_{n \to \infty} a^n = \infty$.

Für $0 < |a| < 1$ kann man $|a| = \frac{1}{1 + h}$ setzen, wo h positiv ist. Dann wird

$$|a^n| = |a|^n = \frac{1}{(1 + h)^n} < \frac{1}{1 + nh}.$$

Folglich ist $\lim\limits_{n \to \infty} |a^n| = 0$; also auch $\lim\limits_{n \to \infty} a^n = 0$.

Satz 27 (Wurzelexistenzsatz). *Ist a eine positive Zahl und n eine positive ganze Zahl, so gibt es e i n e und n u r e i n e positive Zahl ξ, für welche $\xi^n = a$ ist. ξ heißt die n^{te} Wurzel aus a, in Zeichen: $\xi = \sqrt[n]{a}$. Statt $\sqrt[2]{a}$ schreibt man einfacher $\sqrt{a}$.*

Für $n = 1$ ist der Satz trivial. Für $n > 1$ sieht man zunächst, daß es *höchstens eine* solche Zahl ξ gibt. Denn wenn $0 < \xi_1 < \xi_2$, so ist nach VII auch $\xi_1^n < \xi_2^n$, so daß unmöglich $\xi_1^n = a$ und zugleich $\xi_2^n = a$ sein kann.

Daß es nun wirklich eine Zahl der verlangten Art gibt, beweist man folgendermaßen. Da die Folge

$$1^n, 2^n, 3^n, 4^n, \ldots$$

offenbar den Grenzwert ∞ hat, gibt es positive Zahlen x, für welche $x^n > a$ ist. Sei M die Menge dieser positiven Zahlen x, und sei ξ die untere Grenze von M. Da anderseits die Folge

$$1^n, \left(\frac{1}{2}\right)^n, \left(\frac{1}{3}\right)^n, \left(\frac{1}{4}\right)^n, \ldots$$

den Grenzwert 0 hat, gibt es eine positive Zahl g, für welche $g^n < a$ ist; g gehört dann nicht zur Menge M. Für $0 < y < g$ ist erst recht $y^n < a$, so daß auch y nicht zur Menge M gehört. Alle Zahlen der Menge M sind daher größer als g; folglich ist auch die untere Grenze ξ mindestens gleich g, also *positiv*. Wir behaupten nun, daß $\xi^n = a$ ist. Da nämlich der Grenzwert eines Produktes gleich dem Produkt der Grenzwerte (nach Seite 47, Regel 3, die ja analog für beliebig viele Faktoren gilt), so gilt Entsprechendes für die n^{te} Potenz, die ja ein Produkt von n gleichen Faktoren ist; folglich hat man:

$$\lim_{\nu \to \infty} \left(\xi - \frac{1}{\nu}\right)^n = \xi^n, \quad \lim_{\nu \to \infty} \left(\xi + \frac{1}{\nu}\right)^n = \xi^n.$$

Wäre nun erstens $\xi^n > a$, so wäre auch für genügend große ganzzahlige ν

$$\xi - \frac{1}{\nu} > 0, \quad \left(\xi - \frac{1}{\nu}\right)^n > a.$$

Daher würde die Zahl $\xi - \frac{1}{\nu}$ der Menge M angehören, und die untere Grenze von M müßte kleiner als ξ sein. Wäre aber zweitens $\xi^n < a$, so wäre auch

$$\left(\xi + \frac{1}{\nu}\right)^n < a$$

für genügend große ganzzahlige ν, etwa für $\nu \geqq N$. Dann wäre aber erst recht

$$x^n < a \text{ für } x \leqq \xi + \frac{1}{N}.$$

Die Menge M würde also keine Zahl enthalten, die kleiner als $\xi + \frac{1}{N}$ ist; ihre untere Grenze ξ müßte daher $\geqq \xi + \frac{1}{N}$ sein, was absurd ist. Somit bleibt in der Tat nur übrig: $\xi^n = a$. W. z. b. w.

Die n^{te} Wurzel aus einer rationalen Zahl ist im allgemeinen irrational. Insbesondere erkennt man: *Die n^{te} Wurzel aus einer ganzen Zahl D ist dann und nur dann rational, wenn D die n^{te} Potenz einer ganzen Zahl ist.* Wenn nämlich $D = g^n$, wo g eine ganze (positive) Zahl, so ist $\sqrt[n]{D} = g$, also rational und ganz. Wenn aber D nicht die n^{te} Potenz einer ganzen Zahl ist, so muß D wenigstens einen Primfaktor p in einer Potenz mit nicht durch n teilbarem Exponenten enthalten. Wäre dann $\sqrt[n]{D} = \frac{a}{b}$, wo a, b teilerfremde ganze Zahlen sind, so wäre $a^n = b^n D$. In dieser Gleichung enthält aber die linke Seite den Primfaktor p in einer Potenz, deren Exponent durch n teilbar ist (eventuell 0), die rechte nicht, was unmöglich ist.

Satz 28. *Für $n = 2, 3, 4, \ldots$ und $1 + h > 0$ ist*

$$\sqrt[n]{1+h} \leqq 1 + \frac{h}{n},$$

und zwar Gleichheit dann und nur dann, wenn $h = 0$ ist.

Für $h = 0$ ist der Satz evident; denn da die Gleichung $x^n = 1$ nach VI die Lösung $x = 1$ hat, ist $\sqrt[n]{1} = 1$. Sei nun $h \neq 0$; dann ist wegen $1 + h > 0$ auch

$$1 + \frac{h}{n} > 1 - \frac{1}{n} > 0:$$

also nach Satz 25

$$\left(1 + \frac{h}{n}\right)^n > 1 + n\,\frac{h}{n} = 1 + h.$$

Wäre nun $1 + \frac{h}{n} \leqq \sqrt[n]{1+h}$, so wäre nach VII auch

$$\left(1 + \frac{h}{n}\right)^n \leqq 1 + h,$$

im Widerspruch mit dem soeben Bewiesenen. Es ist also $1 + \frac{h}{n} > \sqrt[n]{1+h}$.

W. z. b. w.

§ 20. Die Potenz mit rationalem Exponenten

Bei *positiver* Basis läßt sich der Potenzbegriff erweitern, indem man auch nicht ganzzahlige Exponenten zuläßt. Dazu dient das HANKELsche *Prinzip der Erhaltung formaler Gesetze*. Dieses verlangt, dem Zeichen a^ν, wenn ν nicht ganzzahlig ist, eine solche Bedeutung beizulegen, daß man mit diesem Zeichen in gewohnter Weise, d. h. gemäß den Gesetzen I bis VII des § 19 rechnen kann. Ob das überhaupt möglich ist, wissen wir zunächst natürlich nicht; wir werden es aber bald sehen.

Jede rationale Zahl läßt sich auf die Form $\frac{p}{q}$ bringen, wo p, q ganze Zahlen sind, und speziell $q > 0$. Für das Zeichen $a^{\frac{p}{q}}$, wo $a > 0$ ist, muß dann, wenn das Gesetz III bestehen bleiben soll, jedenfalls die Formel

$$\left(a^{\frac{p}{q}}\right)^q = a^p$$

gelten; daher ist $a^{\frac{p}{q}} \neq 0$, weil ja $0^q = 0 \neq a^p$ wäre. Nach dem gleichen Gesetz muß $a^{\frac{p}{q}}$ das Quadrat von $a^{\frac{p}{2q}}$, also, weil die Null ausgeschlossen ist, *positiv* sein. Wir werden daher unter $a^{\frac{p}{q}}$ eine positive Zahl zu verstehen haben, deren q^{te} Potenz gleich a^p ist. Nach Satz 27 gibt es gerade *eine* solche Zahl, nämlich die q^{te} Wurzel aus a^p. Unsere Forderung der Erhaltung der formalen Gesetze führt daher mit Notwendigkeit zu der

Definition: $$a^{\frac{p}{q}} = \sqrt[q]{a^p} \text{ für } a > 0.$$

Dabei darf aber eine Schwierigkeit nicht übersehen werden, die darin liegt, daß eine rationale Zahl sich auf unendlich viele Arten in die Form $\frac{p}{q}$ setzen läßt. Sei etwa

$$\frac{p}{q} = \frac{p'}{q'} \quad (q > 0,\ q' > 0).$$

Dann ist nach Definition

$$a^{\frac{p}{q}} = \sqrt[q]{a^p}, \quad a^{\frac{p'}{q'}} = \sqrt[q']{a^{p'}},$$

und unsere Definition hat dann und nur dann einen Sinn, wenn sich zeigen läßt, daß die beiden Wurzeln einander gleich sind. Für $p = p' = 0$ ist diese Gleichheit evident, weil dann beide Wurzeln gleich 1 sind. Andernfalls setzen wir

$$\sqrt[q]{a^p} = \xi, \quad \sqrt[q']{a^{p'}} = \eta.$$

Dann ist

$$\xi^q = a^p, \quad \eta^{q'} = a^{p'}.$$

Also auch

$$\xi^{qp'} = (\xi^q)^{p'} = (a^p)^{p'} = a^{pp'} = (a^{p'})^p = (\eta^{q'})^p = \eta^{q'p}.$$

Da aber $\frac{p}{q} = \frac{p'}{q'}$, also $q'p = qp'$ ist, so folgt:

$$\xi^{qp'} = \eta^{qp'}.$$

Die positiven Zahlen ξ und η haben daher gleiche $(qp')^{te}$ Potenz, und folglich sind sie selbst einander gleich. Denn aus $\xi < \eta$ würde z. B. folgen:

$$\text{falls } qp' > 0: \ \xi^{qp'} < \eta^{qp'},$$
$$\text{falls } qp' < 0: \ \xi^{-qp'} < \eta^{-qp'}, \text{ also } \eta^{qp'} < \xi^{qp'}.$$

Somit ist in der Tat $\xi = \eta$, und unsere Definition des Zeichens $a^{\frac{p}{q}}$ hat einen Sinn. Nun wollen wir noch zeigen, daß die Gesetze I bis VII auch wirklich erhalten bleiben.

Beweis zu I. Setzt man

$$a^{\frac{p_1}{q}} = \xi_1, \quad a^{\frac{p_2}{q}} = \xi_2,$$

so ist

$$\xi_1^q = a^{p_1}, \quad \xi_2^q = a^{p_2};$$

also

$$(\xi_1 \xi_2)^q = \xi_1^q \xi_2^q = a^{p_1} a^{p_2} = a^{p_1 + p_2}.$$

Daher hat die positive Zahl $\xi_1 \xi_2$ die Eigenschaft, daß ihre q^{te} Potenz gleich $a^{p_1+p_2}$ ist. Nach der Definition der Potenz mit gebrochenem Exponenten ist also

$$\xi_1 \xi_2 = a^{\frac{p_1 + p_2}{q}} = a^{\frac{p_1}{q} + \frac{p_2}{q}};$$

oder, indem man für ξ_1 und ξ_2 die ursprünglichen Werte einsetzt,

$$a^{\frac{p_1}{q}} \cdot a^{\frac{p_2}{q}} = a^{\frac{p_1}{q} + \frac{p_2}{q}}. \quad \text{W. z. b. w.}$$

Beweis zu II ist ganz analog. Übrigens ist II auch eine Folge von I. Denn nach I ist

$$a^{\mu} \cdot a^{\nu - \mu} = a^{\mu + (\nu - \mu)} = a^{\nu};$$

hieraus entsteht, indem man durch a^{μ} dividiert,

$$a^{\nu - \mu} = \frac{a^{\nu}}{a^{\mu}},$$

und das ist das Gesetz II.

Beweis zu III. Setzt man

$$a^{\frac{p}{q}} = \xi, \quad \left(a^{\frac{p}{q}}\right)^{\frac{r}{s}} = \xi^{\frac{r}{s}} = \eta, \quad a^{\frac{p}{q} \cdot \frac{r}{s}} = a^{\frac{pr}{qs}} = \zeta,$$

wo q und s positiv, so ist die Gleichung $\eta = \zeta$ nachzuweisen. Nun ist definitionsgemäß

$$\xi^q = a^p, \quad \eta^s = \xi^r, \quad \zeta^{qs} = a^{pr}.$$

Also auch

$$\eta^{sq} = (\eta^s)^q = (\xi^r)^q = \xi^{rq} = (\xi^q)^r = (a^p)^r = a^{pr} = \zeta^{qs}.$$

Daher ist $\eta^{qs} = \zeta^{qs}$, und folglich muß $\eta = \zeta$ sein, da es nach Satz 27 *nur eine* positive Zahl mit vorgegebener $(qs)^{ter}$ Potenz gibt.

Beweis zu IV. Setzt man

$$a^{\frac{p}{q}} = \xi, \quad b^{\frac{p}{q}} = \eta,$$

wo q positiv, so ist

$$\xi^q = a^p, \ \eta^q = b^p.$$

Daher

$$(\xi\eta)^q = \xi^q\eta^q = a^p b^p = (ab)^p.$$

Es ist also $\xi\eta$ eine positive Zahl, deren q^{te} Potenz gleich $(ab)^p$ ist, d. h. aber:

$$\xi\eta = (ab)^{\frac{p}{q}};$$

oder, wenn für ξ, η die ursprünglichen Werte eingesetzt werden:

$$a^{\frac{p}{q}} \cdot b^{\frac{p}{q}} = (ab)^{\frac{p}{q}}. \quad \text{W. z. b. w.}$$

Beweis zu V ist ganz analog. Übrigens ist V auch eine Folge von IV. Denn nach IV ist

$$b^\nu \left(\frac{a}{b}\right)^\nu = \left(b \cdot \frac{a}{b}\right)^\nu = a^\nu;$$

hieraus entsteht, indem man durch b^ν dividiert,

$$\left(\frac{a}{b}\right)^\nu = \frac{a^\nu}{b^\nu},$$

und das ist das Gesetz V.

Beweis zu VI. Nach Satz 28 für $h = 0$ ist $\sqrt[q]{1} = 1$; also

$$1^{\frac{p}{q}} = \sqrt[q]{1^p} = \sqrt[q]{1} = 1. \quad \text{W. z. b. w.}$$

Beweis zu VII. Wenn $0 < a < b$, so ist für $p > 0$:

$$a^p < b^p.$$

Wäre nun, wenn $q > 0$ ist, $a^{\frac{p}{q}} \geqq b^{\frac{p}{q}}$, so wäre auch

$$a^p = \left(a^{\frac{p}{q}}\right)^q \geqq \left(b^{\frac{p}{q}}\right)^q = b^p,$$

was dem vorigen widerspricht. Es ist also $a^{\frac{p}{q}} < b^{\frac{p}{q}}$. W. z. b. w.

§ 21. Die Potenz mit irrationalem Exponenten

Bevor wir die Potenz mit irrationalem Exponenten definieren können, müssen wir zwei Hilfssätze vorausschicken.

Hilfssatz 1. *Ist* $\gamma_1, \gamma_2\ \gamma_3, \ldots$ *eine konvergente Folge rationaler Zahlen, so konvergiert auch die Folge* $a_1^{\gamma_1}, a_2^{\gamma_2}, a_3^{\gamma_3}, \ldots$ $(a > 0)$.

Hilfssatz 2. *Sind $\gamma_1, \gamma_2, \gamma_3, \ldots$ und $\delta_1, \delta_2, \delta_3, \ldots$ zwei konvergente Folgen rationaler Zahlen mit gemeinsamem Grenzwert*

$$\lim_{n\to\infty} \gamma_n = \lim_{n\to\infty} \delta_n,$$

so ist auch

$$\lim_{n\to\infty} a^{\gamma_n} = \lim_{n\to\infty} a^{\delta_n} \qquad (a > 0).$$

Für $a = 1$ sind beide Sätze evident, weil $1^{\gamma_n} = 1$ ist. Wir wenden uns zum Fall $a > 1$ und bemerken zunächst, daß dann die Potenz a^x zugleich mit x wächst. Denn aus $x > y$ (x, y rational) folgt $x - y > 0$, also nach den Gesetzen VII und VI:

$$a^{x-y} > 1^{x-y} = 1,$$

daher $a^x = a^y \cdot a^{x-y} > a^y \cdot 1 = a^y$.

Ist nun q eine beliebig große positive ganze Zahl, so wird, weil die Folge $\gamma_1, \gamma_2, \gamma_3, \ldots$ konvergiert, nach Satz 21 Seite 49 für genügend große Werte von m und n

$$-\frac{1}{q} < \gamma_m - \gamma_n < \frac{1}{q}$$

sein. Daher auch

$$a^{-\frac{1}{q}} < a^{\gamma_m - \gamma_n} < a^{\frac{1}{q}}.$$

Wird $a = 1 + h$ gesetzt ($h > 0$), so ist aber mit Rücksicht auf Satz 28

$$a^{\frac{1}{q}} = \sqrt[q]{a} = \sqrt[q]{1+h} < 1 + \frac{h}{q},$$

folglich auch[1])

$$a^{-\frac{1}{q}} = \frac{1}{a^{\frac{1}{q}}} > \frac{1}{1 + \frac{h}{q}} > 1 - \frac{h}{q}.$$

Aus dem Vorausgehenden ergibt sich daher:

$$1 - \frac{h}{q} < a^{\gamma_m - \gamma_n} < 1 + \frac{h}{q},$$

oder, was dasselbe sagt:

$$|\, a^{\gamma_m - \gamma_n} - 1 \,| < \frac{h}{q} = \frac{a-1}{q}.$$

---

[1]) Hier wird noch die Ungleichung $\frac{1}{1+\delta} > 1 - \delta$ für positive δ benutzt. Diese ergibt sich aus

$$1 > 1 - \delta^2 = (1 - \delta)(1 + \delta)$$

durch Multiplikation mit der positiven Zahl $\frac{1}{1+\delta}$. Daraus ersieht man zugleich, daß die fragliche Ungleichung sogar für $\delta > -1$, $\delta \neq 0$ gilt.

Da die Folge $\gamma_1, \gamma_2, \gamma_3, \ldots$ konvergiert, ist sie gewiß beschränkt; etwa $\gamma_n < G$, wo wir G rational denken können. Daher ist

$$a^{\gamma_n} < a^G,$$

so daß durch Multiplikation mit der vorigen Ungleichung folgt:

$$|a^{\gamma_m} - a^{\gamma_n}| = |a^{\gamma_n} \cdot a^{\gamma_m - \gamma_n} - a^{\gamma_n}| = a^{\gamma_n} \cdot |a^{\gamma_m - \gamma_n} - 1| < a^G \cdot \frac{a-1}{q}.$$

Dies gilt nun, wie groß auch die ganze Zahl q gewählt sei, sofern nur m und n hinreichend groß sind. Nach Satz 21 existiert also der Grenzwert $\lim\limits_{n \to \infty} a^{\gamma_n}$.

Nun ist noch der Fall $0 < a < 1$ zu erledigen. Setzt man dabei $a = \frac{1}{b}$, so ist $b > 1$, also existiert nach dem Bewiesenen der Grenzwert $\lim\limits_{n \to \infty} b^{-\gamma_n}$, weil ja die Folge $-\gamma_1, -\gamma_2, -\gamma_3, \ldots$ offenbar auch konvergent ist. Da aber

$$b^{-\gamma_n} = b^{0-\gamma_n} = \frac{b^0}{b^{\gamma_n}} = \frac{1}{b^{\gamma_n}} = \frac{1^{\gamma_n}}{b^{\gamma_n}} = \left(\frac{1}{b}\right)^{\gamma_n} = a^{\gamma_n}$$

ist, so heißt das, daß der Grenzwert $\lim\limits_{n \to \infty} a^{\gamma_n}$ existiert. Damit ist Hilfssatz 1 vollständig bewiesen.

Unter den Voraussetzungen von Hilfssatz 2 ist auch die Folge

$$\gamma_1, \delta_1, \gamma_2, \delta_2, \gamma_3, \delta_3, \ldots$$

konvergent; daher hat nach Hilfssatz 1 die Folge

$$(1) \qquad a^{\gamma_1}, a^{\delta_1}, a^{\gamma_2}, a^{\delta_2}, a^{\gamma_3}, a^{\delta_3}, \ldots$$

ebenfalls einen endlichen Grenzwert. Gegen den gleichen Grenzwert konvergiert daher nach Satz 17 Seite 46 jede Teilfolge von (1), also insbesondere die beiden Folgen

$$a^{\gamma_1}, a^{\gamma_2}, a^{\gamma_3}, \ldots,$$
$$a^{\delta_1}, a^{\delta_2}, a^{\delta_3}, \ldots,$$

womit Hilfssatz 2 bewiesen ist.

Nun sei wieder $\gamma_1, \gamma_2, \gamma_3, \ldots$ eine konvergente Folge rationaler Zahlen, und ihr Grenzwert

$$\lim_{n \to \infty} \gamma_n = \gamma$$

sei auch rational. Dann haben die beiden Folgen

$$\gamma_1, \gamma_2, \gamma_3, \ldots,$$
$$\gamma, \gamma, \gamma, \ldots,$$

einen gemeinsamen Grenzwert; das gleiche gilt daher nach Hilfssatz 2 auch von den beiden Folgen

$$a^{\gamma_1}, a^{\gamma_2}, a^{\gamma_3}, \ldots,$$
$$a^{\gamma}, a^{\gamma}, a^{\gamma}, \ldots,$$

das heißt, es ist

$$\lim_{n\to\infty} (a^{\gamma_n}) = a^{\gamma}, \text{ wenn } \lim_{n\to\infty} \gamma_n = \gamma.$$

Jede *irrationale* Zahl γ läßt sich nach Satz 24 als Grenzwert rationaler Zahlen $\gamma_1, \gamma_2, \gamma_3, \ldots$ darstellen. Eine solche Darstellung ist zwar auf unendlich viele Arten möglich; aber bei allen Arten hat die Folge

$$a^{\gamma_1},\ a^{\gamma_2},\ a^{\gamma_3},\ \ldots$$

nach Hilfssatz 2 einen und denselben Grenzwert. Diesen wollen wir einfach durch a^{γ} bezeichnen. *Hiermit ist die Potenz bei positiver Basis auch für irrationale Exponenten in eindeutiger Weise definiert.* Nach dieser Definition und der zuletzt bewiesenen Formel ist dann

$$\lim_{n\to\infty} (a^{\gamma_n}) = a^{\gamma},$$

wenn die γ_n rational sind, während $\lim\limits_{n\to\infty} \gamma_n = \gamma$ rational oder irrational sein darf.

Es ist wichtig, zu bemerken, daß auch bei irrationalem Exponenten die Potenz stets *positiv* (und nicht etwa 0) ist. Denn wenn $\lim\limits_{n\to\infty} \gamma_n = \gamma$ (γ_n rational), so ist die Folge $\gamma_1, \gamma_2, \gamma_3, \ldots$ beschränkt, also etwa

$$g < \gamma_n < G,$$

wo man g und G rational denken kann. Für $a > 1$ ist daher $a^{\gamma_n} > a^g$, und durch Grenzübergang folgt:

$$a^{\gamma} \geqq a^g > 0.$$

Für $a < 1$ ist $\frac{1}{a} > 1$; daher $\left(\frac{1}{a}\right)^{-\gamma_n} > \left(\frac{1}{a}\right)^{-G}$, oder $a^{\gamma_n} > a^G$. Also durch Grenzübergang:

$$a^{\gamma} \geqq a^G > 0.$$

Endlich für $a = 1$ ist $a^{\gamma_n} = 1^{\gamma_n} = 1$; also auch $a^{\gamma} = 1 > 0$.

Wir wollen nun das Fortbestehen der Rechengesetze I bis VII für beliebige Exponenten nachweisen, wobei wir den Umstand benutzen, daß sie für rationale Exponenten bereits bewiesen sind.

Beweis zu I. Sei $\gamma = \lim\limits_{n\to\infty} \gamma_n$, $\delta = \lim\limits_{n\to\infty} \delta_n$, wo die γ_n, δ_n rational sind. Dann ist

$$a^{\gamma_n} \cdot a^{\delta_n} = a^{\gamma_n + \delta_n},$$

und hieraus folgt durch Grenzübergang:

$$a^{\gamma} \cdot a^{\delta} = a^{\gamma + \delta}. \text{ W. z. b. w.}$$

Beweis zu II ist ganz analog. Vgl. übrigens Seite 66.

Beweis zu III folgt im nächsten Paragraphen.

Beweis zu IV. Sei $\gamma = \lim\limits_{n\to\infty} \gamma_n$, wo die γ_n rational sind. Dann ist

$$a^{\gamma_n} \cdot b^{\gamma_n} = (ab)^{\gamma_n},$$

und hieraus folgt durch Grenzübergang:

$$a^{\gamma} \cdot b^{\gamma} = (ab)^{\gamma}. \quad \text{W. z. b. w.}$$

Beweis zu V ist ganz analog. Vgl. übrigens S. 67.

Beweis zu VI. Für rationale γ_n ist $1^{\gamma_n} = 1$. Hieraus folgt, wenn wieder $\lim\limits_{n\to\infty} \gamma_n = \gamma$ ist, durch Grenzübergang: $1^{\gamma} = 1$. W. z. b. w.

Beweis zu VII. Sei $0 < a < b$; $\gamma > 0$. Man kann dann wieder $\gamma = \lim\limits_{n\to\infty} \gamma_n$ setzen, wo die γ_n rational sind. Für genügend große n ist daher jedenfalls $|\gamma - \gamma_n| < \frac{1}{2}\gamma$; also auch

$$\gamma_n = \gamma - (\gamma - \gamma_n) \geqq \gamma - |\gamma - \gamma_n| > \gamma - \frac{1}{2}\gamma = \frac{1}{2}\gamma.$$

Wenn daher r eine rationale Zahl zwischen 0 und $\frac{1}{2}\gamma$ bedeutet, so ist für genügend große n auch $\gamma_n > r > 0$. Folglich wegen $0 < a < b$:

$$a^{\gamma_n - r} < b^{\gamma_n - r},$$

$$a^r < b^r.$$

Geht man in der ersten Ungleichung zur Grenze über, so kommt:

$$a^{\gamma - r} \leqq b^{\gamma - r}$$

und hieraus durch Multiplikation mit der letzten Ungleichung unter Benutzung des bereits bewiesenen Gesetzes I:

$$a^{\gamma} < b^{\gamma}. \quad \text{W. z. b. w.}$$

§ 22. Einige Lehrsätze über Potenzen

Wir wollen über die elementaren Gesetze I bis VII hinaus noch einige wichtige Sätze beweisen.

Satz 29. *Wenn $a > 1$, so wächst a^{γ} mit γ. Wenn $0 < a < 1$, so nimmt a^{γ} mit wachsendem γ ab.*

Es genügt, den Satz für $a > 1$ zu beweisen; den Fall $a < 1$ führt man dann mittels der Substitution $a = \frac{1}{b}$ auf diesen zurück. Wenn nun $\gamma > \delta$, so ist $\gamma - \delta > 0$, also nach VII und VI

$$a^{\gamma - \delta} > 1^{\gamma - \delta} = 1;$$

also auch mit Rücksicht auf I:

$$a^{\gamma} = a^{\delta} \cdot a^{\gamma - \delta} > a^{\delta} \cdot 1 = a^{\delta}.$$

Satz 30. *Wenn* $\gamma > 0$, *so wächst* a^γ *mit* a (> 0). *Wenn* $\gamma < 0$, *so nimmt* a^γ *mit wachsendem* a *ab.*

Für $\gamma > 0$ deckt sich die Aussage dieses Satzes mit dem Gesetz VII. Für $\gamma < 0$ folgt aus $0 < a < b$ nach dem Gesetz VII:

$$a^{-\gamma} < b^{-\gamma},$$

weil ja $-\gamma > 0$ ist. Indem man diese Ungleichung mit $a^\gamma b^\gamma$ multipliziert, kommt:

$$b^\gamma < a^\gamma. \text{ W. z. b. w.}$$

Satz 31. *Wenn* $\lim\limits_{n\to\infty} \gamma_n = \gamma$, *so ist auch* $\lim\limits_{n\to\infty} a^{\gamma_n} = a^\gamma$ (*für* $a > 0$).

Für rationale γ_n ist dieser Satz schon im vorigen Paragraphen enthalten. Um ihn allgemein zu beweisen, bemerken wir zunächst, daß er für $a = 1$ trivial ist. Wir wenden uns zum Fall $a > 1$. Bedeutet q eine beliebig große positive ganze Zahl, so ist für genügend große Werte von n

$$-\frac{1}{q} < \gamma_n - \gamma < \frac{1}{q}.$$

Daher nach Satz 29

$$a^{-\frac{1}{q}} < a^{\gamma_n - \gamma} < a^{\frac{1}{q}}.$$

Setzt man $a = 1 + h$, so folgt hieraus (vgl. Seite 68 unten):

$$|\, a^{\gamma_n - \gamma} - 1 \,| < \frac{h}{q} = \frac{a-1}{q}.$$

Daher ist $\lim\limits_{n\to\infty} a^{\gamma_n - \gamma} = 1$; also auch

$$\lim_{n\to\infty} a^{\gamma_n} = \lim_{n\to\infty} (a^\gamma \cdot a^{\gamma_n - \gamma}) = a^\gamma \cdot \lim_{n\to\infty} a^{\gamma_n - \gamma} = a^\gamma \cdot 1 = a^\gamma.$$

Den Fall $a < 1$ endlich führt man wieder durch die Substitution $a = \frac{1}{b}$ auf den vorigen zurück.

Wir sind jetzt in der Lage, den *Beweis für das Gesetz* III:

$$(a^\gamma)^\delta = a^{\gamma\delta}$$

nachzutragen. Für $\delta = 0$ ist die Formel evident. Nun sei zunächst δ rational und positiv: $\delta = \frac{p}{q}$, wo $p > 0$, $q > 0$. Setzt man dann

$$(a^\gamma)^{\frac{p}{q}} = \xi, \quad a^{\frac{\gamma p}{q}} = \eta,$$

so muß gezeigt werden, daß $\xi = \eta$ ist. Nun hat man einerseits:

$$\xi^q = (a^\gamma)^p = \underbrace{a^\gamma \cdot a^\gamma \ldots a^\gamma}_{p} = a^{\gamma + \gamma + \cdots + \gamma} = a^{p\gamma} = a^{\gamma p};$$

anderseits auch:

$$\eta^q = \left(a^{\frac{\gamma p}{q}}\right)^q = \underbrace{a^{\frac{\gamma p}{q}} \cdot a^{\frac{\gamma p}{q}} \cdots a^{\frac{\gamma p}{q}}}_{q} = a^{\frac{\gamma p}{q} + \frac{\gamma p}{q} + \cdots + \frac{\gamma p}{q}} = a^{q \cdot \frac{\gamma p}{q}} = a^{\gamma p}.$$

Daher ist $\xi^q = \eta^q$; also auch $\xi = \eta$, weil es nach Satz 27 *nur eine* positive Zahl mit gegebener q^{ter} Potenz gibt.

Ist δ rational und negativ, so sei $\delta = -\lambda$. Dann ergibt sich unter Benutzung des bereits Bewiesenen:

$$(a^\gamma)^\delta = (a^\gamma)^{-\lambda} = \frac{1}{(a^\gamma)^\lambda} = \frac{1}{a^{\gamma\lambda}} = a^{-\gamma\lambda} = a^{\gamma\delta}.$$

Schließlich sei δ irrational. Man kann $\delta = \lim\limits_{n\to\infty} \delta_n$ setzen, wo die δ_n rational sind, und erhält, da für rationale δ die Sache schon bewiesen ist:

$$(a^\gamma)^\delta = \lim_{n\to\infty} [(a^\gamma)^{\delta_n}] = \lim_{n\to\infty} [a^{\gamma\delta_n}] = a^{\gamma\delta},$$

letzteres nach Satz 31, da ja $\lim\limits_{n\to\infty} \gamma\delta_n = \gamma\delta$ ist.

Satz 32. *Wenn* $\lim\limits_{n\to\infty} a_n = a > 0$, *so ist auch* $\lim\limits_{n\to\infty} a_n^\gamma = a^\gamma$.

Für $\gamma = 0$ ist der Satz trivial; sei also $\gamma \neq 0$. Bedeutet dann ε eine positive Zahl, die $< a^\gamma$ und im übrigen beliebig klein ist, so setzen wir

$$(a^\gamma - \varepsilon)^{\frac{1}{\gamma}} = b, \quad (a^\gamma + \varepsilon)^{\frac{1}{\gamma}} = c.$$

Nach dem soeben bewiesenen Gesetz III ist dann

$$b^\gamma = a^\gamma - \varepsilon, \; c^\gamma = a^\gamma + \varepsilon. \tag{1}$$

Daher $b^\gamma < a^\gamma < c^\gamma$. Für $\gamma > 0$ ist also nach Satz 30

$$b < a < c;$$

für $\gamma < 0$ dagegen umgekehrt

$$b > a > c.$$

In beiden Fällen müssen die Zahlen a_n, da sie den Grenzwert a haben, von einem gewissen n an zwischen b und c liegen. Nach Satz 30 liegt dann auch a_n^γ zwischen b^γ und c^γ; das heißt mit Rücksicht auf (1):

$$a^\gamma - \varepsilon < a_n^\gamma < a^\gamma + \varepsilon.$$

Da aber ε beliebig klein sein darf, so besagt das:

$$\lim_{n\to\infty} a_n^\gamma = a^\gamma. \quad \text{W. z. b. w.}$$

Die Sätze 31 und 32 sind als Spezialfälle enthalten in dem allgemeineren

Satz 33. *Wenn* $\lim\limits_{n\to\infty} a_n = a > 0$ *und* $\lim\limits_{n\to\infty} \gamma_n = \gamma$, *so ist auch*

$$\lim_{n\to\infty} a_n{}^{\gamma_n} = a^\gamma.$$

Um diesen zu beweisen, bemerken wir, daß für genügend große Werte von n jedenfalls $\frac{1}{2} a < a_n < 2\, a$ ist. Daher nach Satz 30

$$\left(\frac{1}{2} a\right)^{|\gamma_n - \gamma|} \leqq a_n^{|\gamma_n - \gamma|} \leqq (2\, a)^{|\gamma_n - \gamma|}.$$

Die beiden äußeren Glieder dieser Ungleichung haben aber nach Satz 31 die Grenzwerte $\left(\frac{1}{2} a\right)^0 = 1$ und $(2\, a)^0 = 1$; also ist nach Satz 20 **Seite 46** auch

$$\lim_{n \to \infty} a_n^{|\gamma_n - \gamma|} = 1.$$

Daraus folgt weiter:

$$\lim_{n \to \infty} a_n^{-|\gamma_n - \gamma|} = \lim_{n \to \infty} \frac{1}{a_n^{|\gamma_n - \gamma|}} = \frac{1}{1} = 1.$$

Diese beiden Gleichungen zusammen lehren nun:

$$\lim_{n \to \infty} a_n^{\gamma_n - \gamma} = 1 \text{ (wegen } -|\gamma_n - \gamma| \leqq \gamma_n - \gamma \leqq |\gamma_n - \gamma|).$$

Da aber nach Satz 32 auch $\lim\limits_{n \to \infty} a_n^\gamma = a^\gamma$ ist, so folgt durch Multiplikation,

$$\lim_{n \to \infty} a_n^{\gamma_n} = \lim_{n \to \infty} (a_n^\gamma \cdot a_n^{\gamma_n - \gamma}) = a^\gamma \cdot 1 = a^\gamma.$$

Satz 34. *Wenn* $a_n > 0$, *aber* $\lim\limits_{n \to \infty} a_n = 0$, *so ist für positive* γ *auch*

$$\lim_{n \to \infty} a_n^\gamma = 0.$$

Bedeutet wieder ε eine beliebig kleine positive Zahl, so setzen wir:

$$\varepsilon^{\frac{1}{\gamma}} = b.$$

Dann ist für genügend große Werte von n gewiß $a_n < b$; also nach Satz 30 auch

$$0 < a_n^\gamma < b^\gamma = \varepsilon.$$

Das heißt aber: $\lim\limits_{n \to \infty} a_n^\gamma = 0$. W. z. b. w.

Auch der Satz 34 läßt sich ähnlich wie der Satz 32 erweitern:

Satz 35. *Wenn* $a_n > 0$, *aber* $\lim\limits_{n \to \infty} a_n = 0$, *wenn ferner* $\lim\limits_{n \to \infty} \gamma_n = \gamma > 0$, *so ist auch* $\lim\limits_{n \to \infty} a_n^{\gamma_n} = 0$.

Für große Werte von n ist nämlich $a_n < 1$ und $\gamma_n > \frac{1}{2}\gamma$. Daher nach Satz 29:

$$0 < a_n^{\gamma_n} < a_n^{\frac{1}{2}\gamma}.$$

Nach Satz 34 ist aber $\lim\limits_{n\to\infty} a_n^{\frac{1}{2}\gamma} = 0$; also erst recht $\lim\limits_{n\to\infty} a_n^{\gamma_n} = 0$. W. z. b. w.

Der Satz 34 legt es nahe, für $\gamma > 0$ auch das Zeichen 0^γ zu verwenden, und zwar in der Bedeutung:

(2) $$0^\gamma = 0 \text{ für } \gamma > 0,$$

die übrigens für ganzzahlige γ nichts Neues ist.

Wir wollen in diesem Buch den allgemeinen Begriff der stetigen Funktion nicht einführen. Da er aber den meisten Lesern ohnedies vertraut sein wird, so sei bemerkt, daß der Satz 31 nichts anderes besagt als: *a^x ist für $a > 0$ eine stetige Funktion von x.* Ebenso ist der Satz 32 gleichbedeutend mit: *x^γ ist für $x > 0$ eine stetige Funktion von x.* Und nach Satz 34 bleibt, wenn $\gamma > 0$, die Stetigkeit von x^γ auch an der Stelle $x = 0$ bestehen, sofern man die Definitionsformel (2) annimmt. Schließlich besagt der Satz 33 soviel wie: *x^y ist für $x > 0$ eine stetige Funktion der beiden Variabeln x und y.* Auch für $x = 0$, $y > 0$ bleibt nach Satz 35 die Stetigkeit bestehen, wenn man wieder die Formel (2) annimmt.

Dagegen ist die Funktion 0^x nur für $x > 0$ stetig, und zwar hat sie den konstanten Wert 0; an der Stelle $x = 0$ aber ist sie unstetig, weil $0^0 = 1$ ist. Wollte man, um die Stetigkeit zu erzwingen, lieber zu der Definition $0^0 = 0$ seine Zuflucht nehmen, so würde das bei der Funktion x^0 eine Unstetigkeit an der Stelle $x = 0$ zur Folge haben. Das ist der Grund, warum manche Autoren das Zeichen 0^0 überhaupt verbannen wollen; vgl. S. 61.

§ 23. Logarithmen

Seien a und u zwei *positive* Zahlen. Wir fragen, ob es eine Zahl ξ gibt, welche die Gleichung $a^\xi = u$ löst.

Wenn $a = 1$ ist, gibt es eine solche Zahl ξ offenbar nicht, außer wenn auch $u = 1$, und dann ist *jede* Zahl eine Lösung der obigen Gleichung. Von diesem trivialen Fall sehen wir jetzt ab; sei also $a \neq 1$. Dann sieht man zunächst, daß es *höchstens eine* solche Zahl ξ gibt; denn aus $\xi \neq \eta$ folgt nach Satz 29 jedenfalls $a^\xi \neq a^\eta$, so daß nicht beide Potenzen gleich u sein können.

Nunmehr zeigen wir, daß es wirklich eine solche Zahl ξ gibt. Sei zunächst $a > 1$. Dann ist nach Satz 26 Seite 62

$$\lim_{n\to\infty} a^n = \infty,$$

$$\lim_{n\to\infty} a^{-n} = \lim_{n\to\infty} \left(\frac{1}{a}\right)^n = 0.$$

Demnach gibt es gewiß einen Exponenten $n = n_0$ derart, daß

$$a^{n_0} > u, \quad a^{-n_0} < u$$

ist. Sei M die Menge derjenigen Zahlen x, für welche $a^x > u$ ist; daß es solche Zahlen x gibt, lehrt das Beispiel $x = n_0$. Jede Zahl der Menge M ist gewiß größer als $-n_0$, weil für $x \leqq -n_0$ ja

$$a^x \leqq a^{-n_0} < u$$

wäre. Die Menge M ist also nach unten beschränkt und hat daher eine untere Grenze ξ. Wir behaupten nun, daß $a^\xi = u$ ist. Zunächst ist nämlich nach Satz 31

$$\lim_{n \to \infty} a^{\xi - \frac{1}{n}} = a^\xi, \quad \lim_{n \to \infty} a^{\xi + \frac{1}{n}} = a^\xi.$$

Wäre nun $a^\xi > u$, so wäre für genügend große ganzzahlige n auch

$$a^{\xi - \frac{1}{n}} > u.$$

Daher würde die Zahl $\xi - \frac{1}{n}$ der Menge M angehören, und die untere Grenze von M müßte kleiner als ξ sein. Wäre aber $a^\xi < u$, so wäre auch

$$a^{\xi + \frac{1}{n}} < u$$

für genügend große ganzzahlige n, etwa für $n \geqq N$. Dann wäre aber nach Satz 29 erst recht

$$a^x < u \text{ für } x \leqq \xi + \frac{1}{N}.$$

Die Menge M würde also keine Zahl enthalten, die kleiner als $\xi + \frac{1}{N}$ ist; ihre untere Grenze ξ müßte daher $\geqq \xi + \frac{1}{N}$ sein, was absurd ist. Somit bleibt in der Tat nur übrig $a^\xi = u$. W. z. b. w.

Für $0 < a < 1$ beachten wir, daß die Gleichung $a^\xi = u$ gleichbedeutend ist mit

$$\left(\frac{1}{a}\right)^{-\xi} = u,$$

welche nach dem Bewiesenen eine Lösung hat, da ja $\frac{1}{a} > 1$ ist.

Die hiermit als eindeutig existierend nachgewiesene Zahl ξ, für welche $a^\xi = u$ ist, nennt man den *Logarithmus von u zur Basis a*, in Zeichen:

$$\xi = \log_a u.$$

Der Logarithmus ist damit für jede positive Zahl u definiert. Als Basis kann jede positive Zahl dienen mit Ausnahme der Zahl 1. Wenn über die Basis kein

Zweifel besteht oder wenn es nicht auf sie ankommt, läßt man sie in Formeln meistens weg und schreibt einfach:

$$\xi = \log u.$$

Umgekehrt nennt man u den *Numerus von* ξ, wofür sich an manchen Orten die Bezeichnung

$$u = Num \log \xi$$

findet. Da aber $Num \log \xi$ hiernach nichts anderes als a^{ξ} ist, so erweist sich diese Bezeichnung als überflüssig, und wir wollen sie, zumal sie die Basis nicht erkennen läßt, nicht weiter verwenden.

Für die Logarithmen gelten die folgenden Rechengesetze:

I. $$\log(uv) = \log u + \log v.$$

II. $$\log \frac{u}{v} = \log u - \log v.$$

III. $$\log u^{\gamma} = \gamma \cdot \log u.$$

IV. $$\log 1 = 0.$$

V. $$\log_a a = 1.$$

VI. $$\log_b u = \frac{\log_a u}{\log_a b}.$$

Die Formeln I bis IV gelten für jede Basis; nur muß natürlich bei allen Logarithmen, die in einer dieser Formeln auftreten, die Basis die gleiche sein.

Beweis zu I. Setzt man

$$\log u = \xi, \ \log v = \eta,$$

so ist, wenn a die Basis bezeichnet, nach der Definition des Logarithmus

$$a^{\xi} = u, \ a^{\eta} = v,$$

also auch $a^{\xi+\eta} = a^{\xi} \cdot a^{\eta} = uv$, und folglich

$$\log(uv) = \xi + \eta.$$

Setzt man hier für ξ und η die ursprünglichen Werte ein, so kommt:

$$\log(uv) = \log u + \log v. \quad \text{W. z. b. w.}$$

Beweis zu II ist ganz analog. Übrigens ist II auch eine Folge von I. In der Tat lehrt das Gesetz I:

$$\log u = \log\left(\frac{u}{v} \cdot v\right) = \log \frac{u}{v} + \log v,$$

und das ist schon das Gesetz II.

Beweis zu III. Ist wieder a die Basis, und setzt man

$$\log u = \xi,$$

so ist $a^{\xi} = u$; also auch

$$a^{\xi\gamma} = (a^{\xi})^{\gamma} = u^{\gamma},$$

und folglich

$$\log (u^{\gamma}) = \xi\gamma = \gamma\xi.$$

Setzt man für ξ den ursprünglichen Wert ein, so kommt:

$$\log (u^{\gamma}) = \gamma \cdot \log u. \quad \text{W. z. b. w.}$$

Beweis zu IV und V. Die Gleichungen $a^{\xi} = 1$ und $a^{\eta} = a$ haben die Lösungen $\xi = 0$ und $\eta = 1$. Daher ist

$$\log_a 1 = 0, \ \log_a a = 1. \quad \text{W. z. b. w.}$$

Beweis zu VI. Da b in dieser Formel als Logarithmenbasis auftritt, so muß $b \neq 1$ sein. Setzt man nun

$$\log_b u = \xi, \ \log_a b = \eta,$$

so ist

$$b^{\xi} = u, \ a^{\eta} = b.$$

Daher $\eta \neq 0$, weil sonst $b = a^0 = 1$ wäre. Weiter ist

$$u = b^{\xi} = (a^{\eta})^{\xi} = a^{\eta\xi},$$

also auch

$$\eta\,\xi = \log_a u.$$

Da $\eta \neq 0$, so kann man diese Gleichung durch η dividieren und erhält dann, wenn man für ξ, η die ursprünglichen Werte einsetzt, gerade die zu beweisende Formel.

Ein bemerkenswerter Spezialfall von VI ergibt sich für $b = \frac{1}{a}$; da dann

$$\log_a b = \log_a \frac{1}{a} = \log_a 1 - \log_a a = 0 - 1 = -1$$

ist, so erhält man

VII. $$\log_{\frac{1}{a}} u = -\log_a u.$$

Wir wollen nun noch einige Lehrsätze beweisen.

Satz 36. *Ist die Basis a größer als* 1, *so wächst der Logarithmus von u zugleich mit u. Ist die Basis a kleiner als* 1, *so nimmt der Logarithmus von u mit wachsendem u ab.*

Wegen Formel VII genügt es, den Satz für $a > 1$ zu beweisen. Sei $u < v$, und

$$\log u = \xi, \ \log v = \eta,$$

also auch

$$a^{\xi} = u, \ a^{\eta} = v.$$

Wäre nun $\log u \geqq \log v$, also $\xi \geqq \eta$, so wäre nach Satz 29 auch $a^{\xi} \geqq a^{\eta}$ oder also $u \geqq v$, im Widerspruch mit der Voraussetzung. Daher ist $\log u < \log v$. W. z. b. w.

Satz 37. *Wenn die positiven Zahlen $u_1, u_2, u_3, \ldots$ einen positiven Grenzwert*

$$\lim_{n \to \infty} u_n = u$$

haben, so ist auch

$$\lim_{n \to \infty} (\log u_n) = \log u.$$

Der Satz besagt soviel wie: *$\log x$ ist für $x > 0$ eine stetige Funktion von x.* Um ihn zu beweisen, sei wieder a die Basis. Bedeutet dann ε eine beliebig kleine positive Zahl, so werden die Zahlen u_n, da sie den Grenzwert $u = u \cdot a^0$ haben, für genügend große Werte von n gewiß zwischen $u \cdot a^{-\varepsilon}$ und $u \cdot a^{\varepsilon}$ liegen. Nach Satz 36 muß dann der Logarithmus von u_n auch zwischen den Logarithmen von $u \cdot a^{-\varepsilon}$ und $u \cdot a^{\varepsilon}$ liegen; daher ist

$$\log u - \varepsilon = \log (u \cdot a^{-\varepsilon}) < \log u_n < \log (u \cdot a^{\varepsilon}) = \log u + \varepsilon,$$

oder also

$$| \log u_n - \log u | < \varepsilon,$$

woraus die Behauptung folgt.

Satz 38. *Für $\lim_{n \to \infty} u_n = \infty$ ist*

$$\lim_{n \to \infty} \left(\log_a u_n\right) = \begin{cases} \infty, & \text{wenn } a > 1, \\ -\infty, & \text{wenn } a < 1. \end{cases}$$

Wegen Formel VII genügt es wieder, den Beweis für $a > 1$ zu führen (für $a < 1$ ist dann die Regel 7 Seite 48 anzuwenden). Da $\lim_{n \to \infty} u_n = \infty$, so ist, wenn G eine beliebig große Zahl bedeutet, für genügend große Werte von n gewiß

$$u_n > a^G.$$

Daraus folgt aber nach Satz 36

$$\log u_n > \log (a^G) = G,$$

also in der Tat: $\lim_{n \to \infty} (\log u_n) = \infty$.

Satz 39. *Für* $u_n > 0$ *und* $\lim\limits_{n\to\infty} u_n = 0$ *ist*

$$\lim_{n\to\infty}\left(\log_a u_n\right) = \begin{cases} -\infty, \text{ wenn } a > 1, \\ \infty, \text{ wenn } a < 1. \end{cases}$$

Offenbar ist $\lim\limits_{n\to\infty} \frac{1}{u_n} = \infty$ (vgl. Regel 9 Seite 48). Daher nach Satz 38

$$\lim_{n\to\infty}\left(\log_a \frac{1}{u_n}\right) = \begin{cases} \infty, \text{ wenn } a > 1, \\ -\infty, \text{ wenn } a < 1. \end{cases}$$

Da aber

$$\log_a \frac{1}{u_n} = \log_a 1 - \log_a u_n = -\log_a u_n,$$

so folgt hieraus die Behauptung mit Hilfe der Regel 7 Seite 48.

§ 24. Logarithmentafeln. Natürliche Logarithmen

Zur praktischen Verwertung der Logarithmen hat man diese bekanntlich in *Logarithmentafeln* tabelliert. Nichts ist leichter als die Berechnung einer solchen Tafel, wenn man nur eine zweckmäßige Basis wählt. Bei einer vierstelligen Logarithmentafel wird man beispielsweise verlangen, daß man für die Logarithmen

$$\begin{array}{c} 0{,}0000 \\ \pm\,0{,}0001 \\ \pm\,0{,}0002 \\ ---- \\ \pm\,0{,}0010 \\ ---- \end{array}$$

die zugehörigen Numeri aus der Tafel entnehmen kann. Bezeichnet man den zum Logarithmus 0,0001 gehörigen Numerus mit b, so erhält man die folgende Tabelle:

z	$\log z$	z	$\log z$
1	0,0000	b^{-1}	− 0,0001
b	0,0001	b^{-2}	− 0,0002
b^2	0,0002	—	————
—	————	b^{-10}	− 0,0010
b^{10}	0,0010	—	————
—	————	—	————
—	————		

Für jeden Logarithmus mit vier Dezimalstellen ist also der Numerus in der Tat bekannt; man hat bei willkürlicher Annahme von b nur nötig, die sukzessiven Potenzen von b auszurechnen, und die Logarithmentafel ist fertig. Die Basis a dieses Logarithmensystems ergibt sich dann aus der Gleichung

$$a^{0{,}0001} = b;$$

also ist

$$a = b^{10\,000}.$$

Wir wollen nun die Zahl b möglichst zweckmäßig wählen. Von einer vierstelligen Logarithmentafel wird man erwarten dürfen, daß auch die sukzessiven Numeri, deren Logarithmen die Tafel gibt, etwa die Differenz 0,0001 aufweisen. Das wird in möglichst vollkommener Weise erreicht, wenn man

$$b = 1 \pm 0{,}0001 \tag{1}$$

wählt. In der Tat sind dann z. B. beim oberen Vorzeichen die sukzessiven Numeri, auf vier Dezimalen abgerundet, die folgenden:

$$\begin{array}{ll|l} 1 &= 1{,}0000 & b^{-1} = 0{,}9999 \\ b &= 1{,}0001 & b^{-2} = 0{,}9998 \\ b^2 &= 1{,}0002 & b^{-3} = 0{,}9997 \\ - &- - - - - & - - - - - - \\ b^{10} &= 1{,}0010 & b^{-10} = 0{,}9990 \\ - &- - - - - & - - - - - -, \end{array}$$

und eine geringe Abweichung von dem hier erkennbaren Gesetz macht sich erst bei hohen Potenzen bemerkbar. Beispielsweise wird

$$\begin{array}{ll|l} b^{200} &= 1{,}0202 & b^{-200} = 0{,}9802 \\ b^{201} &= 1{,}0203 & b^{-201} = 0{,}9801 \\ b^{500} &= 1{,}0513 & b^{-500} = 0{,}9512 \\ b^{501} &= 1{,}0514 & b^{-501} = 0{,}9511 \end{array}$$

Die Basis unseres Logarithmensystems ist dann

$$1{,}0001^{10\,000} = \left(1 + \frac{1}{10\,000}\right)^{10\,000}. \tag{2}$$

Wählt man in (1) das untere Zeichen, so ist $b = 0{,}9999$, und als Basis erhält man die Zahl

$$0{,}9999^{10\,000} = \left(1 - \frac{1}{10\,000}\right)^{10\,000},$$

welche annähernd gleich dem reziproken Wert der vorigen ist. In der Tat ist ja mit Berücksichtigung von Satz 25 Seite 62

$$\left(1 + \frac{1}{10\,000}\right)^{10\,000}\left(1 - \frac{1}{10\,000}\right)^{10\,000}$$

$$= \left(1 - \frac{1}{100\,000\,000}\right)^{10\,000} \begin{cases} < 1 \\ > 1 - \dfrac{1}{10\,000} = 0{,}9999. \end{cases}$$

Die Verallgemeinerung dieser Methode liegt auf der Hand; will man z. B. eine siebenstellige Logarithmentafel berechnen, so werden sich die beiden Zahlen

$$\left(1 \pm \frac{1}{10\,000\,000}\right)^{10\,000\,000},$$

die mit großer Annäherung reziproke Werte voneinander sind, am besten als Basis eignen. Allgemeiner wird man folgendermaßen verfahren. Man nimmt eine beliebige (sehr große) positive ganze Zahl n und wählt die Zahl $\left(1+\frac{1}{n}\right)^n$ oder auch $\left(1-\frac{1}{n}\right)^n$ als Basis eines Logarithmensystems. Im ersten Fall erhält man die nachstehende Logarithmentafel:

(3)

z	$\log z$	z	$\log z$
1	0	$\left(1+\frac{1}{n}\right)^{-1}$	$-\frac{1}{n}$
$1+\frac{1}{n}$	$\frac{1}{n}$	$\left(1+\frac{1}{n}\right)^{-2}$	$-\frac{2}{n}$
$\left(1+\frac{1}{n}\right)^2$	$\frac{2}{n}$	$\left(1+\frac{1}{n}\right)^{-3}$	$-\frac{3}{n}$
$\left(1+\frac{1}{n}\right)^3$	$\frac{3}{n}$	------	--
------	-	------	--

Diese hat zwei Vorzüge: erstens folgen sich die Logarithmen, deren Numeri durch die Tafel bekannt sind, sehr dicht $\left(\text{im Abstand } \frac{1}{n}\right)$; zweitens folgen sich auch die Numeri, deren Logarithmen durch die Tafel bekannt sind, sehr dicht $\left(\text{Quotient} = 1+\frac{1}{n}\right)$. Offenbar werden diese Vorzüge um so größer, je größer man die Zahl n wählt; die Logarithmen mit bekanntem Numerus und ebenso die Numeri mit bekanntem Logarithmus rücken dann immer enger zusammen. Es liegt daher nahe, die Zahl n über alle Grenzen wachsen zu lassen und als Basis den Grenzwert

$$\lim_{n\to\infty}\left(1+\frac{1}{n}\right)^n \tag{4}$$

zu wählen, dessen Existenz wir im nächsten Paragraphen nachweisen werden und einstweilen als feststehend ansehen wollen. Dieser Grenzwert wird stets mit dem Buchstaben e bezeichnet; die Logarithmen mit der Basis e nennt man *natürliche Logarithmen.* Nach den vorstehenden Überlegungen gewährt das natürliche Logarithmensystem die größte Aussicht dafür, daß diejenigen

Logarithmen, deren Numeri man leicht angeben kann, sich „unendlich dicht" folgen; man wird also hoffen dürfen, daß man schließlich zu *jedem* Logarithmus den Numerus verhältnismäßig leicht finden kann und damit auch umgekehrt zu jedem Numerus den Logarithmus. In den nächsten Paragraphen werden wir sehen, wieweit diese Hoffnung in Erfüllung geht.

Die gleichen Überlegungen lassen sich an die Wahl der Zahl $\left(1-\frac{1}{n}\right)^n$ als Basis anknüpfen. Man wird dann dazu geführt, den Grenzwert

$$(5) \qquad \lim_{n\to\infty}\left(1-\frac{1}{n}\right)^n$$

als Basis eines Logarithmensystems zu wählen. Da aber aus Satz 25 die Ungleichung

$$\left(1+\frac{1}{n}\right)^n\left(1-\frac{1}{n}\right)^n=\left(1-\frac{1}{n^2}\right)^n\begin{cases}<1\\>1-\frac{1}{n}\end{cases}$$

folgt, so ist

$$\frac{1-\frac{1}{n}}{\left(1+\frac{1}{n}\right)^n}<\left(1-\frac{1}{n}\right)^n<\frac{1}{\left(1+\frac{1}{n}\right)^n}.$$

Die äußeren Glieder dieser Ungleichung haben den Grenzwert $\frac{1}{e}$; folglich ist nach Satz 20 auch der Grenzwert (5) wirklich vorhanden und gleich $\frac{1}{e}$. Die Logarithmen mit dieser Basis sind also mit Rücksicht auf die Formel VII des vorigen Paragraphen absolut gleich den natürlichen Logarithmen, jedoch von entgegengesetzten Vorzeichen. Es kommt also bei den Basen (4) und (5) im wesentlichen dasselbe heraus.

Übrigens ist es nicht schwer, wenn einmal die Logarithmen für eine bestimmte Basis bekannt sind, nachträglich auch die Logarithmen für eine beliebige andere Basis daraus herzuleiten. Dazu dient das Gesetz VI Seite 77, nach welchem nur nötig ist, die Logarithmen zur Basis a alle durch die Zahl, $\log b$ zu dividieren, um die Logarithmen zur Basis b zu erhalten.

In das Verdienst, die Logarithmen erfunden zu haben, teilen sich der Schweizer JOBST BÜRGI und der Schotte JOHN NEPER (heute meist Napier geschrieben). Beide hatten etwa gleichzeitig und unabhängig voneinander die Idee, den Gliedern einer geometrischen Reihe die Glieder einer arithmetischen Reihe zuzuordnen, wodurch Multiplikation auf Addition, Division auf Subtraktion zurückgeführt wird. Damit haben sie im Prinzip eine Logarithmentafel hergestellt, wenn ihnen auch der Begriff der Basis und der durch sie vermittelte Zusammenhang von Numerus und Logarithmus zunächst fremd war. Es ist nun historisch interessant, daß beide Erfinder bei der Berechnung ihrer Tafeln ganz den hier angegebenen Weg eingeschlagen haben.

Die Tafel von BÜRGI erschien im Jahre 1620; sie enthält genau unser Schema (3), und zwar für $n = 10\,000$; nur daß zur Vermeidung von Brüchen die Zahlen der ersten Spalte, also die Numeri sämtlich mit 10^8, die Logarithmen mit 10^5 multipliziert sind. Am Wesen der Sache ändert das nichts, so daß BÜRGI im Prinzip eine Logarithmentafel für die Basis

$$\left(1 + \frac{1}{10\,000}\right)^{10\,000}$$

konstruiert hat. Diese stimmt mit dem Grenzwert e in den ersten drei Dezimalen überein; die BÜRGIschen Logarithmen sind daher mit ziemlicher Annäherung gleich den natürlichen.

Die Tafel von NEPER erschien bereits 1614. Nähere Ausführungen über die Art der Berechnung gab nach NEPERS Tod dessen Sohn Robert heraus. Auch die NEPERsche Tafel ist nach der obigen Methode konstruiert, und zwar für $n = 10\,000\,000$. Jedoch hat NEPER das negative Vorzeichen, also $b = 1 - \frac{1}{n}$ gewählt, damit die Logarithmen der Sinus von Winkeln, also die Logarithmen *echter* Brüche positiv ausfallen. Die NEPERsche Tafel ist daher im Prinzip eine Logarithmentafel für die Basis

$$\left(1 - \frac{1}{10\,000\,000}\right)^{10\,000\,000}.$$

Diese stimmt mit dem reziproken Wert von e in den ersten sieben Dezimalen überein, so daß die NEPERschen Logarithmen absolut mit großer Annäherung gleich den natürlichen, aber von entgegengesetztem Vorzeichen sind. Übrigens sind auch in der NEPERschen Tafel die Numeri und Logarithmen zur Vermeidung von Brüchen mit einer Potenz von 10 multipliziert, und zwar beidemal mit 10^7.

Die natürlichen Logarithmen werden heute vielfach auch als NEPERsche Logarithmen bezeichnet, was aber dem Gesagten zufolge nicht ganz korrekt ist.

§ 25. Grenzwerte für e^x und $log\ y$

Nach den Erörterungen des vorigen Paragraphen muß unsere nächste Aufgabe darin bestehen, die Existenz des Grenzwertes

$$(1) \qquad e = \lim_{n \to \infty} \left(1 + \frac{1}{n}\right)^n$$

nachzuweisen. Nun ist die Folge

$$\left(1+\frac{1}{2}\right)^2,\ \left(1+\frac{1}{3}\right)^3,\ \left(1+\frac{1}{4}\right)^4,\ \ldots \tag{2}$$

monoton wachsend. Denn der Quotient von zwei aufeinanderfolgenden Gliedern ist

$$\frac{\left(1+\frac{1}{n+1}\right)^{n+1}}{\left(1+\frac{1}{n}\right)^n}=\left(\frac{1+\frac{1}{n+1}}{1+\frac{1}{n}}\right)^{n+1}\cdot\left(1+\frac{1}{n}\right)=\left(\frac{n^2+2n}{(n+1)^2}\right)^{n+1}\cdot\left(1+\frac{1}{n}\right);$$

da aber mit Benutzung von Satz 25 Seite 62

$$\left(\frac{n^2+2n}{(n+1)^2}\right)^{n+1}=\left(1-\frac{1}{(n+1)^2}\right)^{n+1}>1-\frac{1}{n+1}=\frac{n}{n+1}$$

ist, so folgt hieraus:

$$\frac{\left(1+\frac{1}{n+1}\right)^{n+1}}{\left(1+\frac{1}{n}\right)^n}>\frac{n}{n+1}\cdot\left(1+\frac{1}{n}\right)=1.$$

Ebenso ist auch die Folge

$$\left(1-\frac{1}{2}\right)^2,\ \left(1-\frac{1}{3}\right)^3,\ \left(1-\frac{1}{4}\right)^4,\ \ldots \tag{3}$$

monoton wachsend. Denn es ist, wieder mit Benutzung von Satz 25,

$$\frac{\left(1-\frac{1}{n+1}\right)^{n+1}}{\left(1-\frac{1}{n}\right)^n}=\left(\frac{1-\frac{1}{n+1}}{1-\frac{1}{n}}\right)^{n+1}\cdot\left(1-\frac{1}{n}\right)=\left(\frac{n^2}{n^2-1}\right)^{n+1}\cdot\left(1-\frac{1}{n}\right)$$

$$=\left(1+\frac{1}{n^2-1}\right)^{n+1}\cdot\left(1-\frac{1}{n}\right)>\left(1+\frac{1}{n-1}\right)\cdot\left(1-\frac{1}{n}\right)=1.$$

Aus dem monotonen Wachsen der Folge (3) ergibt sich:

$$\frac{1}{4}=\left(1-\frac{1}{2}\right)^2<\left(1-\frac{1}{n}\right)^n\quad(n=3,4,5,\ldots).$$

Daher ist auch

$$\left(1+\frac{1}{n}\right)^n\cdot\frac{1}{4}<\left(1+\frac{1}{n}\right)^n\cdot\left(1-\frac{1}{n}\right)^n=\left(1-\frac{1}{n^2}\right)^n<1$$

oder also

$$\left(1 + \frac{1}{n}\right)^n < 4.$$

Somit bleiben die Zahlen der monoton wachsenden Folge (2) alle kleiner als die Zahl 4. Nach Satz 22 Seite 50 ist diese Folge also konvergent, d. h. der wert (1) existiert. Zugleich ergibt sich:

$$2{,}25 = \left(1 + \frac{1}{2}\right)^2 < e \leqq 4;$$

eine genauere Berechnung der Zahl e werden wir im nächsten Paragraphen durchführen.

Aus der Gleichung (1) folgt auch:

$$\lim_{n\to\infty}\left(1 + \frac{1}{n+1}\right)^n = \lim_{n\to\infty}\frac{\left(1 + \frac{1}{n+1}\right)^{n+1}}{1 + \frac{1}{n+1}} = \frac{e}{1} = e, \tag{4}$$

$$\lim_{n\to\infty}\left(1 + \frac{1}{n}\right)^{n+1} = \lim_{n\to\infty}\left(1 + \frac{1}{n}\right)^n \cdot \left(1 + \frac{1}{n}\right) = e \cdot 1 = e. \tag{5}$$

Sei nun $a_1, a_2, a_3, \ldots$ irgendeine Folge, für welche $\lim\limits_{n\to\infty} a_n = \infty$ ist. Bezeichnet man dann mit g_n die größte in a_n enthaltene ganze Zahl, so ist auch $\lim\limits_{n\to\infty} g_n = \infty$. Außerdem ist offenbar

$$\left(1 + \frac{1}{g_n + 1}\right)^{g_n} < \left(1 + \frac{1}{a_n}\right)^{a_n} < \left(1 + \frac{1}{g_n}\right)^{g_n + 1}.$$

Läßt man n über alle Grenzen wachsen, so streben die beiden äußeren Glieder dieser Ungleichung dem Grenzwert e zu (nach (4) und (5) und nach Satz 17). Nach Satz 20 Seite 46 ist daher auch

$$\lim_{n\to\infty}\left(1 + \frac{1}{a_n}\right)^{a_n} = e \quad \text{für} \lim_{n\to\infty} a_n = \infty. \tag{6}$$

Eine ähnliche Formel ist die folgende:

$$\lim_{n\to\infty}\left(1 + \frac{1}{a_n}\right)^{a_n} = e \quad \text{für} \lim_{n\to\infty} a_n = -\infty. \tag{7}$$

Um sie zu beweisen, setzen wir $a_n = -b_n$; dann ist $\lim\limits_{n\to\infty} b_n = \infty$; also auch $\lim\limits_{n\to\infty}(b_n - 1) = \infty$ und daher nach dem Bewiesenen

$$\lim_{n\to\infty}\left(1 + \frac{1}{b_n - 1}\right)^{b_n - 1} = e.$$

Nun ist aber

$$\left(1+\frac{1}{a_n}\right)^{a_n} = \left(1-\frac{1}{b_n}\right)^{-b_n} = \left(\frac{b_n-1}{b_n}\right)^{-b_n} = \left(\frac{b_n}{b_n-1}\right)^{b_n}$$

$$= \left(1+\frac{1}{b_n-1}\right)^{b_n-1} \cdot \frac{1}{1-\frac{1}{b_n}},$$

und folglich

$$\lim_{n\to\infty}\left(1+\frac{1}{a_n}\right)^{a_n} = \lim_{n\to\infty}\left[\left(1+\frac{1}{b_n-1}\right)^{b_n-1} \cdot \frac{1}{1-\frac{1}{b_n}}\right] = e\cdot 1 = e,$$

womit Formel (7) bewiesen ist. Nebenbei folgt hieraus noch, daß die Folge (3) den Grenzwert $\frac{1}{e}$ hat, wie wir übrigens auch im vorigen Paragraphen bereits gesehen haben.

Nun sei wieder $a_1, a_2, a_3, \ldots$ eine Folge, für welche $\lim\limits_{n\to\infty} a_n = \infty$ ist. Bezeichnet dann x irgendeine von Null verschiedene Zahl, so ist

$$\lim_{n\to\infty} \frac{a_n}{x} = \begin{cases} \infty, \text{ wenn } x > 0 \\ -\infty, \text{ wenn } x < 0. \end{cases}$$

Nach (6) und (7) ist daher, indem man dort $\frac{a_n}{x}$ an Stelle von a_n schreibt,

$$\lim_{n\to\infty}\left(1+\frac{x}{a_n}\right)^{\frac{a_n}{x}} = e.$$

Daraus folgt aber mit Benutzung von Satz 32 Seite 73:

$$\lim_{n\to\infty}\left[\left(1+\frac{x}{a_n}\right)^{\frac{a_n}{x}}\right]^x = e^x,$$

oder also:

$$(8) \qquad e^x = \lim_{n\to\infty}\left(1+\frac{x}{a_n}\right)^{a_n} \quad \text{für } \lim_{n\to\infty} a_n = \infty.$$

Bei der Herleitung dieser Formel war $x \neq 0$ vorausgesetzt; sie gilt aber offenbar auch für $x = 0$, weil dann beide Seiten gleich 1 sind. Speziell für $a_n = n$ kommt:

$$(9) \qquad e^x = \lim_{n\to\infty}\left(1+\frac{x}{n}\right)^n.$$

Setzt man $e^x = y$, so ist $x = log\ y$, indem mit „*log*" von jetzt an stets der *natürliche* Logarithmus bezeichnet wird. Die Formel (9) nimmt dann die Gestalt an:

$$y = \lim_{n \to \infty} \left(1 + \frac{log\ y}{n}\right)^n . \tag{10}$$

Damit bestätigt sich unsere im vorigen Paragraphen ausgesprochene Erwartung, daß wir zu jedem Logarithmus $x = log\ y$ den Numerus $e^x = y$ angeben können; zunächst allerdings in der Form eines für die praktische Ausrechnung nicht sehr bequemen Grenzwertes, den wir aber bald umformen werden. Jedoch wollen wir zuerst auch umgekehrt eine Formel herleiten, die uns $log\ y$ liefert, wenn y gegeben ist.

Sei $c_1, c_2, c_3, \ldots$ eine Folge positiver Zahlen, für welche $\lim\limits_{n \to \infty} c_n = \infty$ ist. Bedeutet dann y eine positive Zahl, und zwar $y \neq 1$, so ist

$$y^{\frac{1}{c_n}} \begin{cases} > 1, \text{ wenn } y > 1. \\ < 1, \text{ wenn } y < 1. \end{cases}$$

Der Bruch

$$\frac{1}{y^{\frac{1}{c_n}} - 1} = a_n \tag{11}$$

hat also einen Sinn und ist positiv oder negativ, je nachdem y größer oder kleiner als 1 ist. Da nach Satz 31

$$\lim_{n \to \infty} y^{\frac{1}{c_n}} = y^0 = 1$$

ist, so folgt weiter:

$$\lim_{n \to \infty} a_n = \begin{cases} \infty, \text{ wenn } y > 1, \\ -\infty, \text{ wenn } y < 1. \end{cases}$$

Daher strebt die Zahl

$$y^{\frac{a_n}{c_n}} = \left(y^{\frac{1}{c_n}}\right)^{a_n} = \left(1 + \frac{1}{a_n}\right)^{a_n}$$

nach (6) und (7) mit wachsendem n dem Grentwert e zu. Ihr Logarithmus hat dann nach Satz 37 den Grenzwert $log\ e = 1$; somit ist

$$\lim_{n \to \infty} \left(\frac{a_n}{c_n} log\ y\right) = 1.$$

Oder also:

$$log\ y = \lim_{n \to \infty} \frac{c_n}{a_n}.$$

Setzt man für a_n den Ausdruck (11) ein, so kommt:

(12) $$\log y = \lim_{n \to \infty} c_n \left(y^{\frac{1}{c_n}} - 1 \right) \quad \text{für} \lim_{n \to \infty} c_n = \infty.$$

Bei der Herleitung dieser Formel war $y \neq 1$ vorausgesetzt; sie gilt aber offenbar auch für $y = 1$, in welchem Fall ja beide Seiten gleich 0 sind. Mit (12) haben wir die gewünschte Formel gewonnen, die uns zu jeder positiven Zahl y den natürlichen Logarithmus $\log y$ liefert; allerdings wieder in der Form eines für die praktische Ausrechnung ungeeigneten Grenzwertes, der aber doch als Ausgangspunkt für die Gewinnung bequemerer Formeln dienen kann. Speziell für $c_n = n$ kommt:

(13) $$\log y = \lim_{n \to \infty} n \left(\sqrt[n]{y} - 1 \right).$$

§ 26. Die Exponentialreihe

Wir wollen jetzt aus der Gleichung (9) des vorigen Paragraphen eine zur numerischen Rechnung geeignetere Formel herleiten. Nach dem binomischen Satz ist

(1) $$\left(1 + \frac{x}{n}\right)^n = \sum_{\nu=0}^{n} \binom{n}{\nu} \left(\frac{x}{n}\right)^\nu,$$

wobei das Zeichen $\binom{n}{\nu}$ die folgende Bedeutung hat:

$$\binom{n}{0} = 1, \quad \binom{n}{1} = \frac{n}{1} = n,$$

$$\binom{n}{\nu} = \frac{n(n-1)\ldots(n-\nu+1)}{1 \cdot 2 \ldots \nu} \qquad (\nu = 2, 3, 4, \ldots).$$

Nun sei x in (1) eine ganz beliebige Zahl. Man wähle dann eine positive ganze Zahl p, und zwar so, daß

(2) $$p + 2 > |x|$$

ist, und nehme die Zahl n größer als p an. Dann ist

$$\left(1 + \frac{x}{n}\right)^n = \sum_{\nu=0}^{p} \binom{n}{\nu} \left(\frac{x}{n}\right)^\nu + \sum_{\nu=p+1}^{n} \binom{n}{\nu} \left(\frac{x}{n}\right)^\nu;$$

also auch

(3) $$\left| \left(1 + \frac{x}{n}\right)^n - \sum_{\nu=0}^{p} \binom{n}{\nu} \left(\frac{x}{n}\right)^\nu \right| \leq \sum_{\nu=p+1}^{n} \left| \binom{n}{\nu} \left(\frac{x}{n}\right)^\nu \right|.$$

Für $\nu \geqq 2$ ist aber

$$\left|\binom{n}{\nu}\left(\frac{x}{n}\right)^{\nu}\right| = \frac{n\,(n-1)\ldots(n-\nu+1)}{1\cdot 2\ldots\nu}\cdot\frac{|\,x\,|^{\nu}}{n^{\nu}} \leqq \frac{n^{\nu}}{1\cdot 2\ldots\nu}\cdot\frac{|\,x\,|^{\nu}}{n^{\nu}} = \frac{|\,x\,|^{\nu}}{1\cdot 2\ldots\nu},$$

so daß aus (3) weiter folgt:

$$\left|\left(1+\frac{x}{n}\right)^{n} - \sum_{\nu=0}^{p}\binom{n}{\nu}\left(\frac{x}{n}\right)^{\nu}\right| \leqq \sum_{\nu=p+1}^{n}\frac{|\,x\,|^{\nu}}{1\cdot 2\ldots\nu}$$

$$\leqq \frac{|\,x\,|^{p+1}}{1\cdot 2\ldots(p+1)}\cdot\left\{1+\frac{|\,x\,|}{p+2}+\frac{|\,x\,|^{2}}{(p+2)^{2}}+\cdots+\frac{|\,x\,|^{n-p-1}}{(p+2)^{n-p-1}}\right\}$$

$$= \frac{|\,x\,|^{p+1}}{1\cdot 2\ldots(p+1)}\;\frac{1-\left(\dfrac{|\,x\,|}{p+2}\right)^{n-p}}{1-\dfrac{|\,x\,|}{p+2}}.$$

Weil $p+2 > |\,x\,|$ angenommen ist, kommt also schließlich:

$$\left|\left(1+\frac{x}{n}\right)^{n} - \sum_{\nu=0}^{p}\binom{n}{\nu}\left(\frac{x}{n}\right)^{\nu}\right| \leqq \frac{|\,x\,|^{p+1}}{1\cdot 2\ldots(p+1)}\cdot\frac{1}{1-\dfrac{|\,x\,|}{p+2}}. \tag{4}$$

Diese Formel gilt, sobald $n > p$ ist. Daher kann auch der Grenzwert der linken Seite für $n \to \infty$, falls er existiert, nur höchstens gleich der rechten Seite sein (nach Satz 19 und 18). Dieser Grenzwert existiert aber, da jedes der $p+2$ auf der linken Seite vorkommenden Glieder für sich einen Grenzwert hat. In der Tat ist nach Formel (9) des vorigen Paragraphen

$$\lim_{n\to\infty}\left(1+\frac{x}{n}\right)^{n} = e^{x};$$

ferner ist

$$\lim_{n\to\infty}\binom{n}{0}\left(\frac{x}{n}\right)^{0} = \lim_{n\to\infty} 1 = 1,$$

$$\lim_{n\to\infty}\binom{n}{1}\left(\frac{x}{n}\right)^{1} = \lim_{n\to\infty}\frac{n}{1}\cdot\frac{x}{n} = \frac{x}{1} = x,$$

und für $\nu = 2, 3, 4, \ldots$ (vgl. das Beispiel Seite 48 unten für $p = q = \nu$)

$$\lim_{n\to\infty}\binom{n}{\nu}\left(\frac{x}{n}\right)^{\nu} = \lim_{n\to\infty}\frac{n\,(n-1)\ldots(n-\nu+1)}{n^{\nu}}\cdot\frac{x^{\nu}}{1\cdot 2\ldots\nu} = \frac{x^{\nu}}{1\cdot 2\ldots\nu}.$$

Führt man die Abkürzungen

$$0\,! = 1,\ 1\,! = 1,$$
$$\nu\,! = 1\cdot 2\ldots\nu\ (\nu = 2, 3, 4, \ldots)$$

ein, so lassen sich die drei letzten Formeln zusammenfassen in:

$$\lim_{n\to\infty}\binom{n}{\nu}\left(\frac{x}{n}\right)^{\nu}=\frac{x^{\nu}}{\nu!}\qquad(\nu=0,1,2,\ldots).$$

Nunmehr kann man in Formel (4) den Übergang zur Grenze $n\to\infty$ ausführen und erhält dadurch:

(5) $$\left|e^x-\sum_{\nu=0}^{p}\frac{x^{\nu}}{\nu!}\right|\leqq\frac{|x|^{p+1}}{1\cdot2\ldots(p+1)}\cdot\frac{1}{1-\frac{|x|}{p+2}}\quad(\text{für } p+2>|x|).$$

Diese Formel gilt nun für jede positive ganze Zahl p, sofern nur $p+2>|x|$ ist. Aber die rechte Seite wird für genügend große Werte von p beliebig klein; denn sie ist, wenn q die größte in $|x|$ enthaltene ganze Zahl bedeutet, gleich

$$\frac{1}{1-\frac{|x|}{p+2}}\cdot\frac{|x|^{q}}{q!}\cdot\frac{|x|}{q+1}\cdot\frac{|x|}{q+2}\cdots\frac{|x|}{p+1},$$

also gewiß nicht größer als

$$\frac{1}{1-\frac{|x|}{p+2}}\cdot\frac{|x|^{q}}{q!}\cdot\left(\frac{|x|}{q+1}\right)^{p+1-q}.$$

Aber dieser Ausdruck wird wegen des letzten Faktors mit wachsendem p beliebig klein (nach Satz 26 Seite 62).

Bedeutet also ε eine beliebig kleine positive Zahl, so ist für genügend große Werte von p

$$\left|e^x-\sum_{\nu=0}^{p}\frac{x^{\nu}}{\nu!}\right|<\varepsilon.$$

Das besagt aber:

$$e^x=\lim_{p\to\infty}\sum_{\nu=0}^{p}\frac{x^{\nu}}{\nu!},$$

wofür man nach § 17 auch schreiben kann:

(6) $$e^x=\sum_{\nu=0}^{\infty}\frac{x^{\nu}}{\nu!},$$

oder ausführlicher:

(7) $$e^x=1+\frac{x}{1!}+\frac{x^2}{2!}+\frac{x^3}{3!}+\frac{x^4}{4!}+\cdots.$$

Diese Reihe nennt man die *Exponentialreihe*; sie konvergiert nach ihrer Herleitung für jeden Wert von x. Für kleine $|x|$ konvergiert sie außerordentlich rasch und ist daher sehr geeignet, um zu jedem gegebenen Logarithmus $x = \log y$ den Numerus $y = e^x$ zu berechnen. Dabei dient die Formel (5) dazu, den Fehler abzuschätzen, den man begeht, wenn man nur die ersten $p + 1$ Glieder der Reihe berücksichtigt. Damit haben wir ein Mittel gewonnen, um eine Logarithmentafel verhältnismäßig leicht mit jeder verlangten Genauigkeit zu berechnen. In Wahrheit bedient man sich allerdings zur praktischen Berechnung von Logarithmentafeln noch bequemerer Reihen, die nicht zu jedem Logarithmus den Numerus, sondern umgekehrt zu jedem Numerus den Logarithmus liefern. Man kann solche Reihen aus der Formel (12) des vorigen Paragraphen herleiten: doch liegt das nicht mehr im Rahmen dieses Buches. Wir wollen nur noch die beiden Reihen anmerken, die sich aus den Reihen für e^x und e^{-x} durch Addition und Subtraktion und Multiplikation mit $\frac{1}{2}$ gemäß den Formeln (1), (2) auf Seite 52 und nach Unterdrückung der Nullen ergeben:

$$\frac{1}{2}(e^x + e^{-x}) = \sum_{\nu=0}^{\infty} \frac{x^{2\nu}}{(2\nu)!}, \tag{8}$$

$$\frac{1}{2}(e^x - e^{-x}) = \sum_{\nu=0}^{\infty} \frac{x^{2\nu+1}}{(2\nu+1)!}. \tag{9}$$

Zum Schluß wollen wir die Reihe (7) benutzen, um die Zahl e zu berechnen. Es ergibt sich, indem man $x = 1$ setzt,

$$e = 1 + 1 + \frac{1}{2!} + \frac{1}{3!} + \frac{1}{4!} + \cdots. \tag{10}$$

Bricht man die Reihe mit dem Glied $\frac{1}{p!}$ ab und setzt

$$e = 1 + 1 + \frac{1}{2!} + \frac{1}{3!} + \ldots + \frac{1}{p!} + R_p,$$

so ist der Fehler R_p jedenfalls positiv, aber nach Formel (5) nicht größer als

$$\frac{1}{1 \cdot 2 \ldots p \cdot (p+1)} \cdot \frac{1}{1 - \frac{1}{p+2}} < \frac{1}{1 \cdot 2 \ldots p} \cdot \frac{1}{p} = \frac{1}{p \cdot p!}.$$

Beispielsweise für $p = 11$ gestaltet sich die Rechnung auf neun Dezimalen abgerundet folgendermaßen:

$$
\begin{aligned}
1 + 1 &= 2 \\
1 : 2! &= 0{,}5 \\
1 : 3! &= 0{,}166\,666\,667 - \\
1 : 4! &= 0{,}041\,666\,667 - \\
1 : 5! &= 0{,}008\,333\,333 + \\
1 : 6! &= 0{,}001\,388\,889 - \\
1 : 7! &= 0{,}000\,198\,413 - \\
1 : 8! &= 0{,}000\,024\,802 - \\
1 : 9! &= 0{,}000\,002\,756 - \\
1 : 10! &= 0{,}000\,000\,276 - \\
1 : 11! &= \underline{0{,}000\,000\,025 +} \\
& \ 2{,}718\,281\,828
\end{aligned}
$$

Indem man den letzten Summanden nochmals durch 11 dividiert, ergibt sich

$$\frac{1}{11 \cdot 11!} < 0{,}000\,000\,0025.$$

Das Fehlerglied R_{11} ist also kleiner als 2,5 Einheiten der neunten Dezimale. Bei unserer Rechnung ist aber außerdem von den neun Summanden, die wir auf je neun Dezimalen abgerundet haben, jeder mit einem Fehler behaftet, der weniger als 0,5 Einheiten der neunten Dezimale beträgt. Unser Resultat gibt also die Zahl e mit einem Fehler, der kleiner ist als

$$2{,}5 + 9 \cdot 0{,}5 = 7$$

Einheiten der neunten Dezimale. Bei Berücksichtigung der Fehlervorzeichen, die durch Anhängen von $+$ und $-$ oben angedeutet sind, erweist sich der Gesamtfehler sogar kleiner als 3,5 Einheiten der neunten Dezimale. Daher ist jedenfalls auf sieben Stellen genau

$$e = 2{,}718\,2818,$$

und die nächste Stelle kann nur 2 oder 3 sein. Im nächsten Kapitel werden wir sehen, daß die Zahl e irrational ist.

Viertes Kapitel

Verschiedene Darstellungsformen irrationaler Zahlen

§ 27. Systematische Brüche

Sei p eine ganze Zahl größer als 1. Ist dann γ_0 eine beliebige rationale oder irrationale Zahl und c_0 die größte in γ_0 enthaltene ganze Zahl, so setzen wir

$$\gamma_0 = c_0 + \frac{\gamma_1}{p}.$$

Die dadurch definierte Zahl γ_1 genügt dann den Ungleichungen

$$0 \leqq \gamma_1 < p.$$

Zieht man auch aus γ_1 die größte ganze Zahl c_1 heraus und setzt

$$\gamma_1 = c_1 + \frac{\gamma_2}{p},$$

so ist wieder

$$0 \leqq \gamma_2 < p.$$

In solcher Weise kann man unbegrenzt fortfahren und erhält allgemein:

$$\left.\begin{array}{r}\gamma_\nu = c_\nu + \dfrac{\gamma_{\nu+1}}{p}, \\ 0 \leqq \gamma_{\nu+1} < p\end{array}\right\} \quad (\nu = 0, 1, 2, \ldots).$$

Dieser Prozeß wird als *p-aler oder p-adischer Algorithmus* bezeichnet.

Da von $\nu = 1$ an die Ungleichungen $0 \leqq \gamma_\nu < p$ gelten, so kann c_ν als größte in γ_ν enthaltene ganze Zahl nur einen der p Werte $0, 1, \ldots p-1$ haben. Die ganze Zahl c_0 dagegen ist einer solchen Beschränkung nicht unterworfen.

Es kommt vor, daß die Zahlen c_ν von einem gewissen ν an alle gleich Null sind. Wenn z. B. γ_0 eine ganze Zahl, so ist $\gamma_1 = 0$, und infolgedessen erweisen sich $c_1, c_2, c_3, \ldots$ der Reihe nach alle als Null. *Dagegen ist es unmöglich, daß die Zahlen c_ν von einem gewissen ν an alle gleich $p-1$ sind.* Wenn nämlich etwa für $\nu \geqq n$ dauernd $c_\nu = p - 1$ wäre, so dürften wir $n > 0$ annehmen, und es würde folgen:

$$\gamma_\nu = p - 1 + \frac{\gamma_{\nu+1}}{p} \quad (\nu = n, n+1, n+2, \ldots),$$

oder etwas anders geschrieben,

$$p - \gamma_\nu = \frac{p - \gamma_{\nu+1}}{p} \qquad (\nu = n, n+1, n+2, \ldots).$$

Daher

$$p - \gamma_n = \frac{p - \gamma_{n+1}}{p} = \frac{p - \gamma_{n+2}}{p^2} = \frac{p - \gamma_{n+3}}{p^3} = \ldots .$$

Somit würde, wenn r eine beliebig große ganze Zahl bedeutet,

$$p - \gamma_n = \frac{p - \gamma_{n+r+1}}{p^{r+1}} \leqq \frac{p}{p^{r+1}} = \frac{1}{p^r}$$

sein, also auch $p - \gamma_n \leqq 0$, während doch $\gamma_n < p$ ist.

Die Frage, ob die Zahlen c_ν noch weiteren Beschränkungen unterworfen sind, ist zu verneinen. Vielmehr werden wir jetzt zeigen: *Ist* $c_0, c_1, c_2, \ldots$ *eine Folge ganzer Zahlen, und zwar*

$$0 \leqq c_\nu \leqq p - 1 \;\; \textit{für} \;\; \nu = 1, 2, 3, \ldots$$
$$c_\nu \leqq p - 2 \;\; \textit{für unbegrenzt viele} \;\; \nu,$$

so gibt es eine und nur eine Zahl γ_0, *bei welcher der p-ale Algorithmus die gegebene Folge* $c_0, c_1, c_2, \ldots$ *hervorbringt.*

Nimmt man an, es gäbe zwei solche Zahlen γ_0, δ_0, so liefert der p-ale Algorithmus die beiden Gleichungsketten

$$\gamma_0 = c_0 + \frac{\gamma_1}{p}, \quad \gamma_1 = c_1 + \frac{\gamma_2}{p}, \quad \gamma_2 = c_2 + \frac{\gamma_3}{p}, \ldots,$$

$$\delta_0 = c_0 + \frac{\delta_1}{p}, \quad \delta_1 = c_1 + \frac{\delta_2}{p}, \quad \delta_2 = c_2 + \frac{\delta_3}{p}, \ldots,$$

wobei

$$0 \leqq \gamma_\nu < p, \; 0 \leqq \delta_\nu < p \quad (\nu = 1, 2, 3, \ldots)$$

ist. Hieraus folgt:

$$\gamma_0 - \delta_0 = \frac{\gamma_1 - \delta_1}{p}, \quad \gamma_1 - \delta_1 = \frac{\gamma_2 - \delta_2}{p}, \quad \gamma_2 - \delta_2 = \frac{\gamma_3 - \delta_3}{p}, \ldots .$$

Daher auch

$$|\gamma_0 - \delta_0| = \frac{|\gamma_1 - \delta_1|}{p} = \frac{|\gamma_2 - \delta_2|}{p^2} = \ldots = \frac{|\gamma_{n+1} - \delta_{n+1}|}{p^{n+1}} < \frac{p}{p^{n+1}} = \frac{1}{p^n}.$$

Da hier n beliebig groß sein kann, schließt man: $\gamma_0 - \delta_0 = 0$. Es gibt also *höchstens eine* Zahl γ_0 der verlangten Art.

Um nun zu zeigen, daß es wirklich eine gibt, betrachten wir, unter λ eine beliebige Zahl der Folge $0, 1, 2, \ldots$ verstehend, die unendliche Reihe

$$\sum_{\nu=0}^{\infty} \frac{c_{\lambda+\nu}}{p^\nu}.$$

Ihre Partialsummen

$$s_\lambda^{(n)} = \sum_{\nu=0}^{n} \frac{c_{\lambda+\nu}}{p^\nu} \qquad (n = 0, 1, 2, \ldots)$$

bilden eine monoton wachsende Folge, die wegen

$$s_\lambda^{(n)} = c_\lambda + \sum_{\nu=1}^{n} \frac{c_{\lambda+\nu}}{p^\nu} \leqq c_\lambda + \sum_{\nu=1}^{n} \frac{p-1}{p^\nu} = c_\lambda + 1 - \frac{1}{p^n} < c_\lambda + 1$$

beschränkt ist. Daher konvergiert die Reihe, und wir können

$$\lim_{n\to\infty} s_\lambda^{(n)} = \sum_{\nu=0}^{\infty} \frac{c_{\lambda+\nu}}{p^\nu} = \gamma_\lambda \qquad (\lambda = 0, 1, 2, \ldots)$$

setzen. Wegen $c_\lambda \leqq s_\lambda^{(n)} < c_\lambda + 1$ muß auch $c_\lambda \leqq \gamma_\lambda \leqq c_\lambda + 1$ sein. Dabei ist aber das zweite Gleichheitszeichen unmöglich. Denn da unbegrenzt oft $c_\nu \leqq p - 2$ ist, so läßt sich zu jedem Index λ eine Zahl $\mu \geqq 1$ angeben, für welche $c_{\lambda+\mu} \leqq p - 2$ ist. Dann folgt aber für $n \geqq \mu$:

$$s_\lambda^{(n)} = c_\lambda + \sum_{\nu=1}^{n} \frac{c_{\lambda+\nu}}{p^\nu} \leqq c_\lambda + \sum_{\nu=0}^{n} \frac{p-1}{p^\nu} - \frac{1}{p^\mu} = c_\lambda + 1 - \frac{1}{p^n} - \frac{1}{p^\mu} < c_\lambda + 1 - \frac{1}{p^\mu}.$$

Daher ist auch

$$\gamma_\lambda = \lim_{n\to\infty} s_\lambda^{(n)} \leqq c_\lambda + 1 - \frac{1}{p^\mu} < c_\lambda + 1.$$

also zusammenfassend:

$$c_\lambda \leqq \gamma_\lambda < c_\lambda + 1 \qquad (\gamma = 0, 1, 2, \ldots).$$

Somit ist stets c_λ die größte in γ_λ enthaltene ganze Zahl. Da aber aus der Definition von $s_\lambda^{(n)}$ unmittelbar die Gleichung

$$s_\lambda^{(n)} = c_\lambda + \frac{s_{\lambda+1}^{(n-1)}}{p} \qquad (\lambda = 0, 1, 2, \ldots)$$

folgt, also durch Übergang zur Grenze $n \to \infty$:

$$\gamma_\lambda = c_\lambda + \frac{\gamma_{\lambda+1}}{p} \qquad (\lambda = 0, 1, 2, \ldots),$$

so sieht man, daß die Anwendung des *p-alen* Algorithmus auf die Zahl

$$\gamma_0 = \sum_{\nu=0}^{\infty} \frac{c_\nu}{p^\nu}$$

gerade die gegebene Zahlenfolge $c_0, c_1, c_2, \ldots$ hervorbringt. Damit ist unsere Behauptung bewiesen.

Durch den p-alen Algorithmus ist sonach jeder Zahl γ_0 umkehrbar eindeutig eine gewisse Folge ganzer Zahlen $c_0, c_1, c_2, \ldots$ zugeordnet. Man benutzt diese Zuordnung zu einer bequemen Schreibweise für die Zahl γ_0, indem man setzt:

(1) $$\gamma_0 = c_0 + 0, c_1 c_2 c_3 \ldots,$$

falls $c_0 \geqq 0$ ist, schreibt man auch kürzer

(2) $$\gamma_0 = c_0, c_1 c_2 c_3 \ldots .$$

Dann ist offenbar auch

$$\gamma_\lambda = c_\lambda, c_{\lambda+1} c_{\lambda+2} c_{\lambda+3} \ldots .$$

Falls die c_ν von einer gewissen Stelle an, etwa für $\nu > n$ alle gleich Null sind, unterdrückt man diese Nullen und schreibt:

(3) $$\gamma_0 = c_0 + 0, c_1 c_2 \ldots c_n.$$

Diese Darstellungsformen heißen *systematische Brüche*. Bei ihrer Anwendung muß natürlich die Zahl p, die *Basis*, ein für allemal gegeben sein; man spricht dann der Deutlichkeit halber auch von *p-albrüchen*. Für $p = 10$ sind es die jedermann geläufigen Dezimalbrüche; aber für manche Zwecke sind auch andere Basen vorteilhaft, insbesondere $p = 2$ (Dualbrüche). Nach dem Bewiesenen kann als Definition des p-albruches die Formel gelten:

$$c_0 + 0, c_1 c_2 c_3 \ldots = \sum_{\nu=0}^{\infty} \frac{c_\nu}{p^\nu}.$$

Zusammenfassend können wir unsere Resultate in folgendem Satz aussprechen:

Satz 40. *Jede Zahl γ_0 läßt sich auf eine und nur eine Weise in der Form eines p-albruches*

$$\gamma_0 = c_0 + 0, c_1 c_2 c_3 \ldots = \sum_{\nu=0}^{\infty} \frac{c_\nu}{p^\nu}$$

darstellen. Die ganzen Zahlen $c_0, c_1, c_2, \ldots$ ergeben sich dabei durch den p-alen Algorithmus; sie genügen den Ungleichungen

$$0 \leqq c_\nu \leqq p - 1 \quad \textit{für } \nu \geqq 1$$
$$c_\nu \leqq p - 2 \quad \textit{für unendlich viele } \nu.$$

Umgekehrt stellt auch jeder solche p-albruch eine gewisse Zahl dar.

§ 28. Fortsetzung. Periodizität

Mit *endlichen* systematischen Brüchen, d. h. solchen der Form (3) des vorigen Paragraphen, lassen sich die Operationen der Addition, Multiplikation usw. nach den (wenigstens für $p = 10$) jedermann geläufigen Regeln einfach ausführen. Der Vorteil der systematischen Brüche beruht nun darauf, daß man jede, insbesondere auch irrationale Zahl näherungsweise durch einen endlichen systematischen Bruch ersetzen kann. Aus der Gleichung

$$\gamma_\lambda = c_\lambda + \frac{\gamma_{\lambda+1}}{p} \qquad (\lambda = 0, 1, 2, \ldots)$$

folgt nämlich

$$\frac{\gamma_\lambda}{p^\lambda} = \frac{c_\lambda}{p^\lambda} + \frac{\gamma_{\lambda+1}}{p^{\lambda+1}} \qquad (\lambda = 0, 1, 2, \ldots)$$

und hieraus sogleich:

$$\gamma_0 = \sum_{\lambda=0}^{n} \frac{c_\lambda}{p^\lambda} + \frac{\gamma_{n+1}}{p^{n+1}}$$

$$= c_0 + 0, c_1 c_2 \ldots c_n + \frac{\gamma_{n+1}}{p^{n+1}}.$$

Wegen $0 \leqq \gamma_{n+1} < p$ ist daher

$$0 \leqq \gamma_0 - (c_0 + 0, c_1 c_2 \ldots c_n) < \frac{1}{p^n}.$$

Bricht man also einen p-albruch nach n Stellen ab, so ist der Fehler kleiner als $\frac{1}{p^n}$, d. h. beliebig klein, wenn man nur n groß genug wählt.

Die p-albrüche liefern auch ein *einfaches Merkmal, um zu entscheiden, welche von zwei Zahlen die kleinere ist.* Sei nämlich

$$\gamma_0 = c_0 + 0, c_1 c_2 c_3 \ldots, \quad \delta_0 = d_0 + 0, d_1 d_2 d_3 \ldots.$$

Wenn $\gamma_0 \neq \delta_0$, so sei n die kleinste Zahl derart, daß $c_n \neq d_n$ ist, und sei etwa $c_n < d_n$, also $c_n + 1 \leqq d_n$; alsdann ist auch $\gamma_0 < \delta_0$. In der Tat, falls $n = 0$, ist ja

$$\gamma_0 < c_0 + 1 \leqq d_0 \leqq \delta_0;$$

und ebenso erhält man, wenn $n > 0$ ist,

$$\gamma_0 = \sum_{\nu=0}^{n} \frac{c_\nu}{p^\nu} + \frac{\gamma_{n+1}}{p^{n+1}} < \sum_{\nu=0}^{n} \frac{c_\nu}{p^\nu} + \frac{1}{p^n} \leqq \sum_{\nu=0}^{n} \frac{d_\nu}{p^\nu} \leqq \delta_0.$$

Am meisten interessiert uns aber hier naturgemäß die Frage, wann ein systematischer Bruch eine rationale und wann er eine irrationale Zahl darstellt. Die Antwort hierauf gibt

Satz 41. *Ein systematischer Bruch stellt dann und nur dann eine rationale Zahl dar, wenn er periodisch ist, d. h. wenn von einer gewissen Stelle an immer nur ein und derselbe Zahlenkomplex* $c_h c_{h+1} \ldots c_{h+k-1}$ *wiederkehrt.*

Beweis. Ist γ_0 eine rationale Zahl, also $\gamma_0 = \frac{a}{b}$, wo a, b ganze Zahlen und $b > 0$, so lehren die Gleichungen

$$\gamma_0 = c_0 + \frac{\gamma_1}{p},\ \gamma_1 = c_1 + \frac{\gamma_2}{p},\ \gamma_2 = c_2 + \frac{\gamma_3}{p},\ \ldots$$

oder anders geschrieben

$$\gamma_1 = p\,(\gamma_0 - c_0),\ \gamma_2 = p\,(\gamma_1 - c_1),\ \gamma_3 = p\,(\gamma_2 - c_2),\ \ldots$$

der Reihe nach, daß auch $\gamma_1, \gamma_2, \gamma_3, \ldots$ rationale Brüche mit dem Nenner b sind, bei denen überdies der Zähler durch p teilbar ist (sie können übrigens reduzibel sein, auch wenn $\frac{a}{b}$ irreduzibel ist). Wenn $\nu \geqq 1$ ist, kommen daher wegen $0 \leqq \gamma_\nu < p$ für γ_ν nur die b Werte

$$0,\ \frac{p}{b},\ \frac{2\,p}{b},\ \ldots,\ \frac{(b-1)\,p}{b}$$

in Betracht. Unter den unendlich vielen Zahlen der Folge $\gamma_1, \gamma_2, \gamma_3, \ldots$ müssen also gleiche sein. Sei etwa $\gamma_{h+k} = \gamma_h$, das heißt aber

$$c_{h+k},\ c_{h+k+1}\ c_{h+k+2}\ \ldots = c_h,\ c_{h+1}\ c_{h+2}\ \ldots,$$

und hieraus folgt wegen der Eindeutigkeit der Darstellung:

$$c_{h+k+\nu} = c_{h+\nu} \quad (\nu = 0, 1, 2, \ldots),$$

also auch

$$c_{h+\nu+nk} = c_{h+\nu} \quad (\nu = 0, 1, \ldots, k-1;\ n = 1, 2, 3, \ldots).$$

Der systematische Bruch ist daher *periodisch*, und zwar besteht die Periode aus dem Komplex der k Zahlen $c_h c_{h+1} \ldots c_{h+k-1}$.

Sei umgekehrt

$$\gamma_0 = c_0 + 0,\ c_1\,c_2 \ldots c_{h-1}\,c_h \ldots c_{h+k-1}\,c_h \ldots c_{h+k-1}\,c_h \ldots c_{h+k-1} \ldots$$

ein systematischer Bruch mit der Periode $c_h c_{h+1} \ldots c_{h+k-1}$, wofür man kürzer

$$\gamma_0 = c_0 + 0,\ c_1\,c_2 \ldots c_{h-1}\,\overline{c_h\,c_{h+1} \ldots c_{h+k-1}}$$

schreibt. Führt man wieder die Partialsummen

$$s_0^{(n)} = \sum_{\nu=0}^{n} \frac{c_\nu}{p^\nu}$$

ein, so ist

$$\gamma_0 = \lim_{n\to\infty} s_0^{(n)};$$

daher dem Satz 17 Seite 46 zufolge auch

$$\gamma_0 = \lim_{n\to\infty} s_0^{(h-1+nk)}.$$

Wegen der Periodizität ist aber

$$s_0^{(h-1+nk)} = \sum_{\nu=0}^{h-1} \frac{c_\nu}{p^\nu} + \left(\frac{c_h}{p^h} + \dots + \frac{c_{h+k-1}}{p^{h+k-1}}\right) + \left(\frac{c_h}{p^{h+k}} + \dots + \frac{c_{h+k-1}}{p^{h+2k-1}}\right) + \dots$$
$$+ \left(\frac{c_h}{p^{h+(n-1)k}} + \dots + \frac{c_{h+k-1}}{p^{h+nk-1}}\right),$$

oder also

$$s_0^{(h-1+nk)} = \sum_{\nu=0}^{h-1} \frac{c_\nu}{p^\nu} + \left(1 + \frac{1}{p^k} + \frac{1}{p^{2k}} + \dots + \frac{1}{p^{(n-1)k}}\right)\left(\frac{c_h}{p^h} + \dots + \frac{c_{h+k-1}}{p^{h+k-1}}\right)$$

$$= \sum_{\nu=0}^{h-1} \frac{c_\nu}{p^\nu} + \frac{1 - \frac{1}{p^{nk}}}{1 - \frac{1}{p^k}} \sum_{\nu=0}^{k-1} \frac{c_{h+\nu}}{p^{h+\nu}}.$$

Daher durch Übergang zur Grenze $n \to \infty$:

$$\gamma_0 = \sum_{\nu=0}^{h-1} \frac{c_\nu}{p^\nu} + \frac{p^k}{p^k - 1} \sum_{\nu=0}^{k-1} \frac{c_{h+\nu}}{p^{h+\nu}},$$

so daß in der Tat γ_0 eine rationale Zahl ist.

Beispiel. In der Theorie der elliptischen und Modulfunktionen kommen unendliche Reihen der Form

$$Q = q + q^4 + q^9 + \dots = \sum_{\nu=1}^{\infty} q^{\nu^2}$$

vor. Ist q der reziproke Wert einer ganzen Zahl größer als 1, so läßt sich zeigen, daß Q eine irrationale Zahl ist. Wenn nämlich $q = \frac{1}{p}$, so ist offenbar Q gleich dem p-albruch

$$Q = 0{,}100\,100\,001\dots,$$

wo nur die erste, vierte und allgemein die $(\nu^2)^{te}$ Stelle nach dem Komma mit 1, die übrigen Stellen mit 0 besetzt sind. Da dieser p-albruch nicht periodisch ist, muß Q irrational sein.

Das Prinzip der systematischen Brüche war schon im Altertum bekannt. Es wurden namentlich Sexagesimalbrüche gebraucht, die erst vom 10. Jahrhundert an durch die Dezimalbrüche allmählich verdrängt wurden. Eine wirkliche Theorie der allgemeinen p-albrüche ließ aber verhältnismäßig lange auf sich warten; sie wurde erst von STOLZ in seiner allgemeinen Arithmetik geliefert.

§ 29. Kettenbrüche; Vorbemerkungen

Unter einem $(n+1)$-gliedrigen Kettenbruch versteht man einen Ausdruck $[b_0, b_1, \ldots, b_n]$, der durch folgende Formeln definiert ist:

$$[b_0] = b_0, \; [b_0, b_1] = b_0 + \frac{1}{b_1}, \tag{1}$$

$$[b_0, \ldots, b_{n-1}, b_n, b_{n+1}] = \left[b_0, \ldots, b_{n-1}, b_n + \frac{1}{b_{n+1}}\right]. \tag{2}$$

Durch die Formeln (1) sind der ein- und zweigliedrige Kettenbruch definiert; durch (2) wird der $(n+2)$-gliedrige auf den $(n+1)$-gliedrigen zurückgeführt. Augenscheinlich ist hiernach

$$[b_0, b_1, \ldots, b_n] = b_0 + \cfrac{1}{b_1 + \cfrac{1}{b_2 + \cfrac{\cdots\cdots\cdots}{+ \cfrac{1}{b_{n-1} + \cfrac{1}{b_n}}}}}.$$

Hieraus folgt sogleich die weitere Formel

$$[b_0, b_1, \ldots, b_n] = b_0 + \frac{1}{[b_1, \ldots, b_n]}, \tag{3}$$

die den $(n+1)$-gliedrigen Kettenbruch auf den n-gliedrigen zurückführt und daher auch an Stelle von (2) zur Definition verwandt werden könnte.

Die Zahlen b_ν heißen die Teilnenner des Kettenbruches, b_0 auch das Anfangsglied. Sie mögen, damit die Division durch Null sicher vermieden wird, für $\nu \geqq 1$ durchweg positiv sein.

Um einen Kettenbruch bequemer berechnen zu können, führen wir gewisse Zahlen A_ν, B_ν ein, indem wir setzen:

$$\begin{cases} A_{-2} = 0, \; A_{-1} = 1, \quad A_\nu = b_\nu A_{\nu-1} + A_{\nu-2} \quad (\nu \geqq 0) \\ B_{-2} = 1, \; B_{-1} = 0, \quad B_\nu = b_\nu B_{\nu-1} + B_{\nu-2} \quad (\nu \geqq 0). \end{cases} \tag{4}$$

Durch diese Rekursionsformeln lassen sich, indem man nacheinander $\nu = 0, 1, 2, \ldots$ setzt, die Zahlen $A_0, A_1, A_2, \ldots$, ebenso wie $B_0, B_1, B_2, \ldots$ der Reihe nach berechnen. Es ist z. B.

$$A_0 = b_0, \; A_1 = b_1 b_0 + 1,$$
$$B_0 = 1, \; B_1 = b_1.$$

Ist ν ein beliebiger Index, so werden bei der Bildung von A_ν, B_ν offenbar nur die Zahlen $b_0, b_1, \ldots, b_\nu$ verwandt, nicht aber $b_{\nu+1}, b_{\nu+2}, \ldots$

Man beweist nun leicht, daß

$$[b_0, b_1 \ldots, b_n] = \frac{A_n}{B_n} \tag{5}$$

ist. In der Tat ist das gewiß für $n = 0$ richtig. Nimmt man aber an, die Formel gelte für einen gewissen Wert n ($\geqq 0$), so ist nach (4) auch

$$[b_0, b_1, \ldots, b_n] = \frac{b_n A_{n-1} + A_{n-2}}{b_n B_{n-1} + B_{n-2}}.$$

Setzt man hier $b_n + \frac{1}{b_{n+1}}$ anstelle von b_n, so folgt mit Rücksicht auf die Definitionsformel (1) und (2):

$$[b_0, \ldots, b_n, b_{n+1}] = \frac{\left(b_n + \frac{1}{b_{n+1}}\right) A_{n-1} + A_{n-2}}{\left(b_n + \frac{1}{b_{n+1}}\right) B_{n-1} + B_{n-2}}$$

$$= \frac{b_{n+1}(b_n A_{n-1} + A_{n-2}) + A_{n-1}}{b_{n+1}(b_n B_{n-1} + B_{n-2}) + B_{n-1}} = \frac{b_{n+1} A_n + A_{n-1}}{b_{n+1} B_n + B_{n-1}} = \frac{A_{n+1}}{B_{n+1}}.$$

Hiernach gilt die Formel (5) allgemein.

Beispiel. Um den Kettenbruch [2, 1, 3, 1, 1, 2, 4] zu berechnen, bilden wir mit Hilfe von (4) der Reihe nach die Zahlenpaare A_ν, B_ν und erhalten das Schema:

ν	-2	-1	0	1	2	3	4	5	6
b_ν			2	1	3	1	1	2	4
A_ν	0	1	2	3	11	14	25	64	281
B_ν	1	0	1	1	4	5	9	23	101

,

wo jede Zahl der dritten Zeile entsteht, indem man die darüberstehende mit der vorausgehenden Zahl der dritten Zeile multipliziert und die nächstvorausgehende hinzuzählt. Analog für die vierte Zeile. Es ist also

$$[2, 1, 3, 1, 1, 2, 4] = \frac{281}{101}.$$

Die Zahlen

$$\frac{A_0}{B_0}, \frac{A_1}{B_1}, \frac{A_2}{B_2}, \ldots, \frac{A_n}{B_n}$$

heißen die Näherungsbrüche des Kettenbruches $[b_0, b_1, \ldots b_n]$, und zwar allgemein $\frac{A_\nu}{B_\nu}$ der *Näherungsbruch* ν^{ter} *Ordnung*. Der Näherungsbruch n^{ter}

Ordnung ist dann dem $(n+1)$-gliedrigen Kettenbruch gleich. A_ν heißt der *Näherungszähler*, B_ν *der Näherungsnenner* ν^{ter} *Ordnung*.

Zwischen den Näherungszählern und -nennern besteht die wichtige Relation

$$A_\nu B_{\nu-1} - A_{\nu-1} B_\nu = (-1)^{\nu-1} \quad (\nu \geqq -1). \tag{6}$$

In der Tat ist das zunächst für $\nu = -1$ richtig. Für $\nu \geqq 0$ folgt aber aus den Rekursionsformeln (4):

$$\begin{aligned} &A_\nu B_{\nu-1} - A_{\nu-1} B_\nu \\ &= (b_\nu A_{\nu-1} + A_{\nu-2}) B_{\nu-1} - A_{\nu-1} (b_\nu B_{\nu-1} + B_{\nu-2}) \\ &= -(A_{\nu-1} B_{\nu-2} - A_{\nu-2} B_{\nu-1}), \end{aligned}$$

so daß die Formel (6) für jeden Wert ν richtig ist, sobald sie für den nächstkleineren gilt.

Nicht minder wichtig ist die Formel

$$[b_0, \ldots, b_n, \xi] = \frac{A_n \xi + A_{n-1}}{B_n \xi + B_{n-1}}. \tag{7}$$

Man beweist sie, indem man in (5) n durch $n+1$ ersetzt, wodurch sich zunächst ergibt:

$$[b_0, \ldots, b_n, b_{n+1}] = \frac{A_{n+1}}{B_{n+1}} = \frac{b_{n+1} A_n + A_{n-1}}{b_{n+1} B_n + B_{n-1}};$$

hieraus geht aber Formel (7) hervor, wenn man ξ an Stelle von b_{n+1} schreibt, wodurch ja A_n, B_n, A_{n-1}, B_{n-1} nicht geändert werden.

Ist $b_0, b_1, b_2, \ldots$ eine Zahlenfolge, so betrachten wir auch den „unendlichen Kettenbruch“

$$[b_0, b_1, b_2, \ldots].$$

Bildet man mit Hilfe der Rekursionsformeln (4) die Folge der Näherungsbrüche

$$\frac{A_0}{B_0}, \frac{A_1}{B_1}, \frac{A_2}{B_2}, \ldots,$$

wobei also

$$\frac{A_n}{B_n} = [b_0, b_1, \ldots, b_n] \quad (n = 0, 1, 2, \ldots)$$

ist, so interessiert hauptsächlich der Fall, daß diese einen bestimmten endlichen Grenzwert

$$\xi_0 = \lim_{n\to\infty} \frac{A_n}{B_n} = \lim_{n\to\infty} [b_0, b_1, \ldots, b_n]$$

haben. Man nennt dann den unendlichen Kettenbruch konvergent und schreibt ihm den Wert ξ_0 zu:

$$\xi_0 = [b_0, b_1, b_2, \ldots].$$

Ohne auf die allgemeine Konvergenzfrage einzugehen, beweisen wir hier nur das folgende einfache Kriterium.

Satz 42. *Wenn für* $\nu \geqq 1$ *stets* $b_\nu \geqq 1$, *so ist der unendliche Kettenbruch* $[b_0, b_1, b_2, \ldots]$ *konvergent.*

Aus $b_\nu \geqq 1$ für $\nu \geqq 1$ folgt zunächst $B_\nu \geqq \nu$. Denn jedenfalls ist

$$B_0 = 1 > 0,\ B_1 = b_1 \geqq 1,\ B_2 = b_2 b_1 + 1 \geqq 2.$$

Ist aber $\nu \geqq 3$, und nimmt man an, für kleinere Werte sei die fragliche Ungleichung richtig, so folgt aus der Rekursionsformel:

$$B_\nu = b_\nu B_{\nu-1} + B_{\nu-2} \geqq (\nu - 1) + (\nu - 2) = 2\nu - 3 \geqq \nu,$$

so daß die Ungleichung in der Tat allgemein gilt.

Für $\nu \geqq 3$ ist dann auch

$$B_\nu - B_{\nu-1} = (b_\nu - 1) B_{\nu-1} + B_{\nu-2} \geqq B_{\nu-2} \geqq \nu - 2 \geqq 1.$$

Daher mit Rücksicht auf (6):

$$\left|\frac{A_\nu}{B_\nu} - \frac{A_{\nu-1}}{B_{\nu-1}}\right| = \frac{1}{B_\nu B_{\nu-1}} \leqq \frac{B_\nu - B_{\nu-1}}{B_\nu B_{\nu-1}} = \frac{1}{B_{\nu-1}} - \frac{1}{B_\nu}.$$

Folglich für $n \geqq 2$, $p \geqq 1$:

$$\left|\frac{A_{n+p}}{B_{n+p}} - \frac{A_n}{B_n}\right| = \left|\sum_{\nu=0}^{p-1}\left(\frac{A_{n+\nu+1}}{B_{n+\nu+1}} - \frac{A_{n+\nu}}{B_{n+\nu}}\right)\right| \leqq \sum_{\nu=0}^{p-1}\left|\frac{A_{n+\nu+1}}{B_{n+\nu+1}} - \frac{A_{n+\nu}}{B_{n+\nu}}\right|$$

$$\leqq \sum_{\nu=0}^{p-1}\left(\frac{1}{B_{n+\nu}} - \frac{1}{B_{n+\nu+1}}\right) = \frac{1}{B_n} - \frac{1}{B_{n+p}} < \frac{1}{B_n} \leqq \frac{1}{n}.$$

Das besagt aber, daß der Ausdruck

$$\left|\frac{A_m}{B_m} - \frac{A_n}{B_n}\right|$$

kleiner ist als der reziproke Wert der kleineren der beiden Zahlen m, n; also beliebig klein, wenn nur m, n genügend groß sind. Nach Satz 21 Seite 49 folgt hieraus die Existenz des fraglichen Grenzwerts, d. h. die Konvergenz des Kettenbruches.

§ 30. Entwicklung einer Zahl in einen regelmäßigen Kettenbruch

Ist ξ_0 eine beliebige Zahl und b_0 die größte darin enthaltene ganze Zahl, so setzen wir, falls ξ_0 nicht selbst ganz ist,

$$\xi_0 = b_0 + \frac{1}{\xi_1}.$$

Aus der so definierten Zahl ξ_1, die offenbar größer als 1 ist, ziehen wir wieder die größte ganze b_1 heraus und setzen, falls ξ_1 nicht selbst ganz ist,

$$\xi_1 = b_1 + \frac{1}{\xi_2}.$$

Durch Fortsetzung dieses Verfahrens, welches den Namen EUKLID*ischer Algorithmus* führt, ergibt sich allgemein:

$$(1) \qquad \xi_\nu = b_\nu + \frac{1}{\xi_{\nu+1}} \qquad (\text{für } \nu \geqq 0),$$

$$(2) \qquad \xi_\nu > 1, b_\nu \geqq 1 \qquad (\text{für } \nu \geqq 1).$$

Die Zahlen $\xi_1, \xi_2, \ldots$ heißen dabei die *vollständigen Quotienten*; $b_0, b_1, b_2, \ldots$ die *unvollständigen Quotienten.*

Nun sind zwei Fälle denkbar. *Entweder* ein gewisses ξ_{n+1} erweist sich als ganzzahlig; dann ist $\xi_{n+1} = b_{n+1}$, und der Euklidische Algorithmus läßt sich nicht weiter fortführen. *Oder* der EUKLIDische Algorithmus läßt sich unbegrenzt fortführen, indem niemals ein ganzzahliges ξ_ν herauskommt. Wir zeigen jetzt, daß ersteres eintritt, wenn ξ_0 rational ist, letzteres, wenn ξ_0 irrational ist.

Sei zuerst ξ_0 rational. Dann sind auch $\xi_1, \xi_2, \ldots$ rational; denn aus (1) folgt, daß mit ξ_ν auch $\xi_{\nu+1}$ rational ist. Setzt man demgemäß ξ_ν in die Form eines irreduziblen Bruches $\frac{p_\nu}{q_\nu}$ mit positivem Nenner q_ν, so ist nach (1)

$$\frac{p_\nu}{q_\nu} = b_\nu + \frac{q_{\nu+1}}{p_{\nu+1}}.$$

Daher $q_\nu = p_{\nu+1}$, und wegen $\xi_{\nu+1} > 1$ gewiß $p_{\nu+1} > q_{\nu+1}$; folglich $q_\nu > q_{\nu+1}$. Wäre also der Algorithmus unbegrenzt fortsetzbar, so hätte in der Folge von rationalen Brüchen

$$\frac{p_0}{q_0}, \frac{p_1}{q_1}, \frac{p_2}{q_2}, \ldots$$

jeder folgende einen kleineren Nenner als der vorausgehende. Es würde also unterhalb q_0 noch unbegrenzt viele positive ganze Zahlen $q_1, q_2, \ldots$ geben, was nicht möglich ist.

Wenn dagegen ξ_0 irrational, so kommt bei den vollständigen Quotienten niemals ein rationaler, also erst recht kein ganzzahliger heraus, so daß der Algorithmus unbegrenzt fortsetzbar ist. Denn wäre etwa $\xi_{\nu+1}$ der erste rationale vollständige Quotient, also ξ_ν noch irrational, so stünde das mit Gleichung (1) im Widerspruch.

Aus Gleichung (1) folgt auf Grund der Definitionsformel für Kettenbrüche:

$$\xi_0 = [b_0, \xi_1] = [b_0, b_1, \xi_2]$$

und allgemein

(3) $$\xi_0 = [b_0, b_1, \ldots, b_n, \xi_{n+1}]:$$

ebenso auch

$$\xi_\nu = [b_\nu, b_{\nu+1}, \ldots, b_n, \xi_{n+1}] \quad (\nu = 0, 1, \ldots, n).$$

Aus (3) folgt nach der Formel (7) des vorigen Paragraphen:

(4) $$\xi_0 = \frac{A_n \xi_{n+1} + A_{n-1}}{B_n \xi_{n+1} + B_{n-1}}.$$

Daher

(5) $$\xi_0 - \frac{A_n}{B_n} = \frac{A_{n-1} B_n - A_n B_{n-1}}{B_n (B_n \xi_{n+1} + B_{n-1})} = \frac{(-1)^n}{B_n (B_n \xi_{n+1} + B_{n-1})}.$$

Wie wir im vorigen Paragraphen beim Beweis des Satzes 42 sahen, ist aber $B_n \geqq n$, also weil ja $\xi_{n+1} > 1$ ist,

(6) $$\left| \xi_0 - \frac{A_n}{B_n} \right| < \frac{1}{B_n^2} \leqq \frac{1}{n^2}.$$

Wenn nun ξ_0 rational, also einmal $\xi_{n+1} = b_{n+1}$ ganzzahlig ist, so folgt aus (3):

$$\xi_0 = [b_0, b_1, \ldots, b_n, b_{n+1}].$$

Dabei ist der letzte Teilnenner b_{n+1}, sofern $n + 1 > 0$ ist, mindestens gleich 2; denn es ist ja $b_{n+1} = \xi_{n+1} > 1$. Für $n + 1 = 0$ ist das nicht notwendig; dann kann vielmehr $\xi_0 = b_0$ jede ganze Zahl sein.

Wenn dagegen ξ_0 irrational, so folgt aus (6), daß die Folge der Näherungsbrüche den Grenzwert ξ_0 hat; also ist diesmal ξ_0 gleich dem unendlichen Kettenbruch:

$$\xi_0 = [b_0, b_1, b_2, \ldots].$$

Nun zeigen wir umgekehrt: Wenn $b_0, b_1, b_2, \ldots$ endlich oder unendlich viele ganze Zahlen sind, die den seitherigen Bedingungen genügen, so gibt es *eine und nur eine* Zahl ξ_0, bei welcher der Euklidische Algorithmus gerade diese Zahlen b_ν in der gegebenen Reihenfolge als unvollständige Quotienten liefert.

Wenn es eine solche Zahl ξ_0 gibt, so kann es nach dem Bewiesenen nur die Zahl

$$[b_0, b_1, \ldots, b_{n+1}] \text{ bzw. } [b_0, b_1, b_2, \ldots]$$

sein. Wir müssen zeigen, daß es diese wirklich ist. Dazu setzen wir im Fall des endlichen Kettenbruches

$$[b_\nu, b_{\nu+1}, \ldots b_{n+1}] = \xi_\nu \quad (\nu = 0, 1, \ldots, n + 1).$$

Dann ist nach der Formel (3) des vorigen Paragraphen

$$\xi_\nu = b_\nu + \frac{1}{\xi_{\nu+1}} > b_\nu \quad (\nu = 0, 1, \ldots, n).$$

Folglich für $1 \leqq \nu \leqq n$ gewiß $\xi_\nu > 1$, für $0 \leqq \nu \leqq n-1$ also $\xi_{\nu+1} > 1$; aber nach Voraussetzung auch $\xi_{n+1} > 1$. Daher lehrt die vorstehende Gleichung daß b_ν die größte in ξ_ν enthaltene ganze Zahl ist, so daß der EUKLIDische Algorithmus für die Zahl ξ_0 die folgende Gleichungskette liefert:

$$\xi_0 = b_0 + \frac{1}{\xi_1}, \; \xi_1 = b_1 + \frac{1}{\xi_2}, \; \ldots, \; \xi_n = b_n + \frac{1}{\xi_{n+1}}, \; \xi_{n+1} = b_{n+1}.$$

Es ergeben sich also in der Tat die Zahlen $b_0, b_1, \ldots b_{n+1}$ als unvollständige Quotienten.

Im Fall des unendlichen Kettenbruches setzen wir

$$\xi_\nu = [b_\nu, b_{\nu+1}, b_{\nu+2}, \ldots] \qquad (\nu = 0, 1, 2, \ldots),$$

da ja diese Kettenbrüche nach Satz 42 sicher konvergieren. Dann ist

$$\xi_\nu = \lim_{n \to \infty} [b_\nu, b_{\nu+1}, \ldots, b_{\nu+n}].$$

Aus der Gleichung

$$[b_\nu, b_{\nu+1}, \ldots, b_{\nu+n}] = b_\nu + \frac{1}{[b_{\nu+1}, \ldots, b_{\nu+n}]}$$

folgt daher, indem man n über alle Grenzen wachsen läßt, wieder

$$\xi_\nu = b_\nu + \frac{1}{\xi_{\nu+1}}.$$

Von da an ist der Beweis genau wie oben.

Aus dem Beweisgang ergibt sich auch, daß zwei endliche oder unendliche Kettenbrüche, deren Teilnenner den verlangten Bedingungen genügen, nur dann den gleichen Zahlwert haben können, wenn sie Glied für Glied übereinstimmen. Denn die betreffenden Teilnenner müssen ja die durch den Euklidischen Algorithmus eindeutig gewonnenen unvollständigen Quotienten sein. Insbesondere kann ein mehr als eingliedriger Kettenbruch nicht gleich einem eingliedrigen, also keine ganze Zahl sein.

Definition. *Ein endlicher oder unendlicher Kettenbruch heißt regelmäßig, wenn seine Teilnenner ganze Zahlen und höchstens mit Ausnahme des Anfangsgliedes positiv sind.*

Mit dieser Definition können wir unsere Resultate in folgenden Satz zusammenfassen:

Satz 43. *Jede nicht ganze Zahl ξ_0 läßt sich auf eine und nur eine Weise als regelmäßiger mindestens zweigliedriger Kettenbruch darstellen, wenn man verlangt, daß im Fall der Endlichkeit der letzte Teilnenner mindestens gleich 2 ist. Man erhält den Kettenbruch durch den* EUKLID*ischen Algorithmus. Er ist endlich oder unendlich, je nachdem ξ_0 rational oder irrational ist. — Umgekehrt stellt auch jeder solche Kettenbruch eine rationale nicht ganze bzw. irrationale Zahl dar.*

Bei regelmäßigen Kettenbrüchen sind die Näherungszähler und -nenner A_ν, B_ν ganze Zahlen, und zwar $B_\nu > 0$ für $\nu \geqq 0$, wie sich aus den definierenden Rekursionsformeln (4) des vorigen Paragraphen ohne weiteres ergibt; wenn b_0 positiv, so ist auch $A_\nu > 0$ für $\nu \geqq 0$. Die Näherungsbrüche $\frac{A_\nu}{B_\nu}$ sind irreduzible Brüche: denn ein gemeinsamer Teiler von A_ν, B_ν muß nach Formel (6) des vorigen Paragraphen auch Teiler von $(-1)^{\nu-1}$, also 1 sein.

Die regelmäßigen Kettenbrüche haben mit den systematischen Brüchen die Eigenschaft gemein, daß sie jede Zahl durch rationale Brüche beliebig zu approximieren gestatten. Während die systematischen Brüche für die numerische Rechnung besonders bequem sind, haben die Kettenbrüche den Vorzug einer besseren Approximation; der Unterschied zwischen dem wahren Wert ξ_0 und dem Näherungsbruch $\frac{A_\nu}{B_\nu}$ ist nämlich, wie die obige Formel (6) lehrt kleiner als der reziproke Wert vom Quadrat des Nenners. Weiteres hierüber folgt im nächsten Kapitel.

Die Kettenbrüche sind erst im 17. Jahrhundert aufgekommen. Die ältesten Spuren finden sich bei CATALDI, SCHWENTER, WALLIS und vor allem HUYGENS. Der „EUKLIDische Algorithmus" freilich geht wirklich auf EUKLID zurück. Er ist, wenn man ihn auf den rationalen Bruch $\frac{p}{q}$ anwendet, nichts anderes als die bekannte EUKLIDische Methode zur Bestimmung des größten gemeinsamen Teilers von p und q.

§ 31. Periodische regelmäßige Kettenbrüche

Unter den unendlichen regelmäßigen Kettenbrüchen verdienen besonderes Interesse die *periodischen*, d. h. solche der Form

$$[b_0, b_1, \ldots, b_{h-1}, b_h, \ldots, b_{h+k-1}, b_h \ldots, b_{h+k-1}, b_h \ldots, b_{h+k-1}, \ldots],$$

wofür wir kürzer schreiben:

$$[b_0, b_1, \ldots, b_{h-1}, \overline{b_h, b_{h+1}, \ldots, b_{h+k-1}}].$$

Der Zahlenkomplex $b_h, b_{h+1}, \ldots, b_{h+k-1}$ heißt *Periode*; der Zahlenkomplex $b_0, b_1, \ldots, b_{h-1}$ *Vorperiode*. Beginnt die Periode mit b_0, ist also eine Vorperiode nicht vorhanden, so heißt der Kettenbruch *reinperiodisch*, andernfalls *gemischtperiodisch*. Übrigens läßt sich formal jeder reinperiodische Kettenbruch auch als gemischtperiodischer schreiben: zum Beispiel ist ja offenbar

$$[\overline{b_0, b_1, \ldots, b_{k-1}}] = [b_0, \overline{b_1 \ldots, b_{k-1}, b_0}].$$

Das Anfangsglied b_0 eines reinperiodischen Kettenbruches ist positiv, da es auch an einer späteren Stelle wiederkehrt ($b_0 = b_k$).

Der Wert eines periodischen Kettenbruches läßt sich in geschlossener Form angeben. Wir betrachten zunächst einen reinperiodischen Kettenbruch

$$\xi_0 = \overline{[b_0, b_1, \ldots, b_{k-1}]}.$$

Wenn wir die vollständigen Quotienten wieder mit $\xi_1, \xi_2, \ldots$ bezeichnen, ist jetzt offenbar

$$\xi_k = \overline{[b_0, b_1, \ldots, b_{k-1}]} = \xi_0,$$

also mit Benutzung der Formel (4) des vorigen Paragraphen

$$\xi_0 = \frac{A_{k-1}\,\xi_k + A_{k-2}}{B_{k-1}\,\xi_k + B_{k-2}} = \frac{A_{k-1}\,\xi_0 + A_{k-2}}{B_{k-1}\,\xi_0 + B_{k-2}},$$

so daß sich für ξ_0 die folgende quadratische Gleichung ergibt:

$$B_{k-1}\,\xi_0^2 + (B_{k-2} - A_{k-1})\,\xi_0 - A_{k-2} = 0.$$

Sie hat eine positive und eine negative Wurzel; da aber $\xi_0 > b_0$, also positiv ist, ergibt sich durch Auflösung eindeutig:

$$\xi_0 = \frac{A_{k-1} - B_{k-2} + \sqrt{(A_{k-1} - B_{k-2})^2 + 4\,B_{k-1}\,A_{k-2}}}{2\,B_{k-1}}.$$

Als unendlicher Kettenbruch ist ξ_0 irrational, daher kann der Radikand kein Quadrat sein.

Bei einem gemischtperiodischen Kettenbruch

$$\xi_0 = [b_0, b_1, \ldots, b_{h-1}, \overline{b_h, b_{h+1}, \ldots, b_{h+k-1}}]$$

bemerke man zunächst, daß der vollständige Quotient ξ_h einem reinperiodischen Kettenbruch gleich ist, nämlich

$$\xi_h = \overline{[b_h, b_{h+1}, \ldots, b_{h+k-1}]}.$$

Man kann also ξ_h nach Obigem berechnen und erhält einen Ausdruck der Form

$$\xi_h = \frac{P + \sqrt{D}}{Q},$$

wo P, Q, D ganze Zahlen sind und D kein Quadrat. Dann läßt sich aber

$$\xi_0 = \frac{A_{h-1}\,\xi_h + A_{h-2}}{B_{h-1}\,\xi_h + B_{h-2}} = \frac{A_{h-1}\,P + A_{h-2}\,Q + A_{h-1}\sqrt{D}}{B_{h-1}\,P + B_{h-2}\,Q + B_{h-1}\sqrt{D}}$$

auf die gleiche Form bringen, indem man Zähler und Nenner mit der wegen der Irrationalität von $\sqrt{D}$ von 0 verschiedenen Zahl $B_{h-1}\,P + B_{h-2}\,Q - B_{h-1}\sqrt{D}$ multipliziert.

Eine irrationale Zahl der Form $\dfrac{P + \sqrt{D}}{Q}$, wo P, Q, D ganze Zahlen sind, oder was offenbar dasselbe sagt, eine irrationale Zahl, die einer quadratischen Gleichung mit ganzzahligen Koeffizienten genügt, heißt eine *quadratische*

Irrationalzahl. Mit dieser Terminologie können wir unser Resultat folgendermaßen formulieren:

Satz 43. *Ein periodischer regelmäßiger Kettenbruch stellt eine quadratische Irrationalzahl dar.*

Dieser Satz rührt von EULER her. Er gewinnt erhöhte Bedeutung dadurch, daß auch die Umkehrung gilt:

Satz 45. *Der regelmäßige Kettenbruch für eine quadratische Irrationalzahl ist stets periodisch.*

Für diese fundamentale Tatsache hat LAGRANGE den ersten Beweis erbracht. Wir folgen hier einem kürzeren Beweis von CHARVES. Die quadratische Gleichung, welcher ξ_0 genügt, sei

$$a\,\xi_0^2 + b\,\xi_0 + c = 0, \tag{1}$$

wo a, b, c ganze Zahlen. Wenn wir nun ξ_0 in einen regelmäßigen Kettenbruch entwickeln, so ist in unserer gewohnten Bezeichnung

$$\xi_0 = \frac{A_{\nu-1}\,\xi_\nu + A_{\nu-2}}{B_{\nu-1}\,\xi_\nu + B_{\nu-2}}.$$

Setzt man dies in (1) ein, so kommt

$$a\,(A_{\nu-1}\,\xi_\nu + A_{\nu-2})^2 + b\,(A_{\nu-1}\,\xi_\nu + A_{\nu-2})\,(B_{\nu-1}\,\xi_\nu + B_{\nu-2}) \\ + c\,(B_{\nu-1}\,\xi_\nu + B_{\nu-2})^2 = 0,$$

oder

$$p_\nu\,\xi_\nu^2 + q_\nu\,\xi_\nu + r_\nu = 0, \tag{2}$$

wobei

$$p_\nu = a\,A_{\nu-1}^2 + b\,A_{\nu-1}\,B_{\nu-1} + c\,B_{\nu-1}^2, \tag{3}$$

$$q_\nu = 2\,a\,A_{\nu-1}\,A_{\nu-2} + b\,(A_{\nu-1}\,B_{\nu-2} + A_{\nu-2}\,B_{\nu-1}) + 2\,c\,B_{\nu-1}\,B_{\nu-2}, \tag{4}$$

$$r_\nu = a\,A_{\nu-2}^2 + b\,A_{\nu-2}\,B_{\nu-2} + c\,B_{\nu-2}^2. \tag{5}$$

Gleichung (2) ist keine identische. Denn wäre $p_\nu = 0$, so würde ein Vergleich von (1) mit (3) lehren, daß die Gleichung (1) die rationale Wurzel $\frac{A_{\nu-1}}{B_{\nu-1}}$ hat; dann müßten aber beide Wurzeln rational sein, während doch ξ_0 irrational ist.

Mittels der Gleichungen (3), (4), (5) verifiziert man leicht:

$$q_\nu^2 - 4\,p_\nu\,r_\nu = (b^2 - 4\,ac)\,(A_{\nu-1}\,B_{\nu-2} - A_{\nu-2}\,B_{\nu-1})^2,$$

woraus wegen $A_{\nu-1}\,B_{\nu-2} - A_{\nu-2}\,B_{\nu-1} = (-1)^{\nu-2}$ folgt:

$$q_\nu^2 - 4\,p_\nu r_\nu = b^2 - 4\,ac. \tag{6}$$

Nun lehrt Formel (6) des vorigen Paragraphen, daß

$$\left|\xi_0 - \frac{A_{\nu-1}}{B_{\nu-1}}\right| < \frac{1}{B_{\nu-1}^2} \tag{7}$$

ist. Setzt man also

$$A_{\nu-1} - \xi_0 B_{\nu-1} = \frac{\delta_{\nu-1}}{B_{\nu-1}},$$

so ist $|\delta_{\nu-1}| < 1$. Aus (3) folgt dann aber:

$$p_\nu = a\left(\xi_0 B_{\nu-1} + \frac{\delta_{\nu-1}}{B_{\nu-1}}\right)^2 + b\left(\xi_0 B_{\nu-1} + \frac{\delta_{\nu-1}}{B_{\nu-1}}\right) B_{\nu-1} + c B_{\nu-1}^2$$

$$= (a\xi_0^2 + b\,\xi_0 + c)\,B_{\nu-1}^2 + 2\,a\,\xi_0\,\delta_{\nu-1} + a\,\frac{\delta_{\nu-1}^2}{B_{\nu-1}^2} + b\,\delta_{\nu-1},$$

also, da $a\,\xi_0^2 + b\,\xi_0 + c = 0$ ist,

$$|p_\nu| = \left|2\,a\,\xi_0\,\delta_{\nu-1} + a\,\frac{\delta_{\nu-1}^2}{B_{\nu-1}^2} + b\,\delta_{\nu-1}\right| < 2\,|a\,\xi_0| + |a| + |b|.$$

Unter der gleichen Schranke bleibt auch $|r_\nu|$, weil nach (3) und (5) ja $r_\nu = p_{\nu-1}$ ist. Endlich folgt aus (6):

$$\begin{aligned} q_\nu^2 &\leqq 4\,|p_\nu r_\nu| + |b^2 - 4\,ac| \\ &< 4\,(2\,|a\,\xi_0| + |a| + |b|)^2 + |b^2 - 4\,ac|. \end{aligned}$$

Hiernach bleiben die ganzen Zahlen p_ν, q_ν, r_ν absolut unter einer von ν unabhängigen Schranke. Unter den unendlich vielen Zahlentripeln (p_ν, q_ν, r_ν) findet sich also nur eine endliche Anzahl verschiedener, und daher ist mit Rücksicht auf (2) auch für die vollständigen Quotienten ξ_ν nur eine endliche Anzahl verschiedener Werte möglich. Unter den Zahlen der Folge $\xi_0, \xi_1, \xi_2 \ldots$ müssen also gleiche sein. Sei etwa $\xi_{h+k} = \xi_h$; das heißt aber

$$[b_{h+k}, b_{h+k+1}, b_{h+k+2}, \ldots] = [b_h, b_{h+1}, b_{h+2}, \ldots],$$

und weil eine unendliche regelmäßige Kettenbruchentwicklung nur auf eine Weise möglich ist, folgt hieraus:

$$b_{h+k+\nu} = b_{h+\nu} \quad (\nu = 0, 1, 2, \ldots),$$

also auch

$$b_{h+\nu+nk} = b_{h+\nu} \quad (\nu = 0, 1, \ldots, k-1;\ n = 1, 2, 3, \ldots),$$

womit die Periodizität bewiesen ist. Die Periode besteht aus dem Komplex der k Zahlen $b_h, b_{h+1}, \ldots, b_{h+k-1}$.

Beim CHARVESschen Beweis wurde die Kenntnis des Näherungsgesetzes (7) vorausgesetzt. Der LAGRANGEsche Originalbeweis kommt ohne diese Kenntnis aus, erfordert dafür aber eine wesentlich längere Rechnung. Jedoch sind in neuerer Zeit von BALLIEU und GONÇALVES Beweise gefunden worden, die sehr kurz sind und trotzdem das Näherungsgesetz nicht benutzen, ja nicht einmal die Tatsache, daß der Euklidische Algorithmus überhaupt einen konvergenten Kettenbruch liefert. Der Beweis von BALLIEU ist auch in des

Verfassers Buch „Die Lehre von den Kettenbrüchen" aufgenommen, der Beweis von GONÇALVES in den Sitzungsberichten der Bayerischen Akademie in noch etwas verkürzter Form vom Verfasser dargestellt.

Will man die quadratische Irrationalzahl

$$\xi_0 = \frac{\sqrt{D} + P_0}{Q_0}, \tag{7}$$

wo P_0, Q_0, D ganze Zahlen sind, wirklich in einen Kettenbruch entwickeln, so ist es vorteilhaft, wenn der Quotient

$$\frac{D - P_0^2}{Q_0} = Q_{-1}$$

eine ganze Zahl ist. Das kann nötigenfalls immer erreicht werden, indem man

$$\xi_0 = \frac{\sqrt{Dc^2} + P_0 c}{Q_0 c} = \frac{\sqrt{D'} + P_0'}{Q_0'}$$

setzt und die positive ganze Zahl c so wählt, daß

$$\frac{D' - P_0'^2}{Q_0'} = \frac{D - P_0^2}{Q_0} c$$

ganzzahlig wird.

Man erhält nach dieser Vorbereitung:

$$\xi_0 = b_0 + \frac{1}{\xi_1},$$

also

$$\xi_1 = \frac{1}{\xi_0 - b_0} = \frac{Q_0}{\sqrt{D} + P_0 - b_0 Q_0} = \frac{\sqrt{D} + b_0 Q_0 - P_0}{\frac{1}{Q_0}[D - (b_0 Q_0 - P_0)^2]} = \frac{\sqrt{D} + P_1}{Q_1};$$

dabei ist $$P_1 = b_0 Q_0 - P_0,$$

$$Q_1 = \frac{D - (b_0 Q_0 - P_0)^2}{Q_0} = \frac{D - P_0^2 + 2 b_0 P_0 Q_0 - b_0^2 Q_0^2}{Q_0} = Q_{-1} + 2 b_0 P_0 - b_0^2 Q_0.$$

Es sind also P_1, Q_1 ganze Zahlen, und außerdem ist

$$\frac{D - P_1^2}{Q_1} = \frac{D - (b_0 Q_0 - P_0)^2}{Q_1} = Q_0$$

wieder eine ganze Zahl. Folglich hat der Ausdruck

$$\xi_1 = \frac{\sqrt{D} + P_1}{Q_1}$$

ganz die gleichen Eigenschaften, die wir von dem Ausdruck (7) vorausgesetzt haben. Geht man daher in der Kettenbruchentwicklung einen Schritt weiter, so wird man auch für ξ_2 einen derartigen Ausdruck erhalten, und allgemein werden alle vollständigen Quotienten von der Form

$$\xi_\nu = \frac{\sqrt{D} + P_\nu}{Q_\nu}$$

sein, wo P_ν, Q_ν ganze Zahlen sind und $D - P_\nu^2$ durch Q_ν teilbar ist.

Beispiel. Statt $\xi_0 = \frac{20 - \sqrt{2}}{8}$ wird man zuerst schreiben:

$$\xi_0 = \frac{\sqrt{32} - 80}{-32}.$$

Dann liefert der Euklidische Algorithmus die folgende Gleichungskette:

$$\xi_0 = \frac{\sqrt{32} - 80}{-32} = 2 + \frac{\sqrt{32} - 16}{-32},$$

$$\xi_1 = \frac{-32}{\sqrt{32} - 16} = \frac{\sqrt{32} + 16}{7} = 3 + \frac{\sqrt{32} - 5}{7},$$

$$\xi_2 = \frac{7}{\sqrt{32} - 5} = \frac{\sqrt{32} + 5}{1} = 10 + \frac{\sqrt{32} - 5}{1},$$

$$\xi_3 = \frac{1}{\sqrt{32} - 5} = \frac{\sqrt{32} + 5}{7} = 1 + \frac{\sqrt{32} - 2}{7},$$

$$\xi_4 = \frac{7}{\sqrt{32} - 2} = \frac{\sqrt{32} + 2}{4} = 1 + \frac{\sqrt{32} - 2}{4},$$

$$\xi_5 = \frac{4}{\sqrt{32} - 2} = \frac{\sqrt{32} + 2}{7} = 1 + \frac{\sqrt{32} - 5}{7},$$

$$\xi_6 = \frac{7}{\sqrt{32} - 5}.$$

Es ist also $\xi_6 = \xi_2$, und man erhält den Kettenbruch:

$$\frac{20 - \sqrt{2}}{8} = [2, 3, \overline{10, 1, 1, 1}].$$

§ 32. Der regelmäßige Kettenbruch für die Zahl e

Ist k eine ganze positive Zahl, so ist die Reihe

$$\varphi_\nu = \sum_{n=0}^{\infty} \frac{2^\nu (\nu + n)!}{n!\,(2\nu + 2n)!} \left(\frac{1}{k}\right)^{\nu + 2n} \qquad (\nu = 0, 1, 2, \ldots)$$

konvergent und hat einen positiven Wert; denn ihre Glieder sind positiv und nicht größer als die Glieder der konvergenten Reihe

$$\sum_{n=0}^{\infty} \frac{2^\nu}{n!} \left(\frac{1}{k}\right)^{\nu+2n} = \left(\frac{2}{k}\right)^\nu e^{\left(\frac{1}{k}\right)^2}.$$

Insbesondere ist nach § 26

$$\varphi_0 = \sum_{n=0}^{\infty} \frac{1}{(2\,n)!} \left(\frac{1}{k}\right)^{2n} = \frac{1}{2}\left(e^{\frac{1}{k}} + e^{-\frac{1}{k}}\right),$$

$$\varphi_1 = \sum_{n=0}^{\infty} \frac{1}{(2\,n+1)!} \left(\frac{1}{k}\right)^{2n+1} = \frac{1}{2}\left(e^{\frac{1}{k}} - e^{-\frac{1}{k}}\right).$$

Nach den in § 17 angegebenen Rechenregeln für unendliche Reihen ergibt sich:

$$\varphi_\nu - (2\nu+1)\,k\,\varphi_{\nu+1} = \sum_{n=0}^{\infty}\left(\frac{2^\nu\,(\nu+n)!}{n!\,(2\,\nu+2\,n)!} - (2\,\nu+1)\frac{2^{\nu+1}\,(\nu+1+n)!}{n!\,(2\nu+2+2n)!}\right)\left(\frac{1}{k}\right)^{\nu+2n}$$

$$= \sum_{n=0}^{\infty} \frac{2^{\nu+2}\,(\nu+1+n)!\,n}{n!\,(2\,\nu+2+2\,n)!}\left(\frac{1}{k}\right)^{\nu+2n} \qquad (\nu = 0, 1, 2, \ldots).$$

Da hier das Reihenglied für $n = 0$ verschwindet, braucht man nur von $n = 1$ an zu summieren. Setzt man dann $n = m + 1$, so erhält man:

$$\varphi_\nu - (2\,\nu+1)\,k\,\varphi_{\nu+1} = \sum_{m=0}^{\infty} \frac{2^{\nu+2}\,(\nu+2+m)!}{m!\,(2\,\nu+4+2\,m)!}\left(\frac{1}{k}\right)^{\nu+2+2m} = \varphi_{\nu+2}\,.$$

Wenn man durch $\varphi_{\nu+1}$ dividiert und dann

$$\frac{\varphi_\nu}{\varphi_{\nu+1}} = \xi_\nu \quad (\nu = 0, 1, 2, \ldots),$$

also insbesondere

$$\xi_0 = \frac{e^{\frac{1}{k}} + e^{-\frac{1}{k}}}{e^{\frac{1}{k}} - e^{-\frac{1}{k}}} = \frac{e^{\frac{2}{k}} + 1}{e^{\frac{2}{k}} - 1}$$

setzt, so ergibt sich:

$$\xi_\nu = (2\,\nu+1)\,k + \frac{1}{\xi_{\nu+1}} \quad (\nu = 0, 1, 2, \ldots).$$

Da φ_ν, also auch $\xi_{\nu+1}$ positiv ist, so folgt hieraus: $\xi_\nu > (2\,\nu+1)\,k \geqq 1$. Daher ist auch $\xi_{\nu+1} > 1$, und folglich lehrt die letzte Formel, daß der EUKLIDische Algorithmus für die Zahl ξ_0 gerade die Gleichungskette liefert:

$$\xi_0 = k + \frac{1}{\xi_1}\,,\ \xi_1 = 3\,k + \frac{1}{\xi_2},\ \xi_2 = 5\,k + \frac{1}{\xi_3}, \ldots,$$

woraus für ξ_0 die folgende Kettenbruchentwicklung resultiert:

$$(1)\qquad \frac{e^{\frac{2}{k}}+1}{e^{\frac{2}{k}}-1} = \xi_0 = [k, 3\,k, 5\,k, 7\,k, \ldots] \qquad (k = 1, 2, 3, \ldots).$$

Insbesondere erhält man für $k = 2$:

$$(2)\qquad \frac{e+1}{e-1} = [2, 6, 10, 14, \ldots].$$

Da dieser Kettenbruch unendlich ist, schließen wir, daß die Zahl $\frac{e+1}{e-1}$ und folglich *auch e selbst irrational* ist. Außerdem sehen wir aber, daß e auch keine quadratische Irrationalzahl ist, weil der Kettenbruch (2) nicht periodisch ist.

Die Formeln (1), (2) stammen von L. Euler. Für die Zahl e selbst hat Euler zunächst durch numerische Rechnung die folgende Kettenbruchdarstellung erraten und dann auch mit Hilfe von (2) wirklich bewiesen:

$$(3)\qquad e = [2, 1, 2, 1, 1, 4, 1, 1, 6, 1, 1, 8, 1, 1, \ldots],$$

oder in leicht verständlicher Abkürzung

$$(3\text{a})\qquad e = [2, \overline{1, 2\,\lambda, 1}]_{\lambda=1}^{\infty}\,.$$

Um diese Formel zu beweisen, bezeichnen wir die Näherungsbrüche des Kettenbruches (3) in gewohnter Weise mit $\frac{A_\nu}{B_\nu}$, die des Kettenbruches (2) aber mit $\frac{C_\nu}{D_\nu}$. Dann ist z. B.

$$\frac{A_0}{B_0} = \frac{2}{1}, \quad \frac{A_1}{B_1} = \frac{3}{1}, \quad \frac{A_2}{B_2} = \frac{8}{3}, \quad \frac{A_3}{B_3} = \frac{11}{4}, \quad \frac{A_4}{B_4} = \frac{19}{7},$$

$$\frac{C_0}{D_0} = \frac{2}{1}, \quad \frac{C_1}{D_1} = \frac{13}{6}.$$

Hieraus ersieht man

$$(4)\qquad \begin{cases} A_1 = C_0 + D_0, & A_4 = C_1 + D_1, \\ B_1 = C_0 - D_0, & B_4 = C_1 - D_1. \end{cases}$$

Die Rekursionsformeln für C_ν, D_ν sind:

$$(5)\qquad \begin{cases} C_\nu = (2 + 4\,\nu)\, C_{\nu-1} + C_{\nu-2} & (\nu \geqq 2), \\ D_\nu = (2 + 4\,\nu)\, D_{\nu-1} + D_{\nu-2} & (\nu \geqq 2). \end{cases}$$

Für A_ν dagegen besagen die Rekursionsformeln, wenn $\nu \geqq 2$ ist,

$$\begin{array}{ll|r} A_{3\nu-3} = A_{3\nu-4} + A_{3\nu-5} & & 1 \\ A_{3\nu-2} = A_{3\nu-3} + A_{3\nu-4} & & -1 \\ A_{3\nu-1} = 2\,\nu\, A_{3\nu-2} + A_{3\nu-3} & & 2 \\ A_{3\nu} \;\;\;= A_{3\nu-1} + A_{3\nu-2} & & 1 \\ A_{3\nu+1} = A_{3\nu} \;\;\; + A_{3\nu-1} & & 1 \end{array}$$

und entsprechend auch für B_ν. Addiert man diese Gleichungen zueinander, nachdem man sie mit den beigeschriebenen Faktoren multipliziert hat, so ergibt sich, wenn gleich die entsprechende Gleichung für B_ν hinzugefügt wird:

$$(6)\quad \begin{cases} A_{3\nu+1} = (2 + 4\,\nu)\, A_{3\nu-2} + A_{3\nu-5} \quad (\nu \geqq 2), \\ B_{3\nu+1} = (2 + 4\,\nu)\, B_{3\nu-2} + B_{3\nu-5} \quad (\nu \geqq 2). \end{cases}$$

Daraus folgt nun leicht:

$$(7)\qquad A_{3\nu+1} = C_\nu + D_\nu,\ B_{3\nu+1} = C_\nu - D_\nu \ (\nu = 0, 1, 2, \ldots).$$

Denn diese Gleichungen gelten, wie ein Vergleich der Rekursionsformeln (5) mit (6) zeigt, für jeden Wert ν ($\geqq 2$), sobald sie für die beiden nächstkleineren ν-Werte richtig sind; für $\nu = 0$ und $\nu = 1$ sind sie aber nach (4) in der Tat richtig.

Nun ist der Kettenbruch (3) gleich $\lim\limits_{\nu \to \infty} \dfrac{A_\nu}{B_\nu}$, also auch gleich

$$\lim_{\nu \to \infty} \frac{A_{3\nu+1}}{B_{3\nu+1}} = \lim_{\nu \to \infty} \frac{C_\nu + D_\nu}{C_\nu - D_\nu} = \lim_{\nu \to \infty} \frac{\dfrac{C_\nu}{D_\nu} + 1}{\dfrac{C_\nu}{D_\nu} - 1} = \frac{\lim\limits_{\nu \to \infty} \dfrac{C_\nu}{D_\nu} + 1}{\lim\limits_{\nu \to \infty} \dfrac{C_\nu}{D_\nu} - 1}.$$

Da aber nach (2)

$$\lim_{\nu \to \infty} \frac{C_\nu}{D_\nu} = \frac{e+1}{e-1}$$

ist, so ergibt sich:

$$\lim_{\nu \to \infty} \frac{A_{3\nu+1}}{B_{3\nu+1}} = \frac{\dfrac{e+1}{e-1} + 1}{\dfrac{e+1}{e-1} - 1} = e,$$

womit Formel (3) bewiesen ist.

§ 33. Die Cantorschen Reihen

Außer den p-albrüchen und Kettenbrüchen gibt es noch einige andere Darstellungsformen für reelle Zahlen, die ebenfalls jede Zahl als Grenzwert einer Folge von rationalen Zahlen ausdrücken, also insbesondere die irrationalen Zahlen durch rationale beliebig zu approximieren gestatten. Zunächst rührt von G. CANTOR die folgende Verallgemeinerung der p-albrüche her: Sei $p_1, p_2, p_3, \ldots$ eine fest gegebene Folge ganzer Zahlen, und zwar

$$p_\nu \geqq 2 \quad (\nu = 1, 2, 3, \ldots).$$

Wenn dann γ_0 eine beliebige Zahl ist, so sei c_0 die größte darin enthaltene ganze Zahl. Setzt man

$$\gamma_0 = c_0 + \frac{\gamma_1}{p_1},$$

so ist $0 \leqq \gamma_1 < p_1$, und wenn c_1 die größte in γ_1 enthaltene ganze Zahl bedeutet, ist auch

$$\gamma_1 = c_1 + \frac{\gamma_2}{p_2},$$

wobei $0 \leqq \gamma_2 < p_2$. In dieser Weise kann man fortfahren und erhält allgemein:

$$\left.\begin{aligned} \gamma_\nu &= c_\nu + \frac{\gamma_{\nu+1}}{p_{\nu+1}}, \\ 0 &\leqq \gamma_{\nu+1} < p_{\nu+1} \end{aligned}\right\} \quad (\nu = 0, 1, 2, \ldots).$$

Wir wollen diesen Prozeß als CANTOR*schen Algorithmus* bezeichnen; für den Spezialfall $p_\nu = p$ ist es offenbar der p-ale Algorithmus. Aus den Gleichungen

$$\begin{array}{l|l} \gamma_0 = c_0 + \dfrac{\gamma_1}{p_1} & 1 \\ \gamma_1 = c_1 + \dfrac{\gamma_2}{p_2} & \dfrac{1}{p_1} \\ \text{-----------} & \text{---} \\ \gamma_n = c_n + \dfrac{\gamma_{n+1}}{p_{n+1}} & \dfrac{1}{p_1 p_2 \cdots p_n} \end{array}$$

ergibt sich, wenn man sie mit den beigeschriebenen Faktoren multipliziert und dann zueinander addiert,

$$\gamma_0 = c_0 + \sum_{\nu=1}^{n} \frac{c_\nu}{p_1 p_2 \cdots p_\nu} + \frac{\gamma_{n+1}}{p_1 p_2 \cdots p_{n+1}}. \tag{1}$$

Da aber

$$0 \leqq \frac{\gamma_{n+1}}{p_1 p_2 \cdots p_{n+1}} < \frac{1}{p_1 p_2 \cdots p_n} \leqq \frac{1}{2^n},$$

so folgt aus (1), indem man n über alle Grenzen wachsen läßt:

$$\gamma_0 = c_0 + \sum_{\nu=1}^{\infty} \frac{c_\nu}{p_1 p_2 \cdots p_\nu}.$$

Für $\nu \geqq 1$ kann c_ν als größte in γ_ν enthaltene ganze Zahl wegen $0 \leqq \gamma_\nu < p_\nu$ nur einen der Werte $0, 1, \ldots, p_\nu - 1$ haben. Wir wollen zeigen, daß unendlich oft sogar $c_\nu \leqq p_\nu - 2$ ist. Wäre nämlich von einem gewissen ν an, etwa für $\nu \geqq n$ stets $c_\nu = p_\nu - 1$, so hätte man:

$$\gamma_\nu = p_\nu - 1 + \frac{\gamma_{\nu+1}}{p_{\nu+1}} \qquad (\nu = n, n+1, n+2, \ldots),$$

oder etwas anders geschrieben:

$$p_\nu - \gamma_\nu = \frac{p_{\nu+1} - \gamma_{\nu+1}}{p_{\nu+1}} \qquad (\nu = n, n+1, n+2, \ldots).$$

Daher auch

$$p_n - \gamma_n = \frac{p_{n+1} - \gamma_{n+1}}{p_{n+1}} = \frac{p_{n+2} - \gamma_{n+2}}{p_{n+1}\, p_{n+2}} = \frac{p_{n+3} - \gamma_{n+3}}{p_{n+1}\, p_{n+2}\, p_{n+3}} = \cdots.$$

Somit wäre, wenn r eine beliebig große ganze Zahl bedeutet,

$$p_n - \gamma_n = \frac{p_{n+r+1} - \gamma_{n+r+1}}{p_{n+1}\, p_{n+2} \cdots p_{n+r+1}} \leqq \frac{1}{p_{n+1}\, p_{n+2} \cdots p_{n+r}} \leqq \frac{1}{2^r},$$

also auch $p_n - \gamma_n \leqq 0$, während doch $\gamma_n < p_n$ ist.

Weitere Beschränkungen für die Zahlen c_ν gibt es nicht. Vielmehr gilt die folgende Verallgemeinerung von Satz 40:

Satz 46. *Wenn $p_1, p_2, p_3, \ldots$ eine gegebene Folge ganzer Zahlen ist, die alle größer als 1 sind, so läßt sich jede Zahl γ_0 auf eine und nur eine Weise als unendliche Reihe der Form*

$$\gamma_0 = c_0 + \sum_{\nu=1}^{\infty} \frac{c_\nu}{p_1\, p_2 \cdots p_\nu}$$

darstellen, wenn man verlangt, daß die c_ν ganze Zahlen sind und den Ungleichungen

$$0 \leqq c_\nu \leqq p_\nu - 1 \quad \textit{für } \nu \geqq 1,$$
$$c_\nu \leqq p_\nu - 2 \quad \textit{für unendlich viele } \nu$$

genügen. Man findet die Zahlen c_ν durch den CANTOR*schen Algorithmus. — Umgekehrt ist auch jede derartige Reihe konvergent, stellt also eine gewisse Zahl dar.*

Daß es mindestens eine solche Darstellung gibt, nämlich die aus dem CANTORschen Algorithmus hervorgehende, ist bereits gezeigt, Die übrigen Behauptungen des Satzes werden bewiesen sein, wenn wir zeigen können, daß jede Reihe der fraglichen Form — wir wollen sie kurz als eine *CANTORsche Reihe* bezeichnen — konvergiert, also einer Zahl γ_0 gleich ist, und daß die Anwendung des CANTORschen Algorithmus auf diese Zahl γ_0 gerade die Zahlen $c_0, c_1, c_2, \ldots$ hervorbringt. Dazu setzen wir

$$s_\lambda^{(n)} = c_\lambda + \sum_{\nu=1}^{n} \frac{c_{\lambda+\nu}}{p_{\lambda+1} \cdots p_{\lambda+\nu}} \qquad (\lambda = 0, 1, 2, \ldots;\ n = 1, 2, 3, \ldots).$$

Dann ist $s_\lambda^{(n)} \geqq c_\lambda$, und die Folge der Zahlen

$$s_\lambda^{(1)},\ s_\lambda^{(2)},\ s_\lambda^{(3)},\ \ldots$$

ist monoton wachsend. Sie ist aber außerdem beschränkt. Denn da nach Voraussetzung durchweg $c_{\lambda+\nu} \leqq p_{\lambda+\nu} - 1$ und für einen gewissen Index μ sogar $c_{\lambda+\mu} \leqq p_{\lambda+\mu} - 2$ ist, so ergibt sich für $n \geqq \mu$:

$$\begin{aligned} s_\lambda^{(n)} &\leqq c_\lambda + \sum_{\nu=1}^{n} \frac{p_{\lambda+\nu} - 1}{p_{\lambda+1} \cdots p_{\lambda+\nu}} - \frac{1}{p_{\lambda+1} \cdots p_{\lambda+\mu}} \\ &= c_\lambda + \left(1 - \frac{1}{p_{\lambda+1}}\right) + \left(\frac{1}{p_{\lambda+1}} - \frac{1}{p_{\lambda+1}\, p_{\lambda+2}}\right) + \cdots \\ &\quad + \left(\frac{1}{p_{\lambda+1} \cdots p_{\lambda+n-1}} - \frac{1}{p_{\lambda+1} \cdots p_{\lambda+n}}\right) - \frac{1}{p_{\lambda+1} \cdots p_{\lambda+\mu}} \\ &= c_\lambda + 1 - \frac{1}{p_{\lambda+1} \cdots p_{\lambda+n}} - \frac{1}{p_{\lambda+1} \cdots p_{\lambda+\mu}} \\ &< c_\lambda + 1 - \frac{1}{p_{\lambda+1} \cdots p_{\lambda+\mu}}. \end{aligned}$$

Aus der Beschränktheit folgt aber die Existenz des Grenzwerts $\lim\limits_{n \to \infty} s_\lambda^{(n)}$, den wir mit γ_λ bezeichnen wollen, also

$$\gamma_\lambda = \lim_{n \to \infty} s_\lambda^{(n)} = c_\lambda + \sum_{\nu=1}^{\infty} \frac{c_{\lambda+\nu}}{p_{\lambda+1} \cdots p_{\lambda+\nu}} \qquad (\lambda = 0, 1, 2, \ldots).$$

Außerdem wird mit Rücksicht auf die obige Abschätzung von $s_\lambda^{(n)}$

$$c_\lambda \leqq \gamma_\lambda \leqq c_\lambda + 1 - \frac{1}{p_{\lambda+1} \cdots p_{\lambda+\mu}}$$

sein, also gewiß

$$c_\lambda \leqq \gamma_\lambda < c_\lambda + 1,$$

so daß c_λ die größte in γ_λ enthaltene ganze Zahl ist.

Da aber aus der Definition der Zahlen $s_\lambda^{(n)}$ unmittelbar die Gleichung

$$s_\lambda^{(n)} = c_\lambda + \frac{s_{\lambda+1}^{(n-1)}}{p_{\lambda+1}} \qquad (\lambda = 0, 1, 2, \ldots)$$

folgt, so ist auch, wie sich durch Übergang zur Grenze $n \to \infty$ ergibt,

$$\gamma_\lambda = c_\lambda + \frac{\gamma_{\lambda+1}}{p_{\lambda+1}} \qquad (\lambda = 0, 1, 2, \ldots).$$

Das besagt aber, daß der Cantorsche Algorithmus, wenn man ihn auf die Zahl

$$\gamma_0 = c_0 + \sum_{\nu=1}^{\infty} \frac{c_\nu}{p_1\, p_2 \cdots p_\nu}$$

anwendet, gerade die Folge $c_0, c_1, c_2, \ldots$ hervorbringt. W. z. b. w.

Wir nehmen jetzt an, die Folge $p_1, p_2, p_3, \ldots$ sei so beschaffen, daß jede Primzahl in unendlich vielen p_ν als Teiler enthalten ist; das ist z. B. für $p_\nu = \nu + 1$ der Fall. Die Folge davon ist, daß zu jeder ganzen positiven Zahl b stets ein Index n gefunden werden kann derart, daß das Produkt $p_1 p_2 \ldots p_n$ durch b teilbar ist.

Nun sei $\frac{a}{b}$ eine beliebige *rationale* Zahl; wenn man auf sie den CANTORschen Algorithmus anwendet, erhält man die Gleichung [vgl. (1)]:

$$\frac{a}{b} = c_0 + \sum_{\nu=1}^{n} \frac{c_\nu}{p_1 p_2 \ldots p_\nu} + \frac{\gamma_{n+1}}{p_1 p_2 \ldots p_{n+1}}.$$

Multipliziert man mit $p_1 p_2 \ldots p_n$, so folgt hieraus:

$$\frac{a}{b} p_1 p_2 \ldots p_n = c_0 p_1 p_2 \ldots p_n + \sum_{\nu=1}^{n} c_\nu \frac{p_1 p_2 \ldots p_n}{p_1 p_2 \ldots p_\nu} + \frac{\gamma_{n+1}}{p_{n+1}}.$$

Bei geeigneter Wahl von n ist aber das Produkt $p_1 p_2 \ldots p_n$ durch b teilbar, so daß links eine ganze Zahl steht. In der Summe rechts ist ebenfalls jedes Glied ganz, weil sich alle Faktoren des Nenners gegen solche des Zählers wegheben. Daher muß auch $\frac{\gamma_{n+1}}{p_{n+1}}$ eine ganze Zahl sein, wegen $0 \leqq \gamma_{n+1} < p_{n+1}$ also $\gamma_{n+1} = 0$. Dann ergibt aber der CANTORsche Algorithmus der Reihe nach:

$$\begin{aligned} c_{n+1} &= 0, \quad \gamma_{n+2} = 0, \\ c_{n+2} &= 0, \quad \gamma_{n+3} = 0, \\ &- - - - - - - - . \end{aligned}$$

Die c_ν verschwinden also sämtlich für $\nu > n$. Umgekehrt, wenn die c_ν für $\nu > n$ alle verschwinden, so ist offenbar, daß die CANTORsche Reihe auch stets eine *rationale* Zahl darstellt; denn sie ist ja in diesem Fall gleich der endlichen Summe

$$c_0 + \sum_{\nu=1}^{n} \frac{c_\nu}{p_1 p_2 \ldots p_\nu}.$$

Somit ergibt sich

Satz 47. *Ist die Folge $p_1, p_2, p_3, \ldots$ in Satz 46 so beschaffen, daß jede Primzahl in unendlich vielen Zahlen der Folge als Teiler enthalten ist, so ist der Wert der CANTORschen Reihe dann und nur dann rational, wenn die Zahlen c_ν von einer gewissen Stelle an alle verschwinden.*

Beispiel. Die Reihe

$$e = 2 + \sum_{\nu=1}^{\infty} \frac{1}{(\nu + 1)!} = 2 + \sum_{\nu=1}^{\infty} \frac{1}{2 \cdot 3 \cdot \ldots (\nu + 1)}$$

für die Basis der natürlichen Logarithmen ist augenscheinlich eine CANTORsche Reihe mit $p_\nu = \nu + 1$. Da die Zähler c_ν alle gleich 1 sind, ergibt sich aus Satz 47 erneut die Irrationalität der Zahl e.

§ 34. Die Reihen von Lüroth, Engel und Sylvester

Wenn γ eine beliebige Zahl ist, so sei c die größte ganze Zahl, die kleiner ist als γ, die also durch die Ungleichungen

$$c < \gamma \leqq c + 1$$

eindeutig bestimmt ist. Setzt man dann

$$\gamma = c + \frac{1}{\alpha_1}, \tag{1}$$

so ist $\alpha_1 \geqq 1$. Bezeichnet man mit $q_1 - 1$ die größte in α_1 enthaltene ganze Zahl, so gelten die Ungleichungen

$$q_1 \geqq 2,$$

$$q_1 - 1 \leqq \alpha_1 < q_1,$$

also auch

$$\frac{1}{q_1} < \frac{1}{\alpha_1} \leqq \frac{1}{q_1 - 1} = \frac{1}{q_1} + \frac{1}{(q_1 - 1)\, q_1}.$$

Wenn daher r_1 irgendeine positive ganze Zahl ist, und wenn

$$\frac{1}{\alpha_1} = \frac{1}{q_1} + \frac{r_1}{(q_1 - 1)\, q_1} \frac{1}{\alpha_2}$$

gesetzt wird, so ist $\alpha_2 \geqq r_1$. Bezeichnet man daher mit $q_2 - 1$ die größte in α_2 enthaltene ganze Zahl, so ist

$$q_2 \geqq r_1 + 1,$$

$$q_2 - 1 \leqq \alpha_2 < q_2.$$

Wenn also r_2 wieder eine beliebige positive ganze Zahl ist, und wenn

$$\frac{1}{\alpha_2} = \frac{1}{q_2} + \frac{r_2}{(q_2 - 1)\, q_2} \frac{1}{\alpha_3}$$

gesetzt wird, so ist analog wie oben auch $\alpha_3 \geqq r_2$. In dieser Weise kann man unbegrenzt fortfahren und erhält allgemein:

$$q_\nu \geqq r_{\nu-1} + 1 \qquad (\nu = 1, 2, 3, \ldots), \tag{2}$$

$$q_\nu - 1 \leqq \alpha_\nu < q_\nu \qquad (\nu = 1, 2, 3, \ldots), \tag{3}$$

$$\frac{1}{\alpha_\nu} = \frac{1}{q_\nu} + \frac{r_\nu}{(q_\nu - 1)\, q_\nu} \frac{1}{\alpha_{\nu+1}} \qquad (\nu = 1, 2, 3, \ldots), \tag{4}$$

wobei $r_0 = 1$ zu setzen ist.

Der Kürze halber werde nun

$$(q_\nu - 1)\, q_\nu = s_\nu \qquad (\nu = 1, 2, 3, \ldots) \tag{5}$$

gesetzt. Dann gelten nach (4) die Gleichungen

$$\begin{array}{l|l}
\dfrac{1}{\alpha_1} = \dfrac{1}{q_1} + \dfrac{r_1}{s_1}\dfrac{1}{\alpha_2} & 1 \\
\dfrac{1}{\alpha_2} = \dfrac{1}{q_2} + \dfrac{r_2}{s_2}\dfrac{1}{\alpha_3} & \dfrac{r_1}{s_1} \\
-\ -\ -\ -\ -\ -\ -\ -\ - & -\ -\ - \\
\dfrac{1}{\alpha_n} = \dfrac{1}{q_n} + \dfrac{r_n}{s_n}\dfrac{1}{\alpha_{n+1}} & \dfrac{r_1 r_2 \ldots r_{n-1}}{s_1 s_2 \ldots s_{n-1}}.
\end{array}$$

Aus diesen folgt, indem man sie mit den beigeschriebenen Faktoren multipliziert und dann zueinander addiert,

$$\frac{1}{\alpha_1} = \frac{1}{q_1} + \sum_{\nu=1}^{n-1} \frac{r_1 r_2 \ldots r_\nu}{s_1 s_2 \ldots s_\nu} \frac{1}{q_{\nu+1}} + \frac{r_1 r_2 \ldots r_n}{s_1 s_2 \ldots s_n} \frac{1}{\alpha_{n+1}}.$$

Analog ist auch

$$(6) \qquad \frac{1}{\alpha_\lambda} = \frac{1}{q_\lambda} + \sum_{\nu=1}^{n-1} \frac{r_\lambda r_{\lambda+1} \ldots r_{\lambda+\nu-1}}{s_\lambda s_{\lambda+1} \ldots s_{\lambda+\nu-1}} \frac{1}{q_{\lambda+\nu}} + \frac{r_\lambda r_{\lambda+1} \ldots r_{\lambda+n-1}}{s_\lambda s_{\lambda+1} \ldots s_{\lambda+n-1}} \frac{1}{\alpha_{\lambda+n}} \qquad (\lambda = 1, 2, 3, \ldots).$$

Für $n = 1$ fallen die Summen auf der rechten Seite weg.

In Gleichung (6) gilt für das letzte Glied auf der rechten Seite mit Rücksicht auf (2), (5) und (3) die Abschätzung:

$$\frac{r_\lambda r_{\lambda+1} \ldots r_{\lambda+n-1}}{s_\lambda s_{\lambda+1} \ldots s_{\lambda+n-1}} \frac{1}{\alpha_{\lambda+n}} \leqq \frac{(q_{\lambda+1} - 1)(q_{\lambda+2} - 1) \ldots (q_{\lambda+n} - 1)}{(q_\lambda - 1) q_\lambda \ldots (q_{\lambda+n-1} - 1) q_{\lambda+n-1}} \frac{1}{q_{\lambda+n} - 1}$$

$$= \frac{1}{(q_\lambda - 1) q_\lambda q_{\lambda+1} \ldots q_{\lambda+n-1}} \leqq \frac{1}{2^n}.$$

Daher ergibt sich aus (6) durch Übergang zur Grenze $n \to \infty$:

$$(7) \qquad \frac{1}{\alpha_\lambda} = \frac{1}{q_\lambda} + \sum_{\nu=1}^{\infty} \frac{r_\lambda r_{\lambda+1} \ldots r_{\lambda+\nu-1}}{s_\lambda s_{\lambda+1} \ldots s_{\lambda+\nu-1}} \frac{1}{q_{\lambda+\nu}} \qquad (\lambda = 1, 2, 3, \ldots).$$

Insbesondere für $\lambda = 1$ kommt, wenn man noch beiderseits sie Zahl c addiert und Formel (1) berücksichtigt,

$$(8) \qquad \gamma = c + \frac{1}{q_1} + \sum_{\nu=1}^{\infty} \frac{r_1 r_2 \ldots r_\nu}{s_1 s_2 \ldots s_\nu} \frac{1}{q_{\nu+1}}.$$

Betrachtet man umgekehrt eine beliebige Reihe dieser Form, wobei die q_ν, r_ν, s_ν irgendwelche positive ganze Zahlen sind, die den Forderungen (2) und (5) genügen, so sieht man leicht, daß die Reihe konvergiert. Denn ihre

Partialsummen sind monoton wachsend und beschränkt, wie die folgende Abschätzung zeigt:

$$\frac{1}{q_1}+\sum_{\nu=1}^{n-1}\frac{r_1 r_2\ldots r_\nu}{s_1 s_2\ldots s_\nu}\,\frac{1}{q_{\nu+1}}\leqq\frac{1}{q_1}+\sum_{\nu=1}^{n-1}\frac{(q_2-1)\ldots(q_{\nu+1}-1)}{q_1(q_1-1)\ldots q_\nu(q_\nu-1)}\,\frac{1}{q_{\nu+1}}$$

$$=\frac{q_1-1}{(q_1-1)\,q_1}+\sum_{\nu=1}^{n-1}\frac{q_{\nu+1}-1}{(q_1-1)\,q_1 q_2\ldots q_{\nu+1}}$$

$$=\frac{1}{q_1-1}\left[1-\frac{1}{q_1}+\sum_{\nu=1}^{n-1}\left(\frac{1}{q_1 q_2\ldots q_\nu}-\frac{1}{q_1 q_2\ldots q_{\nu+1}}\right)\right]$$

$$=\frac{1}{q_1-1}\left[1-\frac{1}{q_1 q_2\ldots q_n}\right]<\frac{1}{q_1-1}.$$

Für die unendliche Reihe selbst ergibt sich hieraus die Abschätzung

$$\frac{1}{q_1}<\frac{1}{q_1}+\sum_{\nu=1}^{\infty}\frac{r_1 r_2\ldots r_\nu}{s_1 s_2\ldots s_\nu}\,\frac{1}{q_{\nu+1}}\leqq\frac{1}{q_1-1},$$

und analog ist auch

$$\text{(9)}\qquad \frac{1}{q_\lambda}<\frac{1}{q_\lambda}+\sum_{\nu=1}^{\infty}\frac{r_\lambda r_{\lambda+1}\ldots r_{\lambda+\nu-1}}{s_\lambda s_{\lambda+1}\ldots s_{\lambda+\nu-1}}\,\frac{1}{q_{\lambda+\nu}}\leqq\frac{1}{q_\lambda-1}\qquad(\lambda=1,2,3,\ldots).$$

Bei dem oben beschriebenen Prozeß, um zu solchen Reihen zu gelangen, konnten die positiven ganzen Zahlen r_ν völlig willkürlich gewählt werden. Wir wollen jetzt drei spezielle Arten besonders untersuchen:

Erste Art. $r_\nu = 1$. Die betreffenden Reihen heißen LÜROTH*sche Reihen*; nach (2) muß dann lediglich $q_\nu \geqq 2$ für $\nu \geqq 1$ sein.

Zweite Art. $r_\nu = q_\nu - 1$. Die betreffenden Reihen heißen ENGEL*sche Reihen*. Nach (2) ist dann $q_1 \geqq 2$ und außerdem $q_\nu \geqq q_{\nu-1}$ für $\nu \geqq 2$.

Dritte Art. $r_\nu = (q_\nu - 1)\,q_\nu$. Die betreffenden Reihen heißen SYLVESTER*sche Reihen*. Dann ist $q_1 \geqq 2$ und nach (2) außerdem $q_\nu \geqq (q_{\nu-1} - 1)\,q_{\nu-1} + 1$ für $\nu \geqq 2$.

Für diese drei Arten von Reihen gelten die folgenden Sätze:

Satz 48. *Jede Zahl γ läßt sich auf eine und nur eine Weise in eine* LÜROTH*sche Reihe*

$$\gamma=c+\frac{1}{q_1}+\sum_{\nu=1}^{\infty}\frac{1}{(q_1-1)\,q_1\,(q_2-1)\,q_2\ldots(q_\nu-1)\,q_\nu}\,\frac{1}{q_{\nu+1}}$$

entwickeln, d. h. eine Reihe, bei der c und q_ν ganze Zahlen sind, und zwar $q_\nu \geqq 2$ für $\nu \geqq 1$. Umgekehrt ist jede solche Reihe konvergent. Ihr Wert ist dann und nur dann rational, wenn die Zahlenfolge $q_1, q_2, q_3, \ldots$ periodisch ist.

Satz 49. *Jede Zahl γ läßt sich auf eine und nur eine Weise in eine* ENGEL*sche Reihe*

$$\gamma = c + \sum_{\nu=0}^{\infty} \frac{1}{q_1 q_2 \dots q_{\nu+1}}$$

entwickeln, d. h. eine Reihe, bei der c und q_ν ganze Zahlen sind, die den Ungleichungen

$$q_1 \geqq 2$$
$$q_{\nu+1} \geqq q_\nu \quad (\nu = 1, 2, 3, \dots)$$

genügen. Umgekehrt ist jede Reihe dieser Form konvergent. Ihr Wert ist dann und nur dann rational, wenn in der vorstehenden Ungleichung für hinreichend große Werte von ν dauernd das Gleichheitszeichen gilt.

Satz 50. *Jede Zahl γ läßt sich auf eine und nur eine Weise in eine* SYLVESTER*sche Reihe*

$$\gamma = c + \sum_{\nu=0}^{\infty} \frac{1}{q_{\nu+1}}$$

entwickeln, d. h. eine Reihe, bei der c und q_ν ganze Zahlen sind, die den Ungleichungen

$$q_1 \geqq 2$$
$$q_{\nu+1} \geqq (q_\nu - 1)\, q_\nu + 1 \quad (\nu = 1, 2, 3, \dots)$$

genügen. Umgekehrt ist jede Reihe dieser Form konvergent. Ihr Wert ist dann und nur dann rational, wenn in der vorstehenden Ungleichung für hinreichend große Werte von ν dauernd das Gleichheitszeichen gilt.

Daß derartige Reihenentwicklungen möglich sind, ist bereits gezeigt; ebenso daß alle Reihen der angegebenen Arten konvergieren. Es bleibt also außer den Irrationalitätskriterien bloß noch zu beweisen, daß die Darstellungen *nur auf eine* Weise möglich sind. Seien daher

$$\gamma = c + \frac{1}{q_1} + \sum_{\nu=1}^{\infty} \frac{r_1 r_2 \dots r_\nu}{s_1 s_2 \dots s_\nu} \frac{1}{q_{\nu+1}},$$
$$\gamma = c' + \frac{1}{q_1'} + \sum_{\nu=1}^{\infty} \frac{r_1' r_2' \dots r_\nu'}{s_1' s_2' \dots s_\nu'} \frac{1}{q_{\nu+1}'}$$

zwei Darstellungen von gleicher Art für eine und dieselbe Zahl γ. Bei allen drei Arten muß, wenn für einen gewissen Index ν einmal $q_\nu = q_\nu'$ ist, offenbar auch $r_\nu = r_\nu'$, $s_\nu = s_\nu'$ sein. Setzt man nun

$$(10)\quad \begin{cases} \dfrac{1}{q_\lambda} + \displaystyle\sum_{\nu=1}^{\infty} \frac{r_\lambda r_{\lambda+1} \dots r_{\lambda+\nu-1}}{s_\lambda s_{\lambda+1} \dots s_{\lambda+\nu-1}} \frac{1}{q_{\lambda+\nu}} = \frac{1}{\alpha_\lambda} & (\lambda = 1, 2, 3, \dots), \\ \dfrac{1}{q_\lambda'} + \displaystyle\sum_{\nu=1}^{\infty} \frac{r_\lambda' r_{\lambda+1}' \dots r_{\lambda+\nu-1}'}{s_\lambda' s_{\lambda+1}' \dots s_{\lambda+\nu-1}'} \frac{1}{q_{\lambda+\nu}'} = \frac{1}{\alpha_\lambda'} & (\lambda = 1, 2, 3, \dots), \end{cases}$$

so ist nach (9)

$$\frac{1}{q_\lambda} < \frac{1}{\alpha_\lambda} \leqq \frac{1}{q_\lambda - 1}, \quad \frac{1}{q'_\lambda} < \frac{1}{\alpha'_\lambda} \leqq \frac{1}{q'_\lambda - 1},$$

oder also

$$(11) \qquad q_\lambda - 1 \leqq \alpha_\lambda < q_\lambda, \quad q'_\lambda - 1 \leqq \alpha'_\lambda < q'_\lambda.$$

Außerdem ist offenbar

$$\gamma = c + \frac{1}{\alpha_1}, \quad \gamma = c' + \frac{1}{\alpha'_1}.$$

Daher ist sowohl c als c' die größte ganze Zahl, die kleiner ist als γ, also $c = c'$ und folglich auch $\alpha_1 = \alpha'_1$. Aus (11) für $\lambda = 1$ schließt man dann, daß sowohl $q_1 - 1$ als $q'_1 - 1$ die größte in $\alpha_1 = \alpha'_1$ enthaltene ganze Zahl ist; also $q_1 = q'_1$, und folglich auch $r_1 = r'_1$, $s_1 = s'_1$. Aus (10) folgt aber weiter:

$$\frac{1}{\alpha_\lambda} = \frac{1}{q_\lambda} + \frac{r_\lambda}{s_\lambda} \frac{1}{\alpha_{\lambda+1}}, \quad \frac{1}{\alpha'_\lambda} = \frac{1}{q'_\lambda} + \frac{r'_\lambda}{s'_\lambda} \frac{1}{\alpha'_{\lambda+1}} \qquad (\lambda = 1, 2, 3, \ldots).$$

Speziell für $\lambda = 1$ entnimmt man hieraus: $\alpha_2 = \alpha'_2$. Dann ist aber nach (11) auch wieder $q_2 = q'_2$, und folglich $r_2 = r'_2$, $s_2 = s'_2$, usw. So fortschließend findet man allgemein $q_\lambda = q'_\lambda$, womit die Eindeutigkeit bewiesen ist.

Wenn γ eine *rationale* Zahl ist, so erweisen sich nach (1) und (4) der Reihe nach auch $\alpha_1, \alpha_2, \alpha_3, \ldots$ als rational. Sei etwa $\frac{1}{\alpha_1} = \frac{a}{b}$, wo a, b positive ganze Zahlen sind. Nun ist nach (4)

$$\frac{1}{\alpha_{\nu+1}} = \frac{(q_\nu - 1)\, q_\nu}{r_\nu} \frac{1}{\alpha_\nu} - \frac{q_\nu - 1}{r_\nu}.$$

Bei den LÜROTHschen Reihen und ebenso bei den ENGELschen Reihen ist aber $\frac{q_\nu - 1}{r_\nu}$ eine ganze Zahl. Aus der vorigen Gleichung entnimmt man daher durch den Schluß von ν auf $\nu + 1$, daß alle Zahlen $\frac{1}{\alpha_\nu}$ rationale Brüche mit dem Nenner b sind. Für $\frac{1}{\alpha_\nu}$ sind demnach nur die b Werte

$$\frac{1}{b}, \frac{2}{b}, \ldots, \frac{b}{b}$$

möglich, so daß unter den Zahlen $\frac{1}{\alpha_\nu}$ gleiche sein müssen; sei etwa

$$\frac{1}{\alpha_{h+k}} = \frac{1}{\alpha_h}.$$

Dann stimmen aber auch die LÜROTHschen Reihen bzw. ENGELschen Reihen für $\frac{1}{\alpha_{h+k}}$ und $\frac{1}{\alpha_h}$ überein; es ist also

$$q_{h+k+\nu} = q_{h+\nu} \qquad (\nu = 0, 1, 2, \ldots),$$

d. h. die Folge $q_1, q_2, q_3, \ldots$ ist periodisch.

Umgekehrt, wenn die Folge periodisch ist, so muß einmal $\alpha_{h+k} = \alpha_h$ sein. Dann folgt aber aus der Formel (6) speziell für $\lambda = h$, $n = k$:

$$\frac{1}{\alpha_h}\left(1 - \frac{r_h \ldots r_{h+k-1}}{s_h \ldots s_{h+k-1}}\right) = \frac{1}{q_h} + \sum_{\nu=1}^{k-1} \frac{r_h \ldots r_{h+\nu-1}}{s_h \ldots s_{h+\nu-1}} \frac{1}{q_{h+\nu}}.$$

Hier steht rechts eine *positive* rationale Zahl; also kann auch die Klammergröße auf der linken Seite nicht verschwinden, und indem man durch sie dividiert, erhält man $\frac{1}{\alpha_h}$ als *rationale* Zahl. Nach (4) erweisen sich dann die Zahlen $\frac{1}{\alpha_{h-1}}, \ldots, \frac{1}{\alpha_1}$ der Reihe nach ebenfalls als rational, und schließlich ist nach (1) auch γ rational.

Speziell bei den ENGELschen Reihen besagt Periodizität wegen $q_{\nu+1} \geqq q_\nu$ soviel wie: Für hinreichend große ν ist stets $q_{\nu+1} = q_\nu$.

Beispiel. Die Reihe (10) S. 92 ist, wenn man $1 + 1$ durch 2 ersetzt, eine ENGELsche Reihe mit $q_\nu = \nu + 1$. Daraus folgt erneut die Irrationalität der Zahl e.

Wir wenden uns jetzt weiter zu den SYLVESTERschen Reihen. Bei diesen ist $r_\nu = (q_\nu - 1)\, q_\nu$, folglich nach (4)

$$(12) \qquad \frac{1}{\alpha_\nu} = \frac{1}{q_\nu} + \frac{1}{\alpha_{\nu+1}} \qquad (\nu = 1, 2, 3, \ldots).$$

Wenn γ, also auch α_1 *rational* ist, so sei etwa $\frac{1}{\alpha_1} = \frac{a_1}{b}$, wo a_1 und b positive ganze Zahlen sind. Setzt man dann

$$(13) \qquad \frac{1}{\alpha_\nu} = \frac{a_\nu}{b\, q_1 q_2 \ldots q_{\nu-1}} \qquad (\nu = 2, 3, 4, \ldots),$$

so sind auch die Zähler a_ν positiv und ganz, und zwar ergibt sich aus (12):

$$(14) \qquad a_1 q_1 = b + a_2,$$

$$(15) \qquad a_\nu q_\nu = b\, q_1 q_2 \ldots q_{\nu-1} + a_{\nu+1} \qquad (\nu = 2, 3, 4, \ldots).$$

Nun war bei unseren Reihenentwicklungen stets $\alpha_{\nu+1} \geqq r_\nu$; also ist

$$\frac{b\, q_1 q_2 \ldots q_\nu}{a_{\nu+1}} = \alpha_{\nu+1} \geqq r_\nu = (q_\nu - 1)\, q_\nu$$

oder

$$b q_1 q_2 \ldots q_{\nu-1} \geqq (q_\nu - 1)\, a_{\nu+1}.$$

Mit Rücksicht auf (15) folgt hieraus:

$$a_\nu q_\nu \geqq (q_\nu - 1)\, a_{\nu+1} + a_{\nu+1} = q_\nu a_{\nu+1},$$

also $a_\nu \geqq a_{\nu+1}$. Die positiven ganzen Zahlen a_ν sind daher monoton abnehmend und folglich von einer gewissen Stelle an alle einander gleich. Ist das etwa von $\nu = n$ an der Fall, also $a_\nu = a_n$ für $\nu \geqq n$, so ist nach (13)

$$\frac{1}{\alpha_{\nu+1}} = \frac{1}{\alpha_\nu q_\nu} \qquad \text{für } \nu \geqq n.$$

Also nach (12)

$$\frac{1}{\alpha_\nu} = \frac{1}{q_\nu} + \frac{1}{\alpha_\nu q_\nu} \qquad \text{für } \nu \geqq n,$$

oder nach α_ν aufgelöst:

$$\alpha_\nu = q_\nu - 1 \qquad \text{für } \nu \geqq n.$$

Da nach obigem aber $\alpha_{\nu+1} = \alpha_\nu q_\nu$ ist, so folgt:

$$q_{\nu+1} - 1 = (q_\nu - 1)\, q_\nu \qquad \text{für } \nu \geqq n.$$

Umgekehrt, wenn für $\nu \geqq n$ stets diese Gleichung gilt, so ist

$$\frac{1}{q_\nu - 1} = \frac{1}{q_\nu} + \frac{1}{(q_\nu - 1)\, q_\nu} = \frac{1}{q_\nu} + \frac{1}{q_{\nu+1} - 1} \qquad \text{für } \nu \geqq n.$$

Daher ergibt sich durch Summation nach ν von n bis ∞:

$$\frac{1}{q_n - 1} = \sum_{\nu=n}^{\infty} \frac{1}{q_\nu}$$

und somit:

$$\gamma = c + \sum_{\nu=1}^{\infty} \frac{1}{q_\nu} = c + \sum_{\nu=1}^{n-1} \frac{1}{q_\nu} + \frac{1}{q_n - 1}.$$

Also ist γ rational.

Beispiel. Definiert man eine Folge t_ν durch die Formel

$$t_{\nu+1} = 2\, t_\nu^2 - 1 \quad (\nu = 0, 1, 2, \ldots),$$

wobei t_0 irgendeine positive ganze Zahl, so ist

$$t_\nu - \sqrt{t_\nu^2 - 1} = \frac{1}{2\, t_\nu} + \frac{1}{2\, t_\nu} \left(t_{\nu+1} - \sqrt{t_{\nu+1}^2 - 1}\right).$$

Hieraus folgt sogleich die Formel von Stratemeyer:

$$t_0 - \sqrt{t_0^2 - 1} = \sum_{\nu=1}^{\infty} \frac{1}{2\, t_0 \cdot 2\, t_1 \ldots 2\, t_{\nu-1}}.$$

Das ist eine ENGELsche und für $t_0 > 1$ auch eine SYLVESTERsche Reihe.

Bemerkung. ENGELsche und SYLVESTERsche Reihen kommen schon 1770 bei LAMBERT vor.

§ 35. Die Cantorschen Produkte

Durch Schluß von n auf $n+1$ beweist man leicht die Formel

$$(1) \qquad (1-x)\prod_{\nu=0}^{n-1}(1+x^{2^\nu}) = 1 - x^{2^n}.$$

Für $|x| < 1$ kann man in Formel (1) zur Grenze $n \to \infty$ übergehen und erhält dadurch die Gleichung:

$$(2) \qquad \prod_{\nu=0}^{\infty}(1+x^{2^\nu}) = \frac{1}{1-x} \quad (\text{für } |x| < 1).$$

Nun sei α_0 eine Zahl größer als 1. Ist q_0 die größte in $\frac{\alpha_0}{\alpha_0 - 1}$ enthaltene ganze Zahl, so ist $q_0 \geqq 1$, und

$$q_0 \leqq \frac{\alpha_0}{\alpha_0 - 1} < q_0 + 1 .$$

Hieraus folgt:

$$\alpha_0 > 1 + \frac{1}{q_0},$$

und falls $q_0 > 1$ ist, auch

$$\alpha_0 \leqq 1 + \frac{1}{q_0 - 1}.$$

Daher ist q_0 die kleinste positive ganze Zahl von der Art, daß $\alpha_0 > 1 + \frac{1}{q_0}$ ist. Setzt man also

$$\alpha_0 = \left(1 + \frac{1}{q_0}\right)\alpha_1,$$

so ist auch $\alpha_1 > 1$, und man kann auf α_1 den gleichen Prozeß anwenden wie auf α_0. In solcher Weise kann man unbegrenzt fortfahren und erhält allgemein die Formeln:

$$(3) \qquad q_\nu \leqq \frac{\alpha_\nu}{\alpha_\nu - 1} < q_\nu + 1 \quad (\nu = 0, 1, 2, \ldots),$$

$$(4) \qquad \alpha_\nu = \left(1 + \frac{1}{q_\nu}\right)\alpha_{\nu+1} \quad (\nu = 0, 1, 2, \ldots).$$

Die Ungleichungen (3) sind gleichbedeutend mit den folgenden beiden:

(5) $$\alpha_\nu > 1 + \frac{1}{q_\nu} \qquad (\nu = 0, 1, 2, \ldots),$$

(6) $$\alpha_\nu \leqq 1 + \frac{1}{q_\nu - 1}, \text{ falls } q_\nu > 1 \quad (\nu = 0, 1, 2, \ldots).$$

Nach (5) und (4) ist

$$1 + \frac{1}{q_{\nu+1}} < \alpha_{\nu+1} = \frac{\alpha_\nu}{1 + \frac{1}{q_\nu}},$$

also, wenn $q_\nu > 1$ ist, nach (6):

$$1 + \frac{1}{q_{\nu+1}} < \frac{1 + \frac{1}{q_\nu - 1}}{1 + \frac{1}{q_\nu}} = \frac{q_\nu^2}{q_\nu^2 - 1} = 1 + \frac{1}{q_\nu^2 - 1}$$

oder einfacher $q_{\nu+1} > q_\nu^2 - 1$. Diese Formel gilt aber offenbar auch noch, wenn einmal $q_\nu = 1$ sein sollte; daher ist ausnahmslos

(7) $$q_{\nu+1} \geqq q_\nu^2 \qquad (\nu = 0, 1, 2, \ldots).$$

Aus (4) folgt weiter:

(8) $$\alpha_0 = \alpha_n \prod_{\nu=0}^{n-1} \left(1 + \frac{1}{q_\nu}\right) \quad (n = 1, 2, 3, \ldots).$$

Wenn einmal $q_n = 1$ ist, so muß nach (7) für $\nu < n$ erst recht $q_\nu = 1$ sein, und aus (8) folgt dann

$$\alpha_0 = \alpha_n \cdot 2^n > 2^n.$$

Da diese Ungleichung unmöglich für beliebig große Werte von n gelten kann, muß auch einmal $q_\nu > 1$ werden. Sei daher h ein Index derart, daß $q_h > 1$ ist. Dann ist $q_h \geqq 2$, und aus (7) folgt:

$$q_{h+1} \geqq q_h^2 \geqq 2^2,$$
$$q_{h+2} \geqq q_{h+1}^2 \geqq q_h^4 \geqq 2^4$$

und allgemein

$$q_{h+\lambda} \geqq q_h^{2^\lambda} \geqq 2^{2^\lambda} \qquad (\lambda = 1, 2, 3, \ldots).$$

Daher wachsen die q_ν mit ν über alle Grenzen, so daß man aus (5) und (6) sogleich schließt:

$$\lim_{n \to \infty} \alpha_n = 1.$$

Dann folgt aber aus (8), indem man durch α_n dividiert und zur Grenze $n \to \infty$ übergeht:

(9) $$\alpha_0 = \prod_{\nu=0}^{\infty} \left(1 + \frac{1}{q_\nu}\right).$$

Nun können wir den folgenden Satz von G. Cantor beweisen:

Satz 51. *Jede Zahl α_0, die größer als 1 ist, läßt sich auf eine und nur eine Weise als unendliches Produkt darstellen:*

$$\alpha_0 = \prod_{\nu=0}^{\infty} \left(1 + \frac{1}{q_\nu}\right),$$

wobei die q_ν positive ganze Zahlen sind, die den Ungleichungen $q_{\nu+1} \geqq q_\nu^2$ genügen und nicht alle gleich 1 sind (Cantorsches Produkt). — Umgekehrt ist auch jedes derartige Produkt konvergent. Sein Wert ist dann und nur dann rational, wenn in der vorstehenden Ungleichung für hinreichend große Werte von ν dauernd das Gleichheitszeichen gilt.

Die Konvergenz eines solchen Produktes wird, wenn h wieder einen Index bedeutet, für den $q_h > 1$ ist, offenbar bewiesen sein, wenn wir zeigen können, daß das endliche Produkt

$$\prod_{\nu=h}^{h+n-1} \left(1 + \frac{1}{q_\nu}\right) = \prod_{\nu=0}^{n-1} \left(1 + \frac{1}{q_{h+\nu}}\right)$$

unter einer von n unabhängigen Schranke bleibt. Dieses Produkt ist aber

$$\leqq \prod_{\nu=0}^{n-1} \left(1 + \frac{1}{q_h^{2^\nu}}\right) = \frac{1 - \left(\frac{1}{q_h}\right)^{2^n}}{1 - \frac{1}{q_h}} < \frac{q_h}{q_h - 1} \quad \text{[nach Formel (1)].}$$

Damit ist die Konvergenz bereits bewiesen, und zugleich ergibt sich die Abschätzung

$$\prod_{\nu=h}^{\infty} \left(1 + \frac{1}{q_\nu}\right) \leqq \frac{q_h}{q_h - 1}$$

oder nach Multiplikation mit $q_h - 1$:

(10) $$(q_h - 1) \prod_{\nu=h}^{\infty} \left(1 + \frac{1}{q_\nu}\right) \leqq q_h .$$

Diese Ungleichung ist aber augenscheinlich auch dann richtig, wenn $q_h = 1$ ist; sie gilt also ausnahmslos für $h = 0, 1, 2, \ldots$.

Nun müssen wir noch zeigen, daß eine Produktdarstellung

$$\alpha_0 = \prod_{\nu=0}^{\infty} \left(1 + \frac{1}{q_\nu}\right),$$

bei der $q_{\nu+1} \geqq q_\nu^2$ ist, *nur auf eine* Weise möglich ist. Zu dem Zweck werde

$$(11)\qquad \prod_{\nu=h}^{\infty}\left(1+\frac{1}{q_\nu}\right)=\alpha_h \qquad (h=0,1,2,\ldots)$$

gesetzt. Dann ist offenbar $\alpha_h > 1$, und außerdem nach (10)

$$(q_h-1)\,\alpha_h \leqq q_h,$$

oder etwas anders geschrieben:

$$\frac{\alpha_h}{\alpha_h-1} \geqq q_h\,.$$

Weiter folgt aber unmittelbar aus (11):

$$(12)\qquad \alpha_h=\left(1+\frac{1}{q_h}\right)\alpha_{h+1}\,,$$

also $\alpha_h > 1 + \frac{1}{q_h}$, oder etwas anders geschrieben

$$\frac{\alpha_h}{\alpha_h-1} < q_h + 1.$$

Zusammenfassend ist also

$$q_h \leqq \frac{\alpha_h}{\alpha_h-1} < q_h+1,$$

und das besagt in Verbindung mit (12), daß die Zahlen q_h keine anderen sein können als die, welche man durch den zu Beginn dieses Paragraphen beschriebenen Algorithmus gewinnt. Die Eindeutigkeit der Darstellung ist damit bewiesen.

Wenn α_0 eine *rationale* Zahl, so sind auch sämtliche α_ν rational. Wir setzen dann $\alpha_\nu = \frac{a_\nu}{b_\nu}$, wo a_ν, b_ν teilerfremde positive ganze Zahlen sind. Dann ist $a_\nu > b_\nu$, und

$$\frac{a_\nu}{b_\nu}=\left(1+\frac{1}{q_\nu}\right)\frac{a_{\nu+1}}{b_{\nu+1}}\,,$$

oder

$$\frac{a_{\nu+1}}{b_{\nu+1}}=\frac{q_\nu\,a_\nu}{(q_\nu+1)\,b_\nu}\,.$$

Hieraus folgt:

$$(13)\qquad q_\nu\,a_\nu = d_\nu\,a_{\nu+1},$$

$$(14)\qquad (q_\nu+1)\,b_\nu = d_\nu\,b_{\nu+1},$$

wo d_ν eine positive ganze Zahl ist. Durch Subtraktion erhält man:

(15) $$q_\nu (a_\nu - b_\nu) - b_\nu = d_\nu (a_{\nu+1} - b_{\nu+1}) \geqq a_{\nu+1} - b_{\nu+1}.$$

Nun ist aber

$$q_\nu \leqq \frac{\alpha_\nu}{\alpha_\nu - 1} = \frac{a_\nu}{a_\nu - b_\nu},$$

also $q_\nu (a_\nu - b_\nu) \leqq a_\nu$, so daß aus (15) auch folgt:

$$a_\nu - b_\nu \geqq a_{\nu+1} - b_{\nu+1}.$$

Die positiven ganzen Zahlen $a_\nu - b_\nu$ nehmen also mit wachsendem ν monoton ab und sind daher von einer gewissen Stelle an alle einander gleich, etwa gleich k. Tritt das von $\nu = n$ an ein, so ist also

(16) $$a_\nu - b_\nu = k \qquad \text{für } \nu \geqq n.$$

Dann ist aber nach (15)

$$q_\nu k - b_\nu = d_\nu k \qquad \text{für } \nu \geqq n.$$

Also muß b_ν durch k teilbar sein; nach (16) ist dann auch a_ν durch k teilbar, und weil a_ν, b_ν teilerfremd sind, folgt: $k = 1$. Nach (16) ist daher $a_\nu - b_\nu = 1$ für $\nu \geqq n$, also

$$\frac{\alpha_\nu}{\alpha_\nu - 1} = \frac{a_\nu}{a_\nu - b_\nu} = a_\nu \quad \text{für } \nu \geqq n.$$

Nach der Definition der Zahl q_ν folgt hieraus auch: $q_\nu = a_\nu$. Nach (13) ist daher

$$q_\nu^2 = d_\nu q_{\nu+1} \qquad \text{für } \nu \geqq n;$$

weil aber $q_{\nu+1} \geqq q_\nu^2$ sein muß, folgt hieraus: $d_\nu = 1$ und

$$q_{\nu+1} = q_\nu^2 \qquad \text{für } \nu \geqq n.$$

Wenn umgekehrt für $\nu \geqq n$ stets $q_{\nu+1} = q_\nu^2$ ist, so ist auch $q_{n+\nu} = q_n^{2^\nu}$, und man hat die Gleichung

$$\alpha_0 = \prod_{\nu=0}^{\infty} \left(1 + \frac{1}{q_\nu}\right) = \prod_{\nu=0}^{n-1} \left(1 + \frac{1}{q_\nu}\right) \cdot \prod_{\nu=0}^{\infty} \left(1 + \frac{1}{q_n^{2^\nu}}\right),$$

oder wenn man das letzte unendliche Produkt nach der Formel (2) auswertet,

$$\alpha_0 = \prod_{\nu=0}^{n-1} \left(1 + \frac{1}{q_\nu}\right) \cdot \frac{1}{1 - \frac{1}{q_n}}.$$

Daher ist α_0 rational; womit Satz 51 vollständig bewiesen ist.

Beispiel. Wenn $q_0 = q > 1$ und stets $q_{\nu+1} = 2 q_\nu^2 - 1$ ist, so ist gewiß $q_{\nu+1} > q_\nu^2$; die für q_ν verlangten Ungleichungen sind also erfüllt. Da nicht

$q_{\nu+1} = q_\nu^2$ ist, muß der Wert α_0 des CANTORschen Produktes irrational sein. α_0 läßt sich aber auch leicht berechnen; denn es ist identisch

$$\left(1+\frac{1}{x}\right)\left(1+\frac{1}{2\,x^2-1}\right) = \frac{1-\dfrac{1}{2\,x^2-1}}{1-\dfrac{1}{x}},$$

also speziell für $x = q_\nu$:

$$\left(1+\frac{1}{q_\nu}\right)\left(1+\frac{1}{q_{\nu+1}}\right) = \frac{1-\dfrac{1}{q_{\nu+1}}}{1-\dfrac{1}{q_\nu}}.$$

Daher

$$\prod_{\nu=0}^{\infty}\left(1+\frac{1}{q_\nu}\right)\cdot\prod_{\nu=0}^{\infty}\left(1+\frac{1}{q_{\nu+1}}\right) = \frac{1}{1-\dfrac{1}{q_0}} = \frac{q_0}{q_0-1},$$

oder wenn man mit $1+\dfrac{1}{q_0}$ multipliziert und auf der linken Seite diesen Faktor dem zweiten Produkt einverleibt,

$$\alpha_0\cdot\alpha_0 = \frac{q_0}{q_0-1}\left(1+\frac{1}{q_0}\right) = \frac{q_0+1}{q_0-1}.$$

Zieht man die Quadratwurzel, so erhält man α_0, und es ergibt sich die Formel von ENGEL:

$$\sqrt{\frac{q+1}{q-1}} = \prod_{\nu=0}^{\infty}\left(1+\frac{1}{q_\nu}\right), \tag{17}$$

$$q_0 = q,\ q_{\nu+1} = 2\,q_\nu^2 - 1 \qquad \text{für } \nu = 0, 1, 2, \ldots$$

Das Produkt konvergiert sehr rasch wegen des raschen Wachstums der q_ν.

Für $q = 3$ folgt z. B.: $q_0 = 3$, $q_1 = 17$, $q_2 = 577$, $q_3 = 665\,857$ ... .

Mittels einer Verallgemeinerung von (2) hat OSTROWSKI noch eine Menge Formeln von ähnlicher Bauart wie (17) gefunden.

Fünftes Kapitel

Approximation irrationaler Zahlen durch rationale

§ 36. Approximation einer einzelnen Irrationalzahl

Wie wir im vorigen Kapitel sahen, läßt sich jede irrationale Zahl ξ auf mannigfache Weise durch rationale Brüche beliebig approximieren. Ist $\frac{p}{q}$ ein die Zahl ξ approximierender Bruch, wobei wir den Nenner q stets positiv nehmen, so heißt $\left|\xi - \frac{p}{q}\right|$ der *Fehler der Approximation.* Je kleiner der Fehler sein soll, um so größer wird man im allgemeinen den Nenner q (und folglich auch den absoluten Betrag des Zählers p) wählen müssen. Daher werden besonders solche Approximationen Interesse verdienen, die schon mit verhältnismäßig kleinem Nenner einen recht kleinen Fehler ergeben; wir fragen, was sich in dieser Hinsicht erreichen läßt. Ganz trivial ist folgendes:

Wenn q irgendeine positive ganze Zahl ist, so läßt sich jede irrationale Zahl ξ durch einen Bruch mit dem Nenner q derart approximieren, daß der Fehler kleiner als $\frac{1}{q}$ ist. In der Tat sei p die größte in $q\,\xi$ enthaltene ganze Zahl, also

$$p < q\xi < p + 1;$$

dann ist

$$\left|\xi - \frac{p}{q}\right| < \frac{1}{q}.$$

Wesentlich tiefer liegt

Satz 52. *Jede irrationale Zahl ξ läßt sich so durch rationale Brüche $\frac{p}{q}$ approximieren, daß der Fehler*

$$\left|\xi - \frac{p}{q}\right| < \frac{1}{q^2}$$

ist. Es gibt unendlich viele Brüche dieser Art, daher auch solche mit beliebig großem Nenner, bei denen also der Fehler beliebig klein ist.

Der Beweis dieses Satzes ist bereits in § 30 erbracht. Denn wenn man ξ in einen regelmäßigen Kettenbruch entwickelt, der wegen der Irrationalität unendlich ist, so hat nach Formel (6) des § 30 jeder Näherungsbruch die vorstehende Eigenschaft.

Eine sehr bemerkenswerte Verschärfung hat der Satz 52 durch A. HURWITZ erfahren, von dem folgendes Resultat herrührt:

Satz 53. *Jede irrationale Zahl ξ läßt sich so durch rationale Brüche $\frac{p}{q}$ approximieren, daß der Fehler*

$$\left|\xi - \frac{p}{q}\right| < \frac{1}{\sqrt{5}\, q^2}$$

ist. Es gibt unendlich viele Brüche dieser Art, daher auch solche mit beliebig großem Nenner, bei denen also der Fehler beliebig klein ist.

Beweis. Als irrationale Zahl läßt sich ξ wieder in der Form eines unendlichen regelmäßigen Kettenbruches darstellen. Wir wollen zeigen, daß von drei aufeinanderfolgenden Näherungsbrüchen mindestens einer die vorstehende Eigenschaft hat. Indem wir die Bezeichnung der §§ 29—32 wieder aufnehmen, also insbesondere auch ξ_0 statt ξ schreiben, entnehmen wir aus der Formel (5) des § 30:

$$\left|\xi_0 - \frac{A_n}{B_n}\right| = \frac{1}{B_n\,(B_n \xi_{n+1} + B_{n-1})} = \frac{1}{\left(\xi_{n+1} + \frac{B_{n-1}}{B_n}\right) B_n^2}.$$

Daher ist zu zeigen, daß für drei aufeinanderfolgende n-Werte mindestens einmal

$$\xi_{n+1} + \frac{B_{n-1}}{B_n} > \sqrt{5}$$

ist. Wenn also zur Abkürzung

$$\frac{B_{n-1}}{B_n} = \varphi_{n+1} \qquad (n = 0, 1, 2, \ldots) \tag{1}$$

gesetzt wird, so muß gezeigt werden, daß aus

$$\begin{cases} \xi_{n+1} + \varphi_{n+1} \leqq \sqrt{5}, \\ \xi_{n+2} + \varphi_{n+2} \leqq \sqrt{5} \end{cases} \tag{2}$$

notwendig folgt:

$$\xi_{n+3} + \varphi_{n+3} > \sqrt{5}.$$

Nun ist für $\lambda \geqq 1$

$$b_\lambda + \frac{1}{\xi_{\lambda+1}} = \xi_\lambda,$$

$$\frac{1}{\varphi_{\lambda+1}} = \frac{B_\lambda}{B_{\lambda-1}} = \frac{b_\lambda B_{\lambda-1} + B_{\lambda-2}}{B_{\lambda-1}} = b_\lambda + \varphi_\lambda. \tag{3}$$

Daher durch Addition

$$\frac{1}{\xi_{\lambda+1}} + \frac{1}{\varphi_{\lambda+1}} = \xi_\lambda + \varphi_\lambda \quad (\lambda = 1, 2, 3, \ldots).$$

Aus der ersten Ungleichung (2) folgt hiernach insbesondere auch:

$$\frac{1}{\xi_{n+2}} + \frac{1}{\varphi_{n+2}} \leqq \sqrt{5}.$$

Hieraus und aus der zweiten Ungleichung (2) ergibt sich:

$$(\sqrt{5} - \varphi_{n+2})\left(\sqrt{5} - \frac{1}{\varphi_{n+2}}\right) \geqq \xi_{n+2} \cdot \frac{1}{\xi_{n+2}} = 1\,,$$

oder also

$$5 - \sqrt{5}\left(\varphi_{n+2} + \frac{1}{\varphi_{n+2}}\right) \geqq 0.$$

Weil aber φ_{n+2} rational ist, ist hier Gleichheit ausgeschlossen, und man erhält

$$\varphi_{n+2} + \frac{1}{\varphi_{n+2}} - \sqrt{5} < 0$$

oder nach Multiplikation mit der positiven Zahl φ_{n+2}:

$$\varphi_{n+2}^2 - \sqrt{5}\,\varphi_{n+2} + \frac{5}{4} < \frac{1}{4}.$$

Hier steht aber links das Quadrat der positiven Zahl $\frac{\sqrt{5}}{2} - \varphi_{n+2}$, so daß sich durch Wurzelziehung ergibt:

$$\frac{\sqrt{5}}{2} - \varphi_{n+2} < \frac{1}{2}$$

oder also:

$$\varphi_{n+2} > \frac{\sqrt{5} - 1}{2}.$$

Wäre nun die zu beweisende Ungleichung nicht richtig, sondern im Gegenteil

$$\xi_{n+3} + \varphi_{n+3} \leqq \sqrt{5},$$

so könnte man hieraus ebenso schließen:

$$\varphi_{n+3} > \frac{\sqrt{5} - 1}{2}.$$

Dann wäre aber [vgl. oben Formel (3)]

$$b_{n+2} = \frac{1}{\varphi_{n+3}} - \varphi_{n+2} < \frac{2}{\sqrt{5} - 1} - \frac{\sqrt{5} - 1}{2} = 1,$$

während doch b_{n+2} als positive ganze Zahl $\geqq 1$ sein muß. Damit ist die Behauptung bewiesen.

Der Satz 53 ist besonders deshalb bemerkenswert, weil er keine Verschärfung mehr zuläßt. Denn auf die Frage, ob noch bessere Approximationen möglich sind, indem an Stelle der Zahl $\sqrt{5}$ in Satz 53 eine größere Zahl stehen darf, gibt der folgende, ebenfalls von A. HURWITZ herrührende Satz eine *verneinende* Antwort.

Satz 54. *Ist c eine Zahl größer als $\sqrt{5}$, so gibt es irrationale Zahlen ξ, für welche die Ungleichung*

$$\left|\xi - \frac{p}{q}\right| < \frac{1}{cq^2}$$

höchstens eine endliche Anzahl ganzzahliger Auflösungen p, q hat. Insbesondere ist $\xi = \frac{\sqrt{5}+1}{2}$ eine solche Zahl.

Nimmt man nämlich an, es gäbe beliebig große ganze Zahlen p, q derart, daß

$$\left|\frac{\sqrt{5}+1}{2} - \frac{p}{q}\right| < \frac{1}{cq^2}$$

ist, so setze man

$$\frac{\sqrt{5}+1}{2} = \frac{p}{q} + \frac{\delta}{q^2}. \tag{4}$$

Dann ist $|\delta| < \frac{1}{c}$, und durch Quadrieren folgt:

$$\frac{\sqrt{5}+3}{2} = \frac{p^2}{q^2} + \frac{2p\delta}{q^3} + \frac{\delta^2}{q^4}.$$

Subtrahiert man hiervon die Gleichung (4), so erhält man:

$$1 = \frac{p^2}{q^2} - \frac{p}{q} + \frac{2p\delta}{q^3} + \frac{\delta^2}{q^4} - \frac{\delta}{q^2}$$

oder nach Multiplikation mit q^2:

$$q^2 + pq - p^2 = 2\frac{p}{q}\delta + \frac{\delta^2}{q^2} - \delta,$$

und wenn man rechts für $\frac{p}{q}$ den Wert aus (4) einsetzt,

$$q^2 + pq - p^2 = \sqrt{5}\,\delta - \frac{\delta^2}{q^2}.$$

Also

$$|q^2 + pq - p^2| < \frac{\sqrt{5}}{c} + \frac{1}{c^2q^2}.$$

Da aber $c > \sqrt{5}$, so ist die rechte Seite für hinreichend große Werte von q kleiner als 1, und da links eine *ganze* Zahl steht, muß sie Null sein. Daher

$$q^2 + pq - p^2 = 0$$

oder etwas anders geschrieben:

$$(2q + p)^2 = 5p^2,$$

so daß $\sqrt{5}$ gleich der rationalen Zahl $\frac{2q+p}{p}$ wäre. Unsere Annahme führt also auf einen Widerspruch, weil $\sqrt{5}$ doch irrational ist.

§ 37. Gleichzeitige Approximation mehrerer Zahlen

Sind $\xi_1, \xi_2, \ldots \xi_n$ irgendwelche Zahlen, so kann man sie durch rationale Zahlen mit gemeinsamem Nenner beliebig approximieren. In der Tat, ist q eine beliebig große ganze Zahl, und bezeichnet man mit p_ν die größte in $q\xi_\nu$ enthaltene ganze Zahl, so ist

$$p_\nu \leqq q\,\xi_\nu < p_\nu + 1 \qquad (\nu = 1, 2, \ldots, n),$$

also

$$\left|\xi_\nu - \frac{p_\nu}{q}\right| < \frac{1}{q} \qquad (\nu = 1, 2, \ldots, n).$$

Das ist trivial. Man kann aber auch viel genauere Approximationen angeben. Es gilt nämlich der folgende Satz, der eine Verallgemeinerung von Satz 52 ist:

Satz 55. *Beliebige n Zahlen $\xi_1, \xi_2, \ldots, \xi_n$ lassen sich derart durch rationale Brüche mit gemeinsamem Nenner q approximieren, daß die Fehler*

$$\left|\xi_\nu - \frac{p_\nu}{q}\right| < \frac{1}{q\sqrt[n]{q}} \qquad (\nu = 1, 2, \ldots, n)$$

sind. Wenn mindestens eine der Zahlen ξ_ν irrational ist, so gibt es unendlich viele Systeme von n Brüchen dieser Art, also auch solche mit beliebig großem Nenner q, so daß die n Fehler beliebig klein werden[1]).

Wir beweisen diesen Satz mittels einer berühmten Methode, die auf Dirichlet zurückgeht und die auch weiterhin in diesem Kapitel uns noch gute Dienste leisten wird (sog. Schubladenprinzip[2])).

Dabei wollen wir allgemein die größte in einer Zahl α enthaltene ganze Zahl mit $(\alpha)_g$ bezeichnen und

$$\alpha - (\alpha)_g = (\alpha)_r$$

---

[1]) Sind alle ξ_ν rational, so kann man natürlich alle n Fehler zu Null machen, indem man die ξ_ν als Brüche mit gemeinsamem Nenner schreibt.

[2]) Liegen in m Schubladen mehr als m Gegenstände, so enthält wenigstens eine der Schubladen mehr als einen Gegenstand.

setzen, so daß stets

$$0 \leqq (\alpha)_r < 1$$

ist. Dies vorausgeschickt, sei t eine beliebige positive ganze Zahl, und

$$t^n + 1 = l.$$

Betrachtet man dann die ln Zahlen

$$(\lambda\,\xi_\nu)_r \quad (\lambda = 1, 2, \ldots, l;\ \nu = 1, 2, \ldots, n),$$

so ist jedenfalls $0 \leqq (\lambda\,\xi_\nu)_r < 1$; also auch

$$0 \leqq t\,(\lambda\,\xi_\nu)_r < t \quad (\lambda = 1, 2, \ldots, l;\ \nu = 1, 2, \ldots, n).$$

Zur Abkürzung bezeichnen wir die größte in $t\,(\lambda\,\xi_\nu)_r$ enthaltene ganze Zahl mit $g_{\lambda\nu}$, setzen also

$$(t\,(\lambda\,\xi_\nu)_r)_g = g_{\lambda\nu} \quad (\lambda = 1, 2, \ldots, l: \nu = 1, 2, \ldots, n).$$

Wegen der vorigen Ungleichung ist dann auch

$$0 \leqq g_{\lambda\nu} < t \quad (\lambda = 1, 2, \ldots, l;\ \nu = 1, 2, \ldots, n),$$

so daß für das System von n ganzen Zahlen

$$g_{\lambda 1}, g_{\lambda 2}, \ldots, g_{\lambda n}$$

nur t^n verschiedene Wertsysteme[1]) möglich sind. Unter den $l = t^n + 1$ Systemen[1]) von je n Zahlen

$$\begin{array}{c} g_{11}, g_{12}, \ldots, g_{1n} \\ g_{21}, g_{22}, \ldots, g_{2n} \\ - - - - - - \\ g_{l1}, g_{l2}, \ldots, g_{ln} \end{array}$$

müssen also gleiche sein. Sei etwa

(1) $$g_{k1} = g_{h1}, g_{k2} = g_{h2}, \ldots, g_{kn} = g_{hn},$$

(2) $$1 \leqq h < k \leqq l.$$

Nach der Definition von $g_{\lambda\nu}$ ist dann auch

$$|\,t\,(k\,\xi_\nu)_r - t\,(h\,\xi_\nu)_r\,| < 1 \quad (\nu = 1, 2, \ldots, n)$$

oder also

$$|\,(k\,\xi_\nu)_r - (h\,\xi_\nu)_r\,| < \frac{1}{t} \quad (\nu = 1, 2, \ldots, n).$$

Daher auch

$$|\,k\,\xi_\nu - h\,\xi_\nu - (k\,\xi_\nu)_g + (h\,\xi_\nu)_g\,| = |\,(k\,\xi_\nu)_r - (h\,\xi_\nu)_r\,| < \frac{1}{t} \quad (\nu = 1, 2, \ldots, n).$$

Die ganze Zahl $k - h$ ist nach (2) positiv und $\leqq l - 1$. Bezeichnet man sie mit q und setzt weiter

$$(k\,\xi_\nu)_g - (h\,\xi_\nu)_g = p_\nu \quad (\nu = 1, 2, \ldots, n),$$

---

[1]) t^n Schubladen, aber $t^n + 1$ Gegenstände.

so sind auch die p_ν ganze Zahlen, und nach der vorigen Ungleichung ist

$$|q\,\xi_\nu - p_\nu| < \frac{1}{t} \qquad (\nu = 1, 2, \ldots, n);$$

also, weil $q \leqq l - 1 = t^n$ ist,

$$\left|\xi_\nu - \frac{p_\nu}{q}\right| < \frac{1}{qt} \leqq \frac{1}{q\sqrt[n]{q}} \qquad (\nu = 1, 2, \ldots, n). \tag{3}$$

Damit sind solche Approximationen, wie sie Satz 55 behauptet, nachgewiesen. Daß es unendlich viele Systeme von n Brüchen dieser Art gibt, wenn wenigstens eine der Zahlen ξ_ν irrational ist, folgt daraus, daß die Zahl t beliebig groß gewählt werden darf. Denn betrachtet man nur eine endliche Anzahl s solcher Systeme

$$\frac{p_{\nu 1}}{q_1}, \frac{p_{\nu 2}}{q_2}, \ldots, \frac{p_{\nu s}}{q_s},$$

und ist etwa ξ_1 irrational, so kann man eine so große ganze Zahl t bestimmen, daß

$$\left|\xi_1 - \frac{p_{1k}}{q_k}\right| > \frac{1}{q_k\, t} \qquad (k = 1, 2, \ldots, s)]$$

ist. Der Bruch $\frac{p_1}{q}$, der alsdann der Ungleichung (3) für $\nu = 1$ genügt, ist daher gewiß von jedem der s Brüche

$$\frac{p_{1k}}{q_k} \qquad (k = 1, 2, \ldots, s)$$

verschieden, so daß die s Systeme nicht die einzigen dieser Art sein können.

Anders ist es, falls alle ξ_ν rational sind. Wenn etwa b der Hauptnenner ist und

$$\xi_\nu = \frac{a_\nu}{b} \qquad (\nu = 1, 2, \ldots, n),$$

so leisten natürlich die Brüche $\frac{p_\nu}{q} = \frac{a_\nu}{b}$ das Verlangte. Man sieht aber leicht, daß es keine hiervon verschiedenen Brüche mit beliebig großem Nenner q gibt, die dasselbe leisten. Denn für $q \geqq b^n$ folgt aus der Ungleichung

$$\frac{1}{q\sqrt[n]{q}} > \left|\xi_\nu - \frac{p_\nu}{q}\right| = \left|\frac{a_\nu}{b} - \frac{p_\nu}{q}\right| = \frac{|a_\nu q - b\,p_\nu|}{b\,q}$$

sogleich

$$|a_\nu q - b\,p_\nu| < \frac{b}{\sqrt[n]{q}} \leqq 1,$$

und da links eine ganze Zahl steht, muß sie Null sein; also

$$\frac{p_\nu}{q} = \frac{a_\nu}{b} \quad (\nu = 1, 2, \ldots, n).$$

Man kann fragen, ob der Satz 55 eine ebensolche Verschärfung zuläßt, wie wir sie für den Satz 52 im vorigen Paragraphen fanden. Es fragt sich also, ob es eine Zahl c gibt, die größer ist als 1 und derart, daß stets Approximationen mit beliebig großem Nenner q möglich sind, für deren Fehler die Ungleichungen

$$\left| \xi_\nu - \frac{p_\nu}{q} \right| < \frac{1}{c q \sqrt[n]{q}} \quad (\nu = 1, 2, \ldots, n)$$

gelten. MINKOWSKI hat gezeigt, daß $c = \frac{n+1}{n}$ eine solche Zahl ist; doch müssen wir auf die Wiedergabe seines nicht einfachen Beweises hier verzichten. Der äußerste zulässige Wert für c, als welchen wir im Fall $n = 1$ den Wert $\sqrt{5}$ nachgewiesen haben, ist für $n > 1$ nicht bekannt. Wohl aber konnte der Verfasser zeigen, daß die zulässigen Werte c für jedes n wenigstens *beschränkt* sind, und die gefundene Schranke wurde von FURTWÄNGLER noch herabgedrückt. Wir müssen uns aber hier mit dem Hinweis auf das Literaturverzeichnis begnügen (vgl. auch SCHOLZ und KOKSMA). Ein weniger scharfes Resultat war vorher schon von BOREL angegeben worden.

Es liegt nahe, für diese Fragen die Übertragung der Methoden des vorigen Paragraphen, die auf der Kettenbruchdarstellung einer Zahl ξ beruhen, auf Systeme von n Zahlen zu versuchen. Solche Versuche sind aber bis jetzt gescheitert. Zwar hat JACOBI einen dem EUKLIDischen Algorithmus für eine Zahl ξ_0 ganz analogen Algorithmus für *zwei* Zahlen ξ_1, ξ_2 ersonnen, der sich leicht auf n Zahlen $\xi_1, \ldots, \xi_n$ übertragen läßt und zu Bildungen Veranlassung gibt, die den regelmäßigen Kettenbrüchen in formaler Hinsicht vollkommen entsprechen. Das Analogon zu einem Näherungsbruch ist dabei ein System von n Brüchen mit gemeinsamem Nenner. Jedoch ist von dem Verfasser nachgewiesen worden, daß diese Analogie nicht allzutief greift. Die betreffenden Folgen von Näherungsbrüchen konvergieren zwar gegen die Zahlen $\xi_1, \ldots, \xi_n$, aber im allgemeinen langsamer, als zu erwarten stand, und nicht derart, daß die Fehler den Ungleichungen von Satz 55 genügen.

§ 38. Rationale Abhängigkeit und Unabhängigkeit

Ist ξ eine Zahl, so heißt jede Zahl der Form $r\,\xi$, wo r rational ist, von ξ rational abhängig; jede andere Zahl heißt von ξ rational unabhängig. Wenn allgemeiner $\xi_1, \xi_2, \ldots, \xi_{n-1}$ irgendwelche Zahlen sind, so heißt jede Zahl der Form

$$r_1 \xi_1 + r_2 \xi_2 + \ldots + r_{n-1} \xi_{n-1} \quad (r_\nu \text{ rational})$$

von $\xi_1, \ldots, \xi_{n-1}$ *rational abhängig.* Jede andere Zahl heißt *von* $\xi_1, \ldots, \xi_{n-1}$ *rational unabhängig*; womit zunächst nicht gesagt ist, daß es solche Zahlen gibt.

Die n Zahlen $\xi_1, \xi_2, \ldots, \xi_n$ heißen *voneinander rational abhängig,* wenn irgendeine von ihnen, z. B. ξ_n, von den andern rational abhängig ist; dann ist also

$$\xi_n = r_1 \xi_1 + r_2 \xi_2 + \ldots + r_{n-1} \xi_{n-1},$$

oder wenn man mit dem Hauptnenner der r_ν multipliziert,

$$(1) \qquad a_1 \xi_1 + a_2 \xi_2 + \ldots + a_{n-1} \xi_{n-1} + a_n \xi_n = 0,$$

wo die a_ν *ganze* Zahlen sind. Die n Zahlen $\xi_1, \ldots, \xi_n$ sind also dann und nur dann voneinander rational abhängig, wenn eine Relation der Form (1) besteht mit ganzzahligen Koeffizienten a_ν, die nicht alle verschwinden. Besteht eine solche Relation nicht, so ist keine der n Zahlen von den andern rational abhängig; die n Zahlen heißen dann *voneinander rational unabhängig.* Damit ist noch nicht gesagt, daß es beliebig viele voneinander rational unabhängige Zahlen überhaupt gibt. Daß das aber tatsächlich der Fall ist, lehrt der folgende Satz, in welchem wir die Zahl n beliebig groß annehmen dürfen, da es bekanntlich unendlich viele Primzahlen gibt[1]).

Satz 56. *Sind* $p_1, p_2, \ldots, p_n$ *voneinander verschiedene Primzahlen, so sind ihre Logarithmen voneinander rational unabhängig.*

In der Tat, wenn eine Relation

$$a_1 \log p_1 + a_2 \log p_2 + \ldots + a_n \log p_n = 0$$

mit ganzzahligen Koeffizienten a_ν bestände, so wären diese Koeffizienten, soweit sie nicht verschwinden, teils positiv, teils negativ. Bei geeigneter Numerierung der Zahlen p_ν können wir annehmen, daß etwa

$$a_\nu \geqq 0 \qquad \text{für } \nu = 1, 2, \ldots, k,$$
$$a_\nu = -b_\nu < 0 \qquad \text{für } \nu = k+1, k+2, \ldots, n$$

ist. Dann besagt aber die obige Relation soviel wie:

$$a_1 \log p_1 + \ldots + a_k \log p_k = b_{k+1} \log p_{k+1} + \ldots + b_n \log p_n,$$

oder, indem man von den Logarithmen zu den Zahlen übergeht:

$$p_1^{a_1} p_2^{a_2} \cdots p_k^{a_k} = p_{k+1}^{b_{k+1}} \cdots p_n^{b_n}.$$

Aber das widerspricht dem Satz, daß jede Zahl sich nur auf *eine* Art in Primfaktoren zerlegen läßt.

---

1) Daß es beliebig große, also unendlich viele Primzahlen gibt, hat schon EUKLID auf folgende Art bewiesen. Um eine Primzahl zu erhalten, die größer als die beliebig große ganze Zahl g ist, bilde man die Zahl $g! + 1$. Diese ist durch keine Zahl, die $\leqq g$ ist, teilbar, weil sie bei jeder solchen Teilung den Rest 1 läßt. Ihre Primfaktoren sind also $> g$.

Eine Folgerung aus Satz 56 ist

Satz 57. *Es gibt keine endliche Anzahl von Zahlen derart, daß jede beliebige Zahl von ihnen rational abhängig wäre.*

Nehmen wir nämlich an, es gäbe etwa $n - 1$ solcher Zahlen

$$\omega_1, \omega_2, \ldots, \omega_{n-1}.$$

Dann müssen insbesondere auch die n Zahlen von Satz 56 von diesen rational abhängig sein, also gelten die Gleichungen

$$(2) \qquad \begin{cases} \log p_1 = r_{11}\,\omega_1 + r_{12}\,\omega_2 + \ldots + r_{1,n-1}\,\omega_{n-1}, \\ \log p_2 = r_{21}\,\omega_1 + r_{22}\,\omega_2 + \ldots + r_{2,n-1}\,\omega_{n-1}, \\ - - - - - - - - - - - - - - - \\ \log p_n = r_{n1}\,\omega_1 + r_{n2}\,\omega_2 + \ldots + r_{n,n-1}\,\omega_{n-1}, \end{cases}$$

wo die $r_{\mu\nu}$ rational sind. Die einfachsten Sätze über die Auflösung linearer Gleichungen lehren dann, daß die $n - 1$ homogenen Gleichungen mit n Unbekannten

$$\begin{gathered} r_{11}\,x_1 + r_{21}\,x_2 + \ldots + r_{n1}\,x_n = 0, \\ - - - - - - - - - - - - - \\ r_{1,n-1}\,x_1 + r_{2,n-1}\,x_2 + \ldots + r_{n,n-1}\,x_n = 0 \end{gathered}$$

sich durch gewisse rationale Zahlen $x_1, \ldots, x_n$, also wegen der Homogenität auch durch *ganze* Zahlen befriedigen lassen, die nicht alle verschwinden. Dann folgt aber auch aus (2):

$$x_1 \log p_1 + x_2 \log p_2 + \ldots + x_n \log p_n = 0,$$

was dem Satz 56 widerspricht.

Eine etwas andere Formulierung von Satz 57 ist

Satz 57a. *Zu beliebig vielen Zahlen gibt es stets eine weitere, die von ihnen rational unabhängig ist.*

Wenn die n Zahlen $\xi_1 \ldots, \xi_n$ in Satz 55 nicht voneinander rational unabhängig sind, lassen sich leicht bessere Approximationen nachweisen, als dort angegeben. Es gilt nämlich

Satz 58. *Wenn unter den n Zahlen $\xi_1, \ldots, \xi_n$ nur m voneinander rational unabhängige sind, so gibt es eine positive Zahl C derart, daß die n Ungleichungen*

$$\left|\xi_\nu - \frac{p_\nu}{q}\right| < \frac{C}{q\sqrt[m]{q}} \qquad (\nu = 1, 2, \ldots, n)$$

in ganzen Zahlen p_ν, q mit beliebig großem q lösbar sind.

Beweis. Der Fall, daß alle ξ_ν rational sind (was natürlich $m = 1$ zur Folge hat), kann als trivial beiseite bleiben. Sind dann etwa $\xi_1, \ldots, \xi_m$ die voneinander rational unabhängigen Zahlen, so ist

$$\xi_\nu = \frac{\sum\limits_{\mu=1}^{m} a_{\nu\mu}\,\xi_\mu}{b} \qquad (\nu = m+1, \ldots n),$$

wo $a_{\nu\mu}$ und b ganze Zahlen sind ($b > 0$). Nach Satz 55 lassen sich die m Zahlen $\xi_1, \ldots, \xi_m$ derart durch rationale Brüche mit beliebig großem Nenner q' approximieren, daß

$$\left|\xi_\mu - \frac{p'_\mu}{q'}\right| < \frac{1}{q'\sqrt[m]{q'}} \qquad (\mu = 1, 2, \ldots m)$$

ist. Für $\nu > m$ ist dann

$$\left|\xi_\nu - \frac{\sum\limits_{\mu=1}^{m} a_{\nu\mu}\,p'_\mu}{b\,q'}\right| = \left|\sum_{\mu=1}^{m} \frac{a_{\nu\mu}}{b}\left(\xi_\mu - \frac{p'_\mu}{q'}\right)\right| < \frac{\sum\limits_{\mu=1}^{m} |\,a_{\nu\mu}\,|}{bq'\sqrt[m]{q'}}.$$

Setzt man daher

$$bq' = q,$$

$$bp'_\mu = p_\mu \qquad (\mu = 1, 2, \ldots, m),$$

$$\sum_{\mu=1}^{m} a_{\nu\mu}\,p'_\mu = p_\nu \qquad (\nu = m+1, \ldots, n),$$

so besagen die beiden letzten Ungleichungen soviel wie:

$$\left|\xi_\mu - \frac{p_\mu}{q}\right| < \frac{b\sqrt[m]{b}}{q\sqrt[m]{q}} \qquad (\mu = 1, 2, \ldots, m),$$

$$\left|\xi_\nu - \frac{p_\nu}{q}\right| < \frac{\sum\limits_{\mu=1}^{m} |\,a_{\nu\mu}\,|\sqrt[m]{b}}{q\sqrt[m]{q}} \qquad (\nu = m+1, \ldots, n).$$

Damit ist Satz 58 bewiesen, wenn man unter C die größte der $1 + n - m$ Zahlen

$$b\sqrt[m]{b},\ \sum_{\mu=1}^{m} |\,a_{\nu\mu}\,|\sqrt[m]{b} \qquad (\nu = m+1, \ldots, n)$$

versteht. Der Satz 58 ist trotz der vielleicht sehr großen Zahl C doch schärfer als Satz 57, weil für genügend großes q doch $C\sqrt[n]{q} < \sqrt[m]{q}$ ist.

§ 39. Homogene diophantische Approximationen

Seien

$$\begin{matrix} \xi_{11}, \xi_{12}, \ldots, \xi_{1m} \\ \xi_{21}, \xi_{22}, \ldots, \xi_{2m} \\ - - - - - - \\ \xi_{n1}, \xi_{n2}, \ldots, \xi_{nm} \end{matrix}$$

n Systeme von je m Zahlen; wir bilden mit ihnen die n linearen Formen

$$F_\nu = \sum_{\mu=1}^{m} \xi_{\nu\mu} x_\mu \qquad (\nu = 1, 2, \ldots, n).$$

Sind alle $\xi_{\nu\mu}$ rational, so kann man die x_μ als ganze, nicht sämtlich verschwindende Zahlen so bestimmen, daß die n Formen selbst ganzzahlige Werte annehmen; man braucht ja die x_μ nur so zu wählen, daß sie durch den Hauptnenner aller Zahlen $\xi_{\nu\mu}$ teilbar sind. Wenn aber die Zahlen $\xi_{\nu\mu}$ alle oder zum Teil irrational sind, ist eine solche Bestimmung der x_μ unter Umständen zwar auch möglich, im allgemeinen aber nicht. Denn wenn z. B. die $m + 1$ Zahlen

$$1, \xi_{11}, \xi_{12}, \ldots, \xi_{1m}$$

voneinander rational unabhängig sind, so kann die Form F_1 für ganzzahlige x_μ, die nicht alle verschwinden, offenbar nie ganzzahlig werden.

In allen Fällen aber lassen sich die ganzen Zahlen x_μ so bestimmen, daß die Formen F_ν sich von ganzen Zahlen beliebig wenig unterscheiden. Über die Approximation, die dabei mit verhältnismäßig kleinen Werten von $|x_\mu|$ erreicht werden kann, gibt folgender Satz Aufschluß:

Satz 59. *Ist t eine (beliebig große) positive ganze Zahl, so lassen sich die n Ungleichungen*

$$\left| \sum_{\mu=1}^{m} \xi_{\nu\mu} x_\mu - y_\nu \right| < \frac{1}{t} \qquad (\nu = 1, 2, \ldots, n)$$

durch solche ganze Zahlen x_μ, y_ν befriedigen, daß

$$|x_\mu| \leqq t^{\frac{n}{m}} \qquad (\mu = 1, 2, \ldots, m)$$

ist, und daß nicht alle x_μ verschwinden.

Für $m = 1$ läuft der Satz auf das in § 37 Bewiesene hinaus. Im allgemeinen Fall beweisen wir ihn ebenfalls mit dem Dirichletschen Schubladenprinzip. Indem wir die Bezeichnung des § 37 wieder aufnehmen, setzen wir

$$\left(t^{\frac{n}{m}}\right)_g = l;$$

dann ist gewiß

$$t^n < (l + 1)^m.$$

Sind $a_1, \ldots, a_m$ irgendwelche ganze Zahlen, so ist

$$0 \leqq t\left(\sum_{\mu=1}^{m} \xi_{\nu\mu}\, a_\mu\right)_r < t \qquad (\nu = 1, 2, \ldots, n);$$

also auch, wenn zur Abkürzung

$$\left(t\left(\sum_{\mu=1}^{m} \xi_{\nu\mu}\, a_\mu\right)_r\right)_g = g_\nu\,(a_1, \ldots, a_m) \qquad (\nu = 1, 2, \ldots, n)$$

gesetzt wird,

$$(1) \qquad 0 \leqq g_\nu\,(a_1, \ldots, a_m) < t \qquad (\nu = 1, 2, \ldots, n).$$

Wenn nun die Zahlen $a_1, \ldots, a_m$ unabhängig voneinander die Werte $0, 1, \ldots, l$ durchlaufen, so erhält man $(l+1)^m$ Systeme von je n ganzen Zahlen

$$g_1\,(a_1, \ldots, a_m),\; g_2\,(a_1, \ldots, a_m),\; \ldots,\; g_n\,(a_1, \ldots, a_m).$$

Unter diesen Systemen können aber wegen (1) höchstens t^n verschiedene sein, und weil $t^n < (l+1)^m$ ist, müssen sich gleiche darunter finden. Sei etwa

$$g_\nu\,(a_1, \ldots, a_m) = g_\nu\,(b_1, \ldots, b_m) \qquad (\nu = 1, 2, \ldots, n).$$

Nach der Definition von g_ν ist dann auch

$$\left| t\left(\sum_{\mu=1}^{m} \xi_{\nu\mu}\, a_\mu\right)_r - t\left(\sum_{\mu=1}^{m} \xi_{\nu\mu}\, b_\mu\right)_r \right| < 1 \qquad (\nu = 1, 2, \ldots, n),$$

oder also

$$\left| \sum_{\mu=1}^{m} \xi_{\nu\mu}\, a_\mu - \left(\sum_{\mu=1}^{m} \xi_{\nu\mu}\, a_\mu\right)_g - \sum_{\mu=1}^{m} \xi_{\nu\mu}\, b_\mu + \left(\sum_{\mu=1}^{m} \xi_{\nu\mu}\, b_\mu\right)_g \right|$$
$$= \left| \left(\sum_{\mu=1}^{m} \xi_{\nu\mu}\, a_\mu\right)_r - \left(\sum_{\mu=1}^{m} \xi_{\nu\mu}\, b_\mu\right)_r \right| < \frac{1}{t}.$$

Das besagt aber, wenn

$$a_\mu - b_\mu = x_\mu \qquad (\mu = 1, 2, \ldots, m),$$

$$\left(\sum_{\mu=1}^{m} \xi_{\nu\mu}\, a_\mu\right)_g - \left(\sum_{\mu=1}^{m} \xi_{\nu\mu}\, b_\mu\right)_g = y_\nu \qquad (\nu = 1, 2, \ldots, n)$$

gesetzt wird, soviel wie:

$$\left| \sum_{\mu=1}^{m} \xi_{\nu\mu}\, x_\mu - y_\nu \right| < \frac{1}{t} \qquad (\nu = 1, 2, \ldots, n).$$

Dabei sind die x_μ, y_ν ganze Zahlen. Außerdem sind die x_μ nicht alle gleich Null, und wegen

$$0 \leqq a_\mu \leqq l,\; 0 \leqq b_\mu \leqq l$$

ist auch

$$|\, x_\mu \,| = |\, a_\mu - b_\mu \,| \leqq l = \left(t^{\frac{n}{m}}\right)_g \leqq t^{\frac{n}{m}}.$$

Damit ist Satz 59 bewiesen.

Wir betrachten jetzt abermals n Formen

$$F_\nu = \sum_{\mu=1}^{m} \xi_{\nu\mu}\, x_\mu \qquad (\nu = 1, 2, \ldots, n)$$

mit m Größen x_μ, setzen aber $m > n$ voraus. Dann lassen sich die n homogenen Gleichungen

$$F_1 = 0,\ F_2 = 0,\ \ldots,\ F_n = 0$$

bekanntlich durch gewisse Zahlen x_μ, die nicht alle verschwinden, befriedigen. Im allgemeinen wird das aber nicht durch ganzzahlige x_μ möglich sein. Doch kann man mit ganzzahligen x_μ die Gleichungen wenigstens näherungsweise lösen derart, daß die Fehler beliebig klein werden. Über die hierbei mögliche Approximation mit verhältnismäßig kleinen $|x_\mu|$ gibt folgender Satz Aufschluß:

Satz 60. *Ist t eine (beliebig große) positive ganze Zahl, so lassen sich die n Ungleichungen mit m Unbekannten x_μ, wobei $m > n$ ist,*

$$\left| \sum_{\mu=1}^{m} \xi_{\nu\mu}\, x_\mu \right| < \frac{1}{t} \qquad (\nu = 1, 2, \ldots, n)$$

durch solche ganze Zahlen x_μ befriedigen, daß

$$|x_\mu| < C\, t^{\frac{n}{m-n}} \qquad (\mu = 1, 2, \ldots, m)$$

ist, und daß nicht alle x_μ verschwinden. Dabei bedeutet C eine genügend große, aber von t unabhängige Zahl. Insbesondere ist der Wert

$$C = \prod_{\nu=1}^{n} (2\, c_\nu + 1)^{\frac{1}{m-n}}$$

(und erst recht jeder größere) zulässig, wo

$$c_\nu = \sum_{\mu=1}^{n} |\xi_{\nu\mu}| \qquad (\nu = 1, 2, \ldots, n).$$

Beweis. Es seien $a_1, \ldots, a_m$ irgendwelche ganze Zahlen, jedoch

$$0 \leqq a_\mu \leqq l \qquad (\mu = 1, 2, \ldots, m),$$

wobei l eine später noch zweckmäßig zu bestimmende positive ganze Zahl bedeutet. Setzt man wieder

$$\left(t \left(\sum_{\mu=1}^{m} \xi_{\nu\mu}\, a_\mu \right)_r \right)_g = g_\nu(a_1, \ldots, a_m) \qquad (\nu = 1, 2, \ldots, n),$$

so ist

$$0 \leqq g_\nu(a_1, \ldots, a_m) < t \qquad (\nu = 1, 2, \ldots, n).$$

Außerdem ist, wenn c_ν die oben angegebene Bedeutung hat,

$$-c_\nu\, l \leqq \sum_{\mu=1}^{m} \xi_{\nu\mu}\, a_\mu \leqq c_\nu\, l \qquad (\nu = 1, 2, \ldots, n),$$

so daß die Anzahl der für die ganze Zahl

$$\left(\sum_{\mu=1}^{m} \xi_{\nu\mu} a_\mu\right)_g$$

möglichen Werte gewiß nicht größer als $2 c_\nu l + 1$ ist. Läßt man daher die Zahlen $a_1, \ldots, a_m$ unabhängig voneinander die Werte $0, 1, \ldots, l$ durchlaufen und betrachtet die so entstehenden $(l + 1)^m$ Systeme von je $2n$ ganzen Zahlen

$$\left.\begin{array}{l} g_\nu(a_1, \ldots, a_m), \\ \left(\sum_{\mu=1}^{m} \xi_{\nu\mu} a_\mu\right)_g \end{array}\right\} \qquad (\nu = 1, 2, \ldots, n),$$

so ist die Anzahl der voneinander verschiedenen Systeme höchstens gleich

$$t^n \prod_{\nu=1}^{n} (2 c_\nu l + 1).$$

Wählt man also l so, daß

$$(l + 1)^m > t^n \prod_{\nu=1}^{n} (2 c_\nu l + 1) \tag{2}$$

ist, so müssen unter den $(l + 1)^m$ Systemen gleiche sein. Sei etwa

$$g_\nu(a_1, \ldots, a_m) = g_\nu(b_1, \ldots, b_m) \qquad (\nu = 1, 2, \ldots, n), \tag{3}$$

$$\left(\sum_{\mu=1}^{m} \xi_{\nu\mu} a_\mu\right)_g = \left(\sum_{\mu=1}^{m} \xi_{\nu\mu} b_\mu\right)_g \qquad (\nu = 1, 2, \ldots, n). \tag{4}$$

Aus (3) folgt mit Rücksicht auf die Definition von g_ν wieder

$$\left| t\left(\sum_{\mu=1}^{m} \xi_{\nu\mu} a_\mu\right)_r - t\left(\sum_{\mu=1}^{m} \xi_{\nu\mu} b_\mu\right)_r \right| < 1$$

und hieraus wegen (4)

$$\left| \sum_{\mu=1}^{m} \xi_{\nu\mu} a_\mu - \sum_{\mu=1}^{m} \xi_{\nu\mu} b_\mu \right| = \left| \left(\sum_{\mu=1}^{m} \xi_{\nu\mu} a_\mu\right)_r - \left(\sum_{\mu=1}^{m} \xi_{\nu\mu} b_\mu\right)_r \right| < \frac{1}{t}$$

oder also, wenn $a_\mu - b_\mu = x_\mu$ gesetzt wird,

$$\left| \sum_{\mu=1}^{m} \xi_{\nu\mu} x_\mu \right| < \frac{1}{t} \qquad (\nu = 1, 2, \ldots, n).$$

Dabei ist $|x_\mu| = |a_\mu - b_\mu| \leqq l$. Die ganze Zahl l ist aber lediglich an die Forderung (2) gebunden; diese ist gewiß erfüllt, wenn sogar

$$(l + 1)^m \geqq t^n \prod_{\nu=1}^{n} [(2 c_\nu + 1)(l + 1)] = t^n (l + 1)^n \prod_{\nu=1}^{n} (2 c_\nu + 1)$$

verlangt wird; oder also

$$(l + 1)^{m-n} \geqq t^n \prod_{\nu=1}^{n} (2 c_\nu + 1).$$

Wählt man insbesondere für l die *kleinste* ganze Zahl, die das leistet, so ist

$$l^{m-n} < t^n \prod_{\nu=1}^{n} (2\, c_\nu + 1),$$

also, wenn C die in Satz 60 angegebene Bedeutung hat,

$$l < C\, t^{\frac{n}{m-n}},$$

und daher auch

$$|\, x_\mu \,| \leqq l < C\, t^{\frac{n}{m-n}} \qquad (\mu = 1, 2, \ldots, m),$$

womit der Satz 60 bewiesen ist.

§ 40. Der einfachste Fall inhomogener diophantischer Approximation

Ist ξ eine beliebige Zahl, so kann man nach der Menge derjenigen Zahlen fragen, die sich durch die Form $\xi\, x + y$, wo x, y ganze Zahlen sind, entweder genau darstellen oder wenigstens beliebig approximieren lassen. Diese Menge ist sehr verschieden, je nachdem ξ rational oder irrational ist.

Wenn zunächst ξ rational, also etwa $\xi = \frac{a}{b}$, wo a, b teilerfremde ganze Zahlen sind, und $b > 0$, so ist

$$\xi\, x + y = \frac{a\, x + b\, y}{b},$$

so daß sich jedenfalls nur Zahlen der Menge

$$(1) \qquad 0, \pm \frac{1}{b}, \pm \frac{2}{b}, \pm \frac{3}{b}, \ldots$$

darstellen lassen. Diese lassen sich aber auch wirklich alle darstellen. In der Tat sei c die kleinste positive Zahl der Form $a\, x + b\, y$ und etwa

$$c = a\, x_1 + b\, y_1.$$

Dividiert man a durch c und bezeichnet mit q den Quotienten, mit r den Rest, so ist

$$a = q\, c + r, \ 0 \leqq r < c.$$

Daher

$$r = a - q\,(a\, x_1 + b\, y_1) = a\,(1 - q\, x_1) + b\,(-\, q\, y_1) = a\, x_2 + b\, y_2.$$

Da aber c die kleinste so darstellbare positive Zahl ist, kann die kleinere Zahl r nicht positiv sein. Also ist $r = 0$ und folglich $a = q\, c$, d. h. a ist durch c teilbar. Ebenso zeigt man, daß auch b durch c teilbar ist, und da a, b teilerfremd sind, muß $c = 1$ sein. Es ist also

$$\frac{1}{b} = \frac{c}{b} = \frac{a\, x_1 + b\, y_1}{b} = \xi\, x_1 + y_1.$$

Daher für jede ganze Zahl g

$$\frac{g}{b} = \xi\, g\, x_1 + g\, y_1,$$

so daß wirklich jede Zahl der Menge (1) in der Form $\xi\, x + y$ mit ganzzahligen x, y darstellbar ist.

Fragt man weiter, welche Zahlen η durch Zahlen der Form $\xi\, x + y$ beliebig approximiert werden können, für welche also die Ungleichung

$$(2) \qquad |\, \xi\, x + y - \eta\, | < \varepsilon,$$

wie klein auch ε sei, durch ganze Zahlen x, y befriedigt werden kann, so sind das auch nur die Zahlen der Menge (1). Denn für jede andere Zahl η ist, wenn $(\eta\, b)_g = g$ gesetzt wird,

$$\frac{g}{b} < \eta < \frac{g+1}{b}.$$

Bedeutet dann ε die kleinste der beiden positiven Zahlen

$$\eta - \frac{g}{b}, \quad \frac{g+1}{b} - \eta,$$

so ist der Unterschied zwischen der Zahl η und einer Zahl der Form $\xi\, x + y$, also einer Zahl der Menge (1), absolut mindestens gleich ε, so daß die Ungleichung (2) nicht durch ganze Zahlen x, y befriedigt werden kann.

Ganz anders verhält es sich, wenn ξ irrational ist. Dann läßt sich nämlich *jede* Zahl η durch Zahlen der Form $\xi\, x + y$ beliebig approximieren, was man auch ausdrückt, indem man sagt: Die Menge der Zahlen $\xi\, x + y$ ist *überall dicht.*

Zunächst kann nämlich die Ungleichung

$$|\, \xi\, x + y\, | < \varepsilon < 1$$

bei beliebig kleinem ε durch ganze, nicht verschwindende Zahlen x, y befriedigt werden (nach Satz 59 für $m = n = 1$). Sei also

$$\xi\, x_1 + y_1 = \sigma, \quad |\, \sigma\, | < \varepsilon.$$

Wegen der Irrationalität von ξ ist $\sigma \neq 0$. Bezeichnet man mit g die größte in $\frac{\eta}{\sigma}$ enthaltene ganze Zahl, so ist

$$g \leqq \frac{\eta}{\sigma} < g + 1,$$

also, wenn $x = g\, x_1$, $y = g\, y_1$ gesetzt wird,

$$|\, \xi\, x + y - \eta\, | = |\, \xi\, g\, x_1 + g\, y_1 - \eta\, | = |\, g\sigma - \eta\, | < |\, \sigma\, | < \varepsilon,$$

womit die Behauptung bewiesen ist. Wir fassen diese Resultate zusammen in

Satz 61. *Ist ξ eine irrationale Zahl, so kann die Ungleichung*

$$|\, \xi\, x + y - \eta\, | < \varepsilon,$$

was auch die Zahl η sei, und wie klein auch die positive Zahl ε sei, stets durch ganze Zahlen x, y befriedigt werden. Ist dagegen ξ eine rationale Zahl und gleich dem irreduziblen Bruch $\frac{a}{b}$, so läßt sich die Ungleichung für beliebig kleine ε nur dann durch ganze Zahlen x, y befriedigen, wenn dasselbe schon von der Gleichung $\xi x + y = \eta$ gilt. Das tritt dann und nur dann ein, wenn η eine rationale Zahl mit dem Nenner b ist.

Dieser Satz bringt einen charakteristischen Unterschied zwischen einer rationalen und einer irrationalen Zahl zum Ausdruck. Wir werden ihn in den folgenden Paragraphen auf Systeme von mehreren Zahlen ausdehnen.

§ 41. Der Rationalitätsrang eines Systems linearer Formen

Wir betrachten jetzt wieder n Formen

$$F_\nu = \sum_{\mu=1}^{m} \xi_{\nu\mu}\, x_\mu \qquad (\nu = 1, 2, \ldots, n)$$

mit m Größen x_μ. Ist l die größte Zahl derart, daß die l-reihigen Determinanten der Matrix

$$\left\| \begin{matrix} \xi_{11}\ \xi_{12} \ldots\ldots \xi_{1m} \\ \text{— — — — — —} \\ \xi_{n1}\ \xi_{n2} \ldots\ldots \xi_{nm} \end{matrix} \right\|$$

nicht alle verschwinden, so heißt bekanntlich l der *Rang* der Matrix und auch der *Rang* des Formensystems; es ist $l \leqq m$, $l \leqq n$. Durch passende Anordnung der Formen und der x_μ läßt sich erreichen, daß insbesondere

$$\text{(1)} \qquad \left| \begin{matrix} \xi_{11}\ \xi_{12} \ldots\ldots \xi_{1l} \\ \text{— — — — — —} \\ \xi_{l1}\ \xi_{l2} \ldots\ldots \xi_{ll} \end{matrix} \right| \neq 0$$

ist. Die ersten l Formen $F_1, \ldots, F_l$ sind dann linear unabhängig, während sich die letzten $n - l$ Formen (falls $n > l$ ist) linear aus den ersten l zusammensetzen:

$$\text{(2)} \qquad F_{l+\varkappa} = \sum_{\lambda=1}^{l} \alpha_{\varkappa\lambda} F_\lambda \qquad (\varkappa = 1, 2, \ldots, n - l).$$

Es kann sein, daß unter den Formen F_ν solche mit ganzzahligen Koeffizienten sind oder daß sich solche wenigstens linear aus den F_ν zusammensetzen lassen; sie lassen sich dann auch schon aus den ersten l Formen zusammensetzen. Wir nehmen an, daß man genau $l - r$ linear unabhängige Formen mit ganzzahligen Koeffizienten zusammensetzen kann:

$$\text{(3)} \qquad F'_\varkappa = \sum_{\lambda=1}^{l} \beta_{\varkappa\lambda} F_\lambda = \sum_{\mu=1}^{m} b_{\varkappa\mu}\, x_\mu \qquad (\varkappa = 1, 2, \ldots, l - r).$$

Dabei ist also $b_{\varkappa\mu}$ ganzzahlig, während von $\beta_{\varkappa\lambda}$ das keineswegs verlangt wird. Da die Formen (3) linear unabhängig sind, enthält jede der beiden Matrizes

$$(4)\qquad \left\| \begin{matrix} \beta_{11} & \beta_{12} \ldots\ldots & \beta_{1l} \\ - & - & - \\ \beta_{l-r,1} & \beta_{l-r,2} \ldots & \beta_{l-r,l} \end{matrix} \right\|, \qquad \left\| \begin{matrix} b_{11} & b_{12} \ldots\ldots & b_{1m} \\ - & - & - \\ b_{l-r,1} & b_{l-r,2} \ldots & b_{l-r,m} \end{matrix} \right\|$$

wenigstens eine von Null verschiedene $(l-r)$-reihige Determinante. Die Zahl r heißt nach KRONECKER der *Rationalitätsrang* des gegebenen Formensystems. Offenbar ist $0 \leqq r \leqq l$; für $r = l$ treten natürlich die Formen (3) und daher die Matrizes (4) nicht auf.

Wenn insbesondere $m = l$ ist, so ist der Rationalitätsrang notwendig Null. In der Tat sind ja die l Gleichungen

$$\sum_{\nu=1}^{l} \xi_{\nu\lambda}\,\omega_\nu = \varrho_\lambda \qquad (\lambda = 1, 2, \ldots, l),$$

weil die Determinante (1) nicht verschwindet, für beliebige Werte der ϱ_λ stets nach ω_ν auflösbar; also läßt sich für $m = l$ *jede* Form

$$F' = \sum_{\mu=1}^{m} \varrho_\mu\, x_\mu = \sum_{\lambda=1}^{l} \varrho_\lambda\, x_\lambda$$

aus den F_ν linear zusammensetzen:

$$F' = \sum_{\lambda=1}^{l} \varrho_\lambda\, x_\lambda = \sum_{\lambda=1}^{l} \sum_{\nu=1}^{l} \xi_{\nu\lambda}\,\omega_\nu\, x_\lambda = \sum_{\nu=1}^{l} \omega_\nu F_\nu\,.$$

Man kann also insbesondere auch die l linear unabhängigen ganzzahligen Formen

$$F_1' = x_1,\ F_2' = x_2,\ \ldots,\ F_l' = x_l$$

derart zusammensetzen; daher ist $l - r = l$, also $r = 0$.

Wir beweisen jetzt eine charakteristische Eigenschaft der Formensysteme vom Rationalitätsrang Null:

Satz 62. *Ist der Rationalitätsrang des Formensystems*

$$F_\nu = \sum_{\mu=1}^{m} \xi_{\nu\mu}\, x_\mu \qquad (\nu = 1, 2, \ldots, n)$$

gleich Null, so gibt es eine positive Zahl ε derart, daß die n Ungleichungen

$$\Big|\sum_{\mu=1}^{m} \xi_{\nu\mu}\, x_\mu\Big| < \varepsilon \qquad (\nu = 1, 2, \ldots, n)$$

durch ganze Zahlen x_μ nicht gleichzeitig befriedigt werden können, ohne daß die n Gleichungen

$$\sum_{\mu=1}^{m} \xi_{\nu\mu}\, x_\mu = 0 \qquad (\nu = 1, 2, \ldots, n)$$

erfüllt sind. Umgekehrt, wenn es eine solche Zahl ε gibt, so ist das Formensystem vom Rationalitätsrang Null.

Ist $r = 0$, so kann man die Gleichungen (3) nach F_λ auflösen. Also lassen sich die ersten l Formen und wegen (2) sogar *alle* n Formen F_ν linear aus den Formen $F'_\varkappa$ zusammensetzen, die ganzzahlige Koeffizienten haben. Soll nun $|F_\lambda| < \varepsilon$ sein, so folgt aus (3):

$$|F'_\varkappa| < \varepsilon \sum_{\lambda=1}^{l} |\beta_{\varkappa\lambda}| \qquad (\varkappa = 1, 2, \ldots, l).$$

Hiernach muß, da die $F'_\varkappa$ ganzzahlige Koeffizienten haben, also für ganzzahlige x_μ selbst ganzzahlig sind, für hinreichend kleine ε notwendig $F'_\varkappa = 0$ sein. Weil die F_ν sich aus den $F'_\varkappa$ linear zusammensetzen lassen, ist dann auch $F_\nu = 0$ für $\nu = 1, 2, \ldots, n$.

Nun nehmen wir umgekehrt an, die Ungleichungen

$$|F_\nu| < \varepsilon \qquad (\nu = 1, 2, \ldots, n)$$

seien für ganzzahlige x_μ nicht möglich, ohne daß alle F_ν verschwinden. Wenn dann $m = l$ ist, so ist nach dem oben Bewiesenen gewiß $r = 0$. Wenn aber $m > l$, so sei s irgendeine der Zahlen

$$l + 1,\ l + 2, \ldots, m.$$

Man kann dann die l Ungleichungen

$$\left|\sum_{\mu=1}^{l} \xi_{\lambda\mu}\, x_{\mu s} + \xi_{\lambda s}\, x_{ss}\right| < \varepsilon' \qquad (\lambda = 1, 2, \ldots, l)$$

nach Satz 60 Seite 147 durch ganzzahlige $x_{\mu s}$, x_{ss}, die nicht alle verschwinden, befriedigen[1]). Nach (2) ist dann auch

$$\left|\sum_{\mu=1}^{l} \xi_{l+\varkappa,\mu}\, x_{\mu s} + \xi_{l+\varkappa,s}\, x_{ss}\right| \leqq \varepsilon' \sum_{\lambda=1}^{l} |\alpha_{\varkappa\lambda}| \qquad (\varkappa = 1, 2, \ldots, n - l).$$

Wählt man also ε' so klein, daß

$$\varepsilon' < \varepsilon,\ \varepsilon' \sum_{\lambda=1}^{l} |\alpha_{\varkappa\lambda}| < \varepsilon \qquad (\varkappa = 1, 2, \ldots, n - l)$$

ist, so wird

$$\left|\sum_{\mu=1}^{l} \xi_{\nu\mu}\, x_{\mu s} + \xi_{\nu s}\, x_{ss}\right| < \varepsilon \qquad (\nu = 1, 2, \ldots, n)$$

sein. Das hat aber nach Voraussetzung zur Folge, daß

$$\sum_{\mu=1}^{l} \xi_{\nu\mu}\, x_{\mu s} + \xi_{\nu s}\, x_{ss} = 0 \qquad (\nu = 1, 2, \ldots, n)$$

ist. Dabei ist gewiß $x_{ss} \neq 0$, weil sonst wegen des Nichtverschwindens der Determinante (1) auch $x_{1s} = 0, \ldots, x_{ls} = 0$ sein müßte.

Nun sei

$$\begin{vmatrix} d_{11}\, d_{12} \ldots\ldots d_{1l} \\ - - - - - \\ d_{l1}\, d_{l2} \ldots\ldots d_{ll} \end{vmatrix}$$

[1]) Die in Satz 60 auftretenden Zahlen n, m sind hier l, $l + 1$.

eine nicht verschwindende Determinante, deren Elemente ganze Zahlen und durch alle x_{ss} teilbar sind. Man kann dann wegen des Nichtverschwindens der Determinante (1) Zahlen $\delta_{\varkappa\nu}$ so bestimmen, daß

$$\sum_{\nu=1}^{l} \delta_{\varkappa\nu}\, \xi_{\nu\mu} = d_{\varkappa\mu} \qquad (\varkappa = 1, 2, \ldots, l;\ \mu = 1, 2, \ldots, l)$$

ist. Aus der vorhergehenden Gleichung folgt dann aber, indem man mit $\delta_{\varkappa\nu}$ multipliziert und nach ν von 1 bis l summiert:

$$x_{ss} \sum_{\nu=1}^{l} \delta_{\varkappa\nu}\, \xi_{\nu s} = - \sum_{\nu=1}^{l} \sum_{\mu=1}^{l} \delta_{\varkappa\nu}\, \xi_{\nu\mu}\, x_{\mu s} = - \sum_{\mu=1}^{l} d_{\varkappa\mu}\, x_{\mu s}\,,$$

und da die $d_{\varkappa\mu}$ durch x_{ss} teilbar sind, ist auch

$$\sum_{\nu=1}^{l} \delta_{\varkappa\nu}\, \xi_{\nu s} = - \sum_{\mu=1}^{l} \frac{d_{\varkappa\mu}}{x_{ss}}\, x_{\mu s} = d_{\varkappa s} \qquad (\varkappa = 1, 2, \ldots, l;\ s = l+1, \ldots, m)$$

ganzzahlig. Somit haben die l Formen

$$\sum_{\nu=1}^{l} \delta_{\varkappa\nu}\, F_\nu = \sum_{\nu=1}^{l} \sum_{\mu=1}^{m} \delta_{\varkappa\nu}\, \xi_{\nu\mu}\, x_\mu = \sum_{\mu=1}^{m} d_{\varkappa\mu}\, x_\mu \qquad (\varkappa = 1, 2, \ldots, l)$$

ganzzahlige Koeffizienten $d_{\varkappa\mu}$, und da die obige Determinante der $d_{\varkappa\mu}$ nicht verschwindet, sind sie linear unabhängig. Daher ist $l - r = l$, also $r = 0$. W. z. b. w.

Wir wollen nun ebenso eine wichtige Eigenschaft für Systeme mit positivem Rationalitätsrang beweisen:

Satz 63. *Ist der Rationalitätsrang r des Formensystems*

$$F_\nu = \sum_{\mu=1}^{m} \xi_{\nu\mu}\, x_\mu \qquad (\nu = 1, 2, \ldots, n)$$

größer als Null und wird

$$\sum_{\mu=1}^{m} \xi_{\nu\mu}\, x_{\mu\varrho} = \tau_{\nu\varrho} \qquad (\nu = 1, 2, \ldots, n;\ \varrho = 1, 2, \ldots, r)$$

gesetzt, so kann man, unter ε eine beliebig kleine positive Zahl verstehend, die ganzen Zahlen $x_{\mu\varrho}$ so bestimmen, daß

$$|\tau_{\nu\varrho}| < \varepsilon \qquad (\nu = 1, 2, \ldots, n;\ \varrho = 1, 2, \ldots, r)$$

ist, und daß die r-reihigen Determinanten der Matrix

$$\left\| \begin{matrix} \tau_{11}\ \tau_{21}\ \ldots\ \tau_{n1} \\ - - - - - \\ \tau_{1r}\ \tau_{2r}\ \ldots\ \tau_{nr} \end{matrix} \right\|$$

nicht alle verschwinden. Zugleich ist r die größte Zahl, für die das möglich ist.

Jedenfalls kann man die ganzen Zahlen $x_{\mu 1}$ so wählen, daß die Zahlen der ersten Zeile in obiger Matrix absolut $< \varepsilon$ sind und nicht alle verschwinden;

sonst wäre nach Satz 62 der Rationalitätsrang Null. Sei nun k ($\geqq 1$) die größte Zahl derart, daß die k-reihigen Determinanten der Matrix

$$\left\| \begin{matrix} \tau_{11}\ \tau_{21}\ \ldots\ \tau_{n1} \\ \text{— — — — —} \\ \tau_{1k}\ \tau_{2k}\ \ldots\ \tau_{nk} \end{matrix} \right\|$$

nicht alle verschwinden müssen. Wir haben zu zeigen, daß $k = r$ ist.

Aus (2) folgt:

$$\tau_{l+\varkappa,\varrho} = \sum_{\lambda=1}^{l} \alpha_{\varkappa\lambda}\, \tau_{\lambda\varrho} \qquad (\varkappa = 1, 2, \ldots, n-l). \tag{5}$$

Die letzten $n - l$ Spalten der obigen Matrix setzen sich also linear aus den ersten l zusammen; daher muß schon die aus den ersten l Spalten gebildete Matrix

$$\left\| \begin{matrix} \tau_{11}\ \tau_{21}\ \ldots\ \tau_{l1} \\ \text{— — — — —} \\ \tau_{1k}\ \tau_{2k}\ \ldots\ \tau_{lk} \end{matrix} \right\| \tag{6}$$

eine nicht verschwindende k-reihige Determinante enthalten. Nach (3) ist aber weiter

$$\sum_{\lambda=1}^{l} \beta_{\varkappa\lambda}\, \tau_{\lambda\varrho} = \sum_{\mu=1}^{m} b_{\varkappa\mu}\, x_{\mu\varrho} \qquad (\varkappa = 1, 2, \ldots, l-r).$$

Da rechts eine ganze Zahl steht, muß sie wegen $|\tau_{\lambda\varrho}| < \varepsilon$, sobald ε klein genug ist, verschwinden; also ist

$$\sum_{\lambda=1}^{l} \beta_{\varkappa\lambda}\, \tau_{\lambda\varrho} = 0 \qquad (\varkappa = 1, 2, \ldots, l-r).$$

Zwischen den l Spalten der Matrix (6) bestehen daher $l - r$ linear unabhängige Relationen; es sind also höchstens r unabhängige Spalten vorhanden, so daß die mehr als r-reihigen Determinanten alle verschwinden. *Daher muß jedenfalls $k \leqq r$ sein.*

Da andererseits $k \geqq 1$ ist, so kann im Fall $r = 1$ nur $k = 1$ sein, so daß für $r = 1$ der Satz 63 bewiesen ist. Wir beweisen ihn nun allgemein durch vollständige Induktion, indem wir annehmen, für Formensysteme vom Rationalitätsrang $r - 1$ sei er bereits bewiesen.

Man kann, wenn ε' eine kleine positive Zahl ist, deren Wahl wir uns noch vorbehalten, die ganzen Zahlen $x_{\mu 1}$ so bestimmen, daß

$$|\tau_{\nu 1}| < \varepsilon' \qquad (\nu = 1, 2, \ldots, n)$$

ist, und daß nicht alle $\tau_{\nu 1}$ verschwinden. Dann ist aber schon unter den ersten l Zahlen $\tau_{11}, \ldots, \tau_{l1}$ eine nicht verschwindende, weil sonst nach (5) *alle* $\tau_{\nu 1}$ verschwinden würden. Sei etwa τ_{l1} die absolut größte der Zahlen $\tau_{11}, \tau_{21}, \ldots, \tau_{l1}$; durch passende Anordnung der ersten l Formen läßt sich das erreichen.

Jetzt bilden wir die $l-1$ Formen

$$(7) \qquad \Phi_\lambda = F_\lambda - \frac{\tau_{\lambda 1}}{\tau_{l1}} F_l = \sum_{\mu=1}^{m} \left(\xi_{\lambda\mu} - \frac{\tau_{\lambda 1}}{\tau_{l1}} \xi_{l\mu} \right) x_\mu \qquad (\lambda = 1, 2, \ldots, l-1).$$

Der Rang dieses Systems ist $l-1$; denn würde zwischen diesen Formen eine lineare Relation

$$\sum_{\lambda=1}^{l-1} \gamma_\lambda \left(F_\lambda - \frac{\tau_{\lambda 1}}{\tau_{l1}} F_l \right) = 0$$

bestehen, so wäre das auch eine Relation zwischen den Formen $F_1, \ldots, F_l$, die aber nicht besteht.

Wir zeigen jetzt, daß sich aus den Formen des Systems (7) genau $l-r$ linear unabhängige mit ganzzahligen Koeffizienten zusammensetzen lassen. Wenn nämlich die Form

$$\sum_{\lambda=1}^{l-1} \delta_\lambda \Phi_\lambda = \sum_{\lambda=1}^{l-1} \delta_\lambda \left(F_\lambda - \frac{\tau_{\lambda 1}}{\tau_{l1}} F_l \right) = \sum_{\mu=1}^{m} d_\mu x_\mu$$

ganzzahlige Koeffizienten d_μ hat und wenn man

$$\sum_{\lambda=1}^{l-1} \delta_\lambda \frac{\tau_{\lambda 1}}{\tau_{l1}} = -\delta_l$$

setzt, so folgt daraus:

$$\sum_{\lambda=1}^{l} \delta_\lambda F_\lambda = \sum_{\mu=1}^{m} d_\mu x_\mu.$$

Diese Form muß sich daher aus den $l-r$ Formen (3) linear zusammensetzen, da es mehr als $l-r$ linear unabhängige Formen dieser Art nicht gibt. Aus den Φ_λ lassen sich also höchstens $l-r$ linear unabhängige ganzzahlige Formen herleiten. Andererseits läßt sich diese Anzahl aber auch wirklich herleiten; denn nach (3) ist

$$\sum_{\lambda=1}^{l-1} \beta_{\varkappa\lambda} F_\lambda = -\beta_{\varkappa l} F_l + \sum_{\mu=1}^{m} b_{\varkappa\mu} x_\mu \qquad (\varkappa = 1, 2, \ldots, l-r),$$

also auch

$$\sum_{\lambda=1}^{l-1} \beta_{\varkappa\lambda} \tau_{\lambda 1} = -\beta_{\varkappa l} \tau_{l1} + g_\varkappa, \qquad (\varkappa = 1, 2, \ldots, l-r),$$

wo $g_\varkappa$ eine ganze Zahl ist, die aber wegen $|\tau_{\lambda 1}| < \varepsilon'$, wenn nur ε' klein genug ist, verschwinden muß. Multipliziert man die letzte Gleichung mit $\frac{F_l}{\tau_{l1}}$ und subtrahiert sie dann von der vorausgehenden, so erhält man wegen $g_\varkappa = 0$:

$$\sum_{\lambda=1}^{l-1} \beta_{\varkappa\lambda} \Phi_\lambda = \sum_{\mu=1}^{m} b_{\varkappa\mu} x_\mu \qquad (\varkappa = 1, 2, \ldots, l-r).$$

Aus den Formen des Systems (7) lassen sich also in der Tat $l - r$ linear unabhängige Formen mit ganzzahligen Koeffizienten herleiten. Da der Rang dieses Systems gleich $l - 1$ ist, so ergibt sich also für den Rationalitätsrang der Wert

$$l - 1 - (l - r) = r - 1.$$

Auf dieses System darf daher der Satz 63 bereits angewandt werden. Man kann demnach ganze Zahlen $y_{\mu\varrho}$ bestimmen derart, daß, wenn

$$\sum_{\mu=1}^{m} \left(\xi_{\lambda\mu} - \frac{\tau_{\lambda 1}}{\tau_{l1}}\, \xi_{l\mu}\right) y_{\mu\varrho} = \tau'_{\lambda\varrho} \qquad (\lambda = 1, 2, \ldots, l-1;\ \varrho = 1, 2, \ldots, r-1)$$

gesetzt wird, erstens $|\tau'_{\lambda\varrho}| < \frac{\varepsilon'}{2}$ ist und zweitens die Matrix

$$(8) \qquad \left\| \begin{matrix} \tau'_{11} & \tau'_{21}, & \ldots & \tau'_{l-1,1} \\ - & - & - & - \\ \tau'_{1,r-1} & \tau'_{2,r-1} & \ldots & \tau'_{l-1,r-1} \end{matrix} \right\|$$

eine von Null verschiedene $(r-1)$-reihige Determinante enthält. Da nun

$$\sum_{\mu=1}^{m} \left(\xi_{\lambda\mu} - \frac{\tau_{\lambda 1}}{\tau_{l1}}\, \xi_{l\mu}\right) x_{\mu 1} = \tau_{\lambda 1} - \frac{\tau_{\lambda 1}}{\tau_{l1}}\, \tau_{l1} = 0,$$

so folgt aus der letzten Gleichung auch:

$$\tau'_{\lambda\varrho} = \sum_{\mu=1}^{m} \left(\xi_{\lambda\mu} - \frac{\tau_{\lambda 1}}{\tau_{l1}}\, \xi_{l\mu}\right) (y_{\mu\varrho} - z_\varrho\, x_{\mu 1})$$
$$(\lambda = 1, 2, \ldots, l-1;\ \varrho = 1, 2, \ldots, r-1),$$

wo z_ϱ jede beliebige Zahl sein darf. Wegen $|\tau_{l1}| < \varepsilon'$ können wir z_ϱ als *ganze* Zahl so bestimmen, daß

$$(9) \qquad \left|\sum_{\mu=1}^{m} \xi_{l\mu}\,(y_{\mu\varrho} - z_\varrho\, x_{\mu 1})\right| = \left|\sum_{\mu=1}^{m} \xi_{l\mu}\, y_{\mu\varrho} - z_\varrho\, \tau_{l1}\right| < \frac{\varepsilon'}{2}$$

wird. Dann ist nach der vorigen Gleichung wegen $|\tau'_{\lambda\varrho}| < \frac{\varepsilon'}{2}$ und, weil τ_{l1} die absolut größte der Zahlen $\tau_{11}, \tau_{21}, \ldots, \tau_{l1}$ ist, auch

$$(10) \qquad \left|\sum_{\mu=1}^{m} \xi_{\lambda\mu}\,(y_{\mu\varrho} - z_\varrho\, x_{\mu 1})\right| < \varepsilon' \; (\lambda = 1, 2, \ldots, l-1;\ \varrho = 1, 2, \ldots, r-1).$$

Setzt man daher in Satz 63

$$x_{\mu,\varrho+1} = y_{\mu\varrho} - z_\varrho\, x_{\mu 1} \qquad (\mu = 1, 2, \ldots, m;\ \varrho = 1, 2, \ldots, r-1),$$

so ist nach (10) und (9)

$$|\tau_{\lambda,\varrho+1}| = \left|\sum_{\mu=1}^{m} \xi_{\lambda\mu}\, x_{\mu,\varrho+1}\right| < \varepsilon' \qquad (\lambda = 1, 2, \ldots, l;\ \varrho = 1, 2, \ldots, r-1).$$

Somit hat sich bis jetzt ergeben:

$$|\tau_{\lambda\varrho}| < \varepsilon' \qquad \text{für } \lambda = 1, 2, \ldots, l; \ \varrho = 1, 2, \ldots, r.$$

Wegen (2) ist dann aber

$$|\tau_{l+\varkappa,\varrho}| = |\sum_{\lambda=1}^{l} \alpha_{\varkappa\lambda}\tau_{\lambda\varrho}| < \varepsilon' \sum_{\lambda=1}^{l} |\alpha_{\varkappa\lambda}| \qquad (\varkappa = 1, 2, \ldots, n-l).$$

Wählt man also ε' so klein, daß

$$\varepsilon' < \varepsilon, \quad \varepsilon' \sum_{\lambda=1}^{l} |\alpha_{\varkappa\lambda}| < \varepsilon \qquad (\varkappa = 1, 2, \ldots, n-l)$$

ist, so werden alle in Satz 63 auftretenden $\tau_{\nu\varrho}$ absolut kleiner als ε.

Nun ist für $\lambda = 1, 2, \ldots, l-1$ und $\varrho = 1, 2, \ldots, r-1$

$$\begin{aligned}\tau_{\lambda,\varrho+1} &= \sum_{\mu=1}^{m} \xi_{\lambda\mu} x_{\mu,\varrho+1} = \sum_{\mu=1}^{m} \xi_{\lambda\mu}(y_{\mu\varrho} - z_\varrho x_{\mu 1}) \\ &= \tau'_{\lambda\varrho} + \sum_{\mu=1}^{m} \frac{\tau_{\lambda 1}}{\tau_{l1}} \xi_{l\mu} y_{\mu\varrho} - z_\varrho \sum_{\mu=1}^{m} \xi_{\lambda\mu} x_{\mu 1} \\ &= \tau'_{\lambda\varrho} + \frac{\tau_{\lambda 1}}{\tau_{l1}} \sum_{\mu=1}^{m} \xi_{l\mu} y_{\mu\varrho} - z_\varrho \tau_{\lambda 1} = \tau'_{\lambda\varrho} + \varphi_\varrho \tau_{\lambda 1},\end{aligned}$$

wobei

$$\varphi_\varrho = \frac{1}{\tau_{l1}} \sum_{\mu=1}^{m} \xi_{l\mu} y_{\mu\varrho} - z_\varrho;$$

außerdem ist für $\varrho = 1, 2, \ldots, r-1$ auch

$$\tau_{l,\varrho+1} = \sum_{\mu=1}^{m} \xi_{l\mu}(y_{\mu\varrho} - z_\varrho x_{\mu 1}) = \sum_{\mu=1}^{m} \xi_{l\mu} y_{\mu\varrho} - z_\varrho \tau_{l1} = \varphi_\varrho \tau_{l1}.$$

Die ersten l Spalten der in Satz 63 auftretenden Matrix bilden daher die nachstehende Matrix:

$$\left\| \begin{matrix} \tau_{11} & \tau_{21} & \ldots & \tau_{l-1,1} & \tau_{l1} \\ \tau'_{11} + \varphi_1 \tau_{11} & \tau'_{21} + \varphi_1 \tau_{21} & \ldots & \tau'_{l-1,1} + \varphi_1 \tau_{l-1,1} & \varphi_1 \tau_{l1} \\ \cdots & \cdots & \cdots & \cdots & \cdots \\ \tau'_{1,r-1} + \varphi_{r-1} \tau_{11} & \tau'_{2,r-1} + \varphi_{r-1},\tau_{21} & \ldots & \tau'_{l-1,r-1} + \varphi_{r-1} \tau_{l-1,1} & \varphi_{r-1} \tau_{l1} \end{matrix} \right\|.$$

Ihre r-reihigen Determinanten sind aber offenbar gleich den r-reihigen Determinanten der folgenden Matrix:

$$\left\| \begin{matrix} \tau_{11} & \tau_{21} & \ldots & \tau_{l-1,1} & \tau_{l1} \\ \tau'_{11} & \tau'_{21} & \ldots & \tau'_{l-1,1} & 0 \\ \cdots & \cdots & \cdots & \cdots & \cdots \\ \tau'_{1,r-1} & \tau'_{2,r-1} & \ldots & \tau'_{l-1,r-1} & 0 \end{matrix} \right\|.$$

Unter diesen finden sich aber insbesondere die mit τ_{l1} multiplizierten $(r-1)$-reihigen Determinanten der Matrix (8), also mindestens eine von Null verschiedene, womit Satz 63 bewiesen ist.

§ 42. Inhomogene diophantische Approximationen

Nach den Vorbereitungen des vorigen Paragraphen können wir jetzt den folgenden Hauptsatz von KRONECKER beweisen:

Satz 64. *Das System von n Formen*

$$F_\nu = \sum_{\mu=1}^{m} \xi_{\nu\mu} x_\mu \qquad (\nu = 1, 2, \ldots, n)$$

mit m Größen x_μ sei vom Rang l, so daß, wenn speziell die ersten l Formen linear unabhängig sind, die letzten $n-l$ (falls $n > l$ ist) sich aus ihnen linear zusammensetzen:

$$\text{(A)} \qquad F_{l+\varkappa} = \sum_{\lambda=1}^{l} \alpha_{\varkappa\lambda} F_\lambda \qquad (\varkappa = 1, 2, \ldots, n-l).$$

Der Rationalitätsrang des Systems sei r, so daß man aus den ersten l Formen, falls $l > r$ ist, genau $l-r$ linear unabhängige Formen mit ganzzahligen Koeffizienten $b_{\varkappa\mu}$ zusammensetzen kann:

$$\text{(B)} \qquad \sum_{\lambda=1}^{l} \beta_{\varkappa\lambda} F_\lambda = \sum_{\mu=1}^{m} b_{\varkappa\mu} x_\mu \qquad (\varkappa = 1, 2, \ldots, l-r).$$

Unter diesen Voraussetzungen läßt sich das System von n Ungleichungen

$$\text{(C)} \qquad |F_\nu - \eta_\nu| = \left| \sum_{\mu=1}^{m} \xi_{\nu\mu} x_\mu - \eta_\nu \right| < \varepsilon \qquad (\nu = 1, 2, \ldots, n)$$

dann und nur dann für jede beliebig kleine positive Zahl ε durch ganze Zahlen x_μ befriedigen, wenn die Zahlen η_ν den folgenden Bedingungen genügen:

$$\text{(D)} \qquad \eta_{l+\varkappa} = \sum_{\lambda=1}^{l} \alpha_{\varkappa\lambda} \eta_\lambda \qquad (\varkappa = 1, 2, \ldots, n-l),$$

$$\text{(E)} \qquad \sum_{\lambda=1}^{l} \beta_{\varkappa\lambda} \eta_\lambda = \sum_{\mu=1}^{m} b_{\varkappa\mu} g_\mu \qquad (\varkappa = 1, 2, \ldots, l-r),$$

wo die g_μ irgendwelche ganze Zahlen sind. Wenn insbesondere der Rationalitätsrang $r = 0$ ist, ziehen die n Ungleichungen (C), sobald ε klein genug ist, allemal die n Gleichungen nach sich:

$$\text{(F)} \qquad \sum_{\mu=1}^{m} \xi_{\nu\mu} x_\mu = \eta_\nu \qquad (\nu = 1, 2, \ldots, n).$$

Die Bedingungen (D) fallen natürlich weg, wenn $l = n$ ist; ebenso die Bedingungen (E), wenn $r = l$ ist.

Aus (A) und (C) folgt:

$$\left|\eta_{l+\varkappa} - \sum_{\lambda=1}^{l} \alpha_{\varkappa\lambda}\,\eta_\lambda\right| = \left|\eta_{l+\varkappa} - F_{l+\varkappa} - \sum_{\lambda=1}^{l} \alpha_{\varkappa\lambda}\,(\eta_\lambda - F_\lambda)\right|$$

$$< \varepsilon\left(1 + \sum_{\lambda=1}^{l} |\alpha_{\varkappa\lambda}|\right) \qquad (\varkappa = 1, 2, \ldots, n-l),$$

und da dies für beliebig kleine ε gelten soll, muß die linke Seite verschwinden, also die Bedingung (D) erfüllt sein.

Ebenso folgt aus (B) und (C):

$$\left|\sum_{\lambda=1}^{l} \beta_{\varkappa\lambda}\,\eta_\lambda - \sum_{\mu=1}^{m} b_{\varkappa\mu}\,x_\mu\right| = \left|\sum_{\lambda=1}^{l} \beta_{\varkappa\lambda}\,(\eta_\lambda - F_\lambda)\right| < \varepsilon \sum_{\lambda=1}^{l} |\beta_{\varkappa\lambda}|$$

$$(\varkappa = 1, 2, \ldots, l - r).$$

Daher muß $\sum \beta_{\varkappa\lambda}\,\eta_\lambda$ eine ganze Zahl sein, und zwar eine, die sich in der Gestalt darstellen läßt, wie sie Gleichung (E) angibt. Die Bedingungen (D) und (E) sind hiernach jedenfalls *notwendig*.

Um zu zeigen, daß sie auch *hinreichend* sind, bemerken wir zunächst, daß die Voraussetzungen (A) und (B) soviel besagen wie:

$$\text{(1)} \qquad \xi_{l+\varkappa,\mu} = \sum_{\lambda=1}^{l} \alpha_{\varkappa\lambda}\,\xi_{\lambda\mu} \qquad (\varkappa = 1, 2, \ldots, n - l;\ \mu = 1, 2, \ldots, m),$$

$$\text{(2)} \qquad \sum_{\lambda=1}^{l} \beta_{\varkappa\lambda}\,\xi_{\lambda\mu} = b_{\varkappa\mu} \qquad (\varkappa = 1, 2, \ldots, l - r;\ \mu = 1, 2, \ldots, m).$$

Aus (D) und (1) folgt:

$$\text{(3)} \qquad \eta_{l+\varkappa} - \sum_{\mu=1}^{m} \xi_{l+\varkappa,\mu}\,g_\mu = \sum_{\lambda=1}^{l} \alpha_{\varkappa\lambda}\left(\eta_\lambda - \sum_{\mu=1}^{m} \xi_{\lambda\mu}\,g_\mu\right) \qquad (\varkappa = 1, 2, \ldots, n - l).$$

Ebenso aus (E) und (2):

$$\text{(4)} \qquad \sum_{\lambda=1}^{l} \beta_{\varkappa\lambda}\left(\eta_\lambda - \sum_{\mu=1}^{m} \xi_{\lambda\mu}\,g_\mu\right) = 0 \qquad (\varkappa = 1, 2, \ldots, l - r).$$

Für $r = 0$ stellt diese letzte Formel l linear unabhängige Gleichungen dar, woraus folgt:

$$\eta_\lambda - \sum_{\mu=1}^{m} \xi_{\lambda\mu}\,g_\mu = 0 \qquad (\lambda = 1, 2, \ldots, l);$$

dieselbe Gleichung gilt dann aber wegen (3) auch für $\lambda = l + 1, l + 2, \ldots, n$. In diesem Fall lassen die Ungleichungen (C) also die Lösung $x_\mu = g_\mu$ zu, und zwar verschwinden dann die linken Seiten dieser Ungleichungen. Aus Satz 62 schließt man aber, daß sie ebenso für jede andere etwa noch vorhandene Lösung verschwinden. Damit ist Satz 64, soweit er sich auf den Fall $r = 0$ bezieht, bewiesen.

Sei nun $r > 0$. Wir bestimmen dann gemäß Satz 63 die dortigen ganzen Zahlen $x_{\mu\varrho}$ so, daß

$$(5)\qquad \left|\sum_{\mu=1}^{m}\xi_{\nu\mu}\,x_{\mu\varrho}\right| = |\,\tau_{\nu\varrho}\,| < \frac{\varepsilon}{r} \qquad (\nu = 1, 2, \ldots, n;\ \varrho = 1, 2, \ldots, r)$$

wird. Wegen (A) ist

$$(6)\qquad \tau_{l+\varkappa,\varrho} = \sum_{\lambda=1}^{l}\alpha_{\varkappa\lambda}\,\tau_{\lambda\varrho} \qquad (\varkappa = 1, 2, \ldots, n-l;\ \varrho = 1, 2, \ldots, r).$$

Außerdem ist auch

$$(7)\qquad \sum_{\lambda=1}^{l}\beta_{\varkappa\lambda}\,\tau_{\lambda\varrho} = 0 \qquad (\varkappa = 1, 2, \ldots, l-r;\ \varrho = 1, 2, \ldots, r);$$

denn die linke Seite ist wegen (B) gleich der *ganzen* Zahl

$$\sum_{\mu=1}^{m} b_{\varkappa\mu}\,x_{\mu\varrho}\,,$$

andererseits wegen (5) absolut kleiner als 1, sobald nur ε klein genug ist.

Nun lösen wir das System von n linearen Gleichungen

$$(8)\qquad \sum_{\varrho=1}^{r}\tau_{\nu\varrho}\,\omega_\varrho = \eta_\nu - \sum_{\mu=1}^{m}\xi_{\nu\mu}\,g_\mu \qquad (\nu = 1, 2, \ldots, n)$$

nach $\omega_1, \ldots, \omega_r$ auf. Das sind allerdings n Gleichungen für nur r Unbekannte. Aber von diesen n Gleichungen sind die letzten $n - l$ nach (6) und (3) eine Folge der ersten l. Und unter den ersten l sind nach (7) und (4) höchstens r linear unabhängige. Da aber die r-reihigen Determinanten der Matrix des Gleichungssystems (8) nicht alle verschwinden (Satz 63 Seite 154), sind wirklich r unabhängige und widerspruchslose Gleichungen vorhanden, so daß sich die Unbekannten $\omega_1, \ldots, \omega_r$ eindeutig berechnen lassen.

Ist t_ϱ die größte in ω_ϱ enthaltene ganze Zahl, so folgt aus (8) und (5):

$$\left|\sum_{\varrho=1}^{r}\tau_{\nu\varrho}\,t_\varrho + \sum_{\mu=1}^{m}\xi_{\nu\mu}\,g_\mu - \eta_\nu\right| < \sum_{\varrho=1}^{r}|\,\tau_{\nu\varrho}\,| < \varepsilon \qquad (\nu = 1, 2, \ldots, n).$$

Setzt man aber für $\tau_{\nu\varrho}$ den Wert aus Satz 63 ein, so folgt hieraus:

$$\left|\sum_{\mu=1}^{m}\xi_{\nu\mu}\,\Big(\sum_{\varrho=1}^{r}x_{\mu\varrho}\,t_\varrho + g_\mu\Big) - \eta_\nu\right| < \varepsilon \qquad (\nu = 1, 2, \ldots, n),$$

Die Ungleichungen (C) haben also die ganzzahligen Lösungen

$$x_\mu = \sum_{\varrho=1}^{r}x_{\mu\varrho}\,t_\varrho + g_\mu \qquad (\mu = 1, 2, \ldots, m),$$

womit nun alles bewiesen ist.

Der Satz 64 ist eine weitgehende Verallgemeinerung von Satz 61, der aus ihm für $n = 1$, $m = 2$ hervorgeht. Für $n > 1$ ist es nützlich, *sich die Aussage von Satz* **64** *geometrisch zu veranschaulichen.* Haben wir z. B. zwei linear unabhängige Formen

$$F_1 = \sum_{\mu=1}^{m} \xi_{1\mu} x_\mu, \quad F_2 = \sum_{\mu=1}^{m} \xi_{2\mu} x_\mu,$$

also $n = l = 2$, so führen wir in einer Ebene ein rechtwinkliges XY-Koordinatensystem ein und fragen, wie die Punkte mit den Koordinaten

$$X = \sum_{\mu=1}^{m} \xi_{1\mu} x_\mu, \quad Y = \sum_{\mu=1}^{m} \xi_{2\mu} x_\mu$$

in der Ebene verteilt sind, wenn die Zahlen x_μ alle ganzzahligen Werte durchlaufen. Die Antwort lautet:

Wenn der Rationalitätsrang gleich 2 ist, so liegen die Punkte in der ganzen Ebene überall dicht; denn die Bedingungen (D), (E) fallen weg, *jedes* Zahlenpaar η_1, η_2 ist beliebig approximierbar.

Wenn der Rationalitätsrang gleich 1 ist, so liegen die Punkte auf einem System paralleler äquidistanter Geraden überall dicht. Die Gleichungen dieser Geraden sind nach (E)

$$\beta_{11} X + \beta_{12} Y = \sum_{\mu=1}^{m} b_{1\mu} g_\mu,$$

wo die g_μ alle ganzen Zahlen durchlaufen; dann durchläuft aber die rechte Seite die Zahlen der Form

$$0, \pm k, \pm 2k, \pm 3k, \ldots,$$

wo k der größte gemeinsame Teiler von $b_{11}, \ldots, b_{1m}$ ist[1]), so daß die Geraden wirklich äquidistant sind.

Wenn der Rationalitätsrang gleich 0 ist, sind die fraglichen Punkte die Schnittpunkte von zwei Systemen paralleler äquidistanter Geraden, sie bilden also die Eckpunkte eines Parallelogrammnetzes, ein sogenanntes *Gitter.*

In gleicher Weise kann man den Satz 64 für $n = 3$ im Raum deuten, und man kann ihn auch für beliebige Werte von n in der Sprache der n-dimensionalen Geometrie anschaulich aussprechen. Von da aus ist Marcel Riesz zu einer wesentlichen und sehr eleganten Erweiterung des Satzes gelangt (siehe Literatur).

---

[1]) Ist nämlich c die kleinste positive Zahl, die sich in der Gestalt

$$\sum_{\mu=1}^{m} b_{1\mu} x_\mu$$

mit ganzzahligen x_μ darstellen läßt, so läßt sich auch jedes Multiplum von c so darstellen, während c selbst offenbar ein Multiplum von k sein muß. Andererseits sind die Zahlen $b_{1\mu}$ durch c teilbar (vgl. die ausführliche Begründung dafür auf Seite 149 unten, wo der Fall $m = 2$ vorliegt). Also ist c auch ein Teiler von k, und folglich $c = k$.

Wir wollen jetzt den Satz 64 noch speziell auf das System der n Formen

$$F_\nu = - x_\nu + \xi_\nu x_{n+1} \qquad (\nu = 1, 2, \ldots, n)$$

anwenden, die offenbar linear unabhängig sind, so daß der Rang $l = n$ ist. Es ergibt sich augenblicklich

Satz 65. *Wenn die Zahlen* $1, \xi_1, \xi_2, \ldots, \xi_n$ *voneinander rational unabhängig sind, so läßt sich das System der n Ungleichungen*

$$|\xi_\nu x_{n+1} - x_\nu - \eta_\nu| < \varepsilon \qquad (\nu = 1, 2, \ldots, n),$$

wie klein auch die positive Zahl ε *sei, stets durch ganze Zahlen* $x_1, x_2, \ldots, x_{n+1}$ *befriedigen.*

Sind aber die Zahlen voneinander rational abhängig und gibt es zwischen ihnen genau n—r linear unabhängige Relationen

$$b_\varkappa + \sum_{\nu=1}^{n} b_{\varkappa\nu} \xi_\nu = 0 \qquad (\varkappa = 1, 2, \ldots, n - r)$$

mit ganzzahligen Koeffizienten $b_\varkappa, b_{\varkappa\nu}$, *so besteht die notwendige und hinreichende Bedingung für die Erfüllbarkeit der obigen Ungleichungen darin, daß die Zahlen* η_ν *den Bedingungen*

$$\sum_{\nu=1}^{n} b_{\varkappa\nu} \eta_\nu = b_\varkappa g + \sum_{\nu=1}^{n} b_{\varkappa\nu} g_\nu \qquad (\varkappa = 1, 2, \ldots, n - r)$$

genügen, wo g, g_ν *ganze Zahlen sind.*

Bei Anwendung von Satz 64 wird nämlich hier $\beta_{\varkappa\nu} = - b_{\varkappa\nu}$.

Der Satz 65, der hier als Spezialfall aus Satz 64 gewonnen wurde, läßt sich auch unabhängig beweisen. Ein in der Sprache der n-dimensionalen Geometrie sehr anschaulich geführter Beweis stammt von LETTENMEYER. Rein arithmetisch und besonders einfach ist ein auf vollständiger Induktion beruhender Beweis von ESTERMANN, den wir hier noch anschließen wollen.

Daß im Fall rationaler Abhängigkeit die angegebenen Bedingungen *notwendig* sind, ist ganz leicht einzusehen. Denn aus

$$|\xi_\nu x_{n+1} - x_\nu - \eta_\nu| < \varepsilon \qquad (\nu = 1, 2, \ldots, n)$$

folgt ja

$$\left| b_\varkappa x_{n+1} + \sum_{\nu=1}^{n} b_{\varkappa\nu} x_\nu + \sum_{\nu=1}^{n} b_{\varkappa\nu} \eta_\nu \right| = \left| \sum_{\nu=1}^{n} b_{\varkappa\nu} (- \xi_\nu x_{n+1} + x_\nu + \eta_\nu) \right|$$
$$< \varepsilon \sum_{\nu=1}^{n} |b_{\varkappa\nu}| .$$

Läßt man in dieser Ungleichung ε eine nach Null abnehmende Folge durchlaufen, so können zwar die zugehörigen Zahlen x_ν sich ändern, aber die Ungleichung besagt, daß die *ganze* Zahl $b_\varkappa x_{n+1} + \sum b_{\varkappa\nu} x_\nu$ sich beliebig wenig von der *festen* Zahl $- \sum b_{\varkappa\nu} \eta_\nu$ unterscheidet; sie bleibt also selbst konstant, und zwar gleich $-\sum b_{\varkappa\nu}\eta_\nu$. Die Bedingungen sind daher notwendig (es ist $g = -x_{n+1}$, $g_\nu = -x_\nu$).

Daß die Bedingungen auch *hinreichend* sind, ist, wenn alle ξ_ν rational sind, d. h. im Fall $r = 0$, trivial; dann ist nämlich mit Rücksicht auf die $n - r = n$ in Satz 65 vorausgesetzten Relationen

$$\sum_{\nu=1}^{n} b_{\varkappa\nu}(-\xi_\nu g + g_\nu - \eta_\nu) = b_\varkappa g + \sum_{\nu=1}^{n} b_{\varkappa\nu} g_\nu - \sum_{\nu=1}^{n} b_{\varkappa\nu}\eta_\nu = 0,$$

und da die (n-reihige) Determinante der $b_{\varkappa\nu}$ von Null verschieden ist, folgt hieraus $-\xi_\nu g + g_\nu - \eta_\nu = 0$, also

$$|\xi_\nu \cdot (-g) - (-g_\nu) - \eta_\nu| = 0 < \varepsilon,$$

so daß die verlangten Ungleichungen durch $x_\nu = -g_\nu$, $x_{n+1} = -g$ erfüllt werden.

Sind nicht alle ξ_ν rational, also etwa ξ_n irrational, und wählt man auf Grund von Satz 55 ganze Zahlen p_ν, q so, daß $q \neq 0$ und [1])

$$(9) \qquad |\xi_\nu q - p_\nu| < \frac{\varepsilon}{2 + |g|} \qquad (\nu = 1, 2, \ldots, n)$$

ist, so wird

$$\left| -b_\varkappa q - \sum_{\nu=1}^{n} b_{\varkappa\nu} p_\nu \right| = \left| \sum_{\nu=1}^{n} b_{\varkappa\nu}(\xi_\nu q - p_\nu) \right|$$

$$< \frac{\varepsilon}{2 + |g|} \sum_{\nu=1}^{n} |b_{\varkappa\nu}| < 1,$$

wenn nur ε genügend klein ist. Links steht aber eine ganze Zahl, also 0:

$$(10) \qquad b_\varkappa q + \sum_{\nu=1}^{n} b_{\varkappa\nu} p_\nu = 0 \qquad (\varkappa = 1, 2, \ldots, n - r).$$

Wegen der Irrationalität von ξ_n ist $\xi_n q - p_n \neq 0$, und zwischen den Zahlen $\frac{\xi_\nu q - p_\nu}{\xi_n q - p_n}$ bestehen mit Rücksicht auf (10) und die $n - r$ in Satz 65 vorausgesetzten Relationen die $n - r$ linear unabhängigen Relationen

$$(11) \qquad b_{\varkappa n} + \sum_{\nu=1}^{n-1} b_{\varkappa\nu} \frac{\xi_\nu q - p_\nu}{\xi_n q - p_n} = 0 \qquad (\varkappa = 1, 2, \ldots, n - r).$$

Weitere hiervon unabhängige Relationen bestehen aber nicht; denn aus

$$c_n + \sum_{\nu=1}^{n-1} c_\nu \frac{\xi_\nu q - p_\nu}{\xi_n q - p_n} = 0$$

[1]) Im Fall rationaler Unabhängigkeit ist eine Zahl g nicht definiert. In (9) kann man dann $g = 0$ setzen, und im übrigen erfährt der folgende Beweis eine leicht ersichtliche Vereinfachung.

würde folgen

$$-\sum_{\nu=1}^{n} c_\nu p_\nu + \sum_{\nu=1}^{n} c_\nu q \xi_\nu = 0,$$

während doch in Wahrheit keine von den in Satz 65 angegebenen Relationen unabhängige besteht.

Machen wir nun die Annahme, daß der Satz 65 für $n-1$ an Stelle von n bereits bewiesen sei (für $n = 1$ deckt er sich mit einer Teilaussage von Satz 61), so sind die $n-1$ Ungleichungen

$$(12)\quad \left| \frac{\xi_\nu q - p_\nu}{\xi_n q - p_n} y_n - y_\nu - \left[\eta_\nu + \frac{g p_\nu}{q} - \left(\eta_n + \frac{g p_n}{q}\right) \frac{\xi_\nu q - p_\nu}{\xi_n q - p_n}\right] \right| < \frac{\varepsilon}{2 + |g|} \qquad (\nu = 1, 2, \ldots, n-1)$$

in ganzen Zahlen $y_1, \ldots, y_n$ lösbar, weil mit Rücksicht auf (10), (11) und die als hinreichend nachzuweisenden Bedingungen von Satz 65

$$\begin{aligned} &\sum_{\nu=1}^{n-1} b_{\varkappa\nu} \left[\eta_\nu + \frac{g p_\nu}{q} - \left(\eta_n + \frac{g p_n}{q}\right) \frac{\xi_\nu q - p_\nu}{\xi_n q - p_n}\right] \\ &= \sum_{\nu=1}^{n-1} b_{\varkappa\nu} \eta_\nu - \frac{g}{q}(b_\varkappa q + b_{\varkappa n} p_n) + \left(\eta_n + \frac{g p_n}{q}\right) b_{\varkappa n} \\ &= \sum_{\nu=1}^{n} b_{\varkappa\nu} \eta_\nu - b_\varkappa g = \sum_{\nu=1}^{n} b_{\varkappa\nu} g_\nu = b_{\varkappa n} g_{\nu n} + \sum_{\nu=1}^{n-1} b_{\varkappa\nu} g_\nu \end{aligned}$$

ist, so daß die analogen Bedingungen für die Lösbarkeit von (12) erfüllt sind. Aber auch noch für $\nu = n$ besteht die Ungleichung (12), weil dann die linke Seite verschwindet. Die Ungleichungen lassen sich auch in der Form schreiben:

$$(13)\quad \left| \frac{\xi_\nu q - p_\nu}{\xi_n q - p_n} \left(y_n + \eta_n + \frac{g p_n}{q}\right) - y_\nu - \eta_\nu - \frac{g p_\nu}{q} \right| < \frac{\varepsilon}{2 + |g|} \qquad (\nu = 1, 2, \ldots, n).$$

Bezeichnet nun z die größte in

$$\frac{1}{\xi_n q - p_n}\left(y_n + \eta_n + \frac{g p_n}{q}\right)$$

enthaltene ganze Zahl, so folgt hieraus mit Rücksicht auf (9)

$$\left| (\xi_\nu q - p_\nu) z - y_\nu - \eta_\nu - \frac{g p_\nu}{q} \right| < \frac{2\varepsilon}{2 + |g|} \qquad (\nu = 1, 2, \ldots, n).$$

Ferner ist nach (9)

$$\left| \xi_\nu g - \frac{g p_\nu}{q} \right| \leqq \frac{|g|\,\varepsilon}{2 + |g|} \qquad (\nu = 1, 2, \ldots, n),$$

also zusammen mit der vorigen Ungleichung

$$|(\xi_\nu q - p_\nu) z - y_\nu - \eta_\nu - \xi_\nu g|' < \frac{2\varepsilon + |g|\varepsilon}{2 + |g|} = \varepsilon \qquad (\nu = 1, 2, \ldots, n).$$

Folglich, wenn man $q z - g = x_{n+1}$, $p_\nu z + y_\nu = x_\nu$ setzt,

$$|\xi_\nu x_{n+1} - x_\nu - \eta_\nu| < \varepsilon \qquad (\nu = 1, 2, \ldots, n),$$

womit Satz 65 wieder bewiesen ist.

Mit Satz 65 nahe verwandt ist

Satz 66. *Wenn die Zahlen $\xi_1, \xi_2, \ldots, \xi_{n+1}$ voneinander rational unabhängig sind, so läßt sich das System der $n+1$ Ungleichungen*

$$|\xi_\nu y - x_\nu - \eta_\nu| < \varepsilon \qquad (\nu = 1, 2, \ldots, n+1)$$

wie klein auch die positive Zahl ε sei, stets durch ganze Zahlen x_ν und eine reelle (im allgemeinen nicht ganze) Zahl y befriedigen.

Sind aber die Zahlen voneinander rational abhängig und bestehen zwischen ihnen genau $n + 1 - s$ linear unabhängige Relationen

$$\sum_{\nu=1}^{n+1} b_{\varkappa\nu} \xi_\nu = 0 \qquad (\varkappa = 1, 2, \ldots, n + 1 - s)$$

mit ganzzahligen Koeffizienten $b_{\varkappa\nu}$, so besteht die notwendige und hinreichende Bedingung für die Erfüllbarkeit der obigen Ungleichungen darin, daß die Zahlen η_ν den Bedingungen

$$\sum_{\nu=1}^{n+1} b_{\varkappa\nu} \eta_\nu = \sum_{\nu=1}^{n+1} b_{\varkappa\nu} g_\nu \qquad (\varkappa = 1, 2, \ldots, n + 1 - s)$$

genügen, wo die g_ν ganze Zahlen sind.

Beweis. Daß die Bedingungen notwendig sind, ist wieder leicht zu sehen. Denn aus den zu erfüllenden Ungleichungen folgt sogleich

$$\left| \sum_{\nu=1}^{n+1} b_{\varkappa\nu} x_\nu + \sum_{\nu=1}^{n+1} b_{\varkappa\nu} \eta_\nu \right| = \left| \sum_{\nu=1}^{n+1} b_{\varkappa\nu} (-\xi_\nu y + x_\nu + \eta_\nu) \right| < \varepsilon \sum_{\nu=1}^{n+1} |b_{\varkappa\nu}| .$$

Läßt man hier ε eine nach Null abnehmende Folge durchlaufen, so kann man schließen wie Seite 163 unten.

Daß die Bedingungen auch hinreichend sind, ist, falls alle ξ_ν verschwinden, d. h. im Fall $s = 0$, trivial, da sie dann augenscheinlich besagen, daß alle η_ν ganze Zahlen sind. Im andern Fall dürfen wir speziell etwa $\xi_{n+1} \neq 0$ voraussetzen. Alsdann sind, wenn wir zu jedem ganzzahligen x_{n+1} ein reelles y aus der Gleichung

$$\xi_{n+1} y - x_{n+1} - \eta_{n+1} = 0 \tag{14}$$

bestimmen, nur noch die n Ungleichungen

$$|\xi_\nu y - x_\nu - \eta_\nu| < \varepsilon \qquad (\nu = 1, 2, \ldots, n)$$

zu erfüllen. Diese gehen aber, wenn man für y den Wert aus (14) einsetzt, über in

$$\left|\frac{\xi_\nu}{\xi_{n+1}} x_{n+1} - x_\nu - \left(\eta_\nu - \frac{\xi_\nu \eta_{n+1}}{\xi_{n+1}}\right)\right| < \varepsilon \qquad (\nu = 1, 2, \ldots, n).$$

Für die Erfüllbarkeit dieser Ungleichungen durch ganze Zahlen $x_1, \ldots, x_{n+1}$ ist aber, da zwischen den $\frac{\xi_\nu}{\xi_{n+1}}$ die Relationen

$$b_{\varkappa, n+1} + \sum_{\nu=1}^{n} b_{\varkappa\nu} \frac{\xi_\nu}{\xi_{n+1}} = 0 \qquad (\varkappa = 1, 2, \ldots, n+1-s)$$

bestehen, nach Satz 65 notwendig und hinreichend

$$\sum_{\nu=1}^{n} b_{\varkappa\nu}\left(\eta_\nu - \frac{\xi_\nu \eta_{n+1}}{\xi_{n+1}}\right) = b_{\varkappa, n+1}\, g_{n+1} + \sum_{\nu=1}^{n} b_{\varkappa\nu}\, g_\nu,$$

was mit Rücksicht auf die vorausgehende Gleichung soviel besagt wie

$$\sum_{\nu=1}^{n+1} b_{\varkappa\nu}\, \eta_\nu = \sum_{\nu=1}^{n+1} b_{\varkappa\nu}\, g_\nu \qquad (\varkappa = 1, 2, \ldots, n+1-s).$$

Damit ist Satz 66 bewiesen.

§ 43. Gleichverteilung

Die Sätze 65 und 66, namentlich der jeweils erste Teil, haben seit einem Vierteljahrhundert eine große Bedeutung in verschiedenen Teilen der Mathematik erlangt; doch braucht man dabei meist eine eigenartige Vertiefung, die von Weyl angegeben worden ist. Nach Satz 65 (erster Teil) liegen, wenn wir uns einen Moment der Sprache der n-dimensionalen Geometrie bedienen, die Punkte mit den Koordinaten

$$\xi_1 x_{n+1} - x_1,\ \xi_2 x_{n+1} - x_2,\ \ldots,\ \xi_n x_{n+1} - x_n$$

überall dicht. Aber nach Weyl liegen sie sogar überall *gleich dicht*, sie sind im ganzen Raum *gleichverteilt*. Darunter ist folgendes zu verstehen:

Sei t irgendeine positive ganze Zahl. Die Anzahl der Systeme ganzer Zahlen $x_1, \ldots, x_{n+1}$, für die

$$0 < x_{n+1} \leqq t,$$
$$\eta_\nu \leqq \xi_\nu x_{n+1} - x_\nu < \eta_\nu + \alpha_\nu \qquad (\nu = 1, 2, \ldots, n)$$

ist, werde mit $N(\eta_1, \ldots, \eta_n; \alpha_1, \ldots, \alpha_n; t)$ oder kürzer $N(\eta_\nu; \alpha_\nu; t)$ bezeichnet. Dabei soll $N(\eta; \alpha_\nu; t)$ bzw. $N(\eta_\nu; \alpha; t)$ geschrieben werden, wenn alle η_ν gleich η, bzw. alle α_ν gleich α sind. Dann gilt

Satz 67. *Wenn die Zahlen* $1, \xi_1, \xi_2, \ldots, \xi_n$ *voneinander rational unabhängig sind, so ist*

$$\lim_{t \to \infty} \frac{N(\eta_\nu; \alpha_\nu; t)}{t} = \prod_{\nu=1}^{n} \alpha_\nu .$$

Die Unabhängigkeit dieses Grenzwertes von den η_ν ist das, was man mit dem Wort *Gleichverteilung* meint.

Um den Beweis von Satz 67 vorzubereiten, bemerken wir, daß es nach Satz 65 gewiß ganzzahlige y_ν, z_ν gibt, für welche

$$\eta_\nu + \frac{\alpha_\nu}{3} < \xi_\nu\, y_{n+1} - y_\nu < \eta_\nu + \frac{2\,\alpha_\nu}{3} \qquad (\nu = 1, 2, \ldots, n),$$

$$-\frac{\alpha_\nu}{3} < \xi_\nu\, z_{n+1} - z_\nu < \frac{\alpha_\nu}{3} \qquad (\nu = 1, 2, \ldots, n)$$

ist. Wegen Satz 55 Seite 138 kann man z_{n+1} positiv wählen und kann unendlich viele derartige Zahlen z_{n+1} angeben, da man ja $|\xi_\nu\, z_{n+1} - z_\nu|$ beliebig klein machen kann. Dann ist aber, wenn man $y_\nu + z_\nu = x_\nu$ setzt.

$$\eta_\nu < \xi_\nu\, x_{n+1} - x_\nu < \eta_\nu + \alpha_\nu \qquad (\nu = 1, 2, \ldots, n).$$

Somit gibt es unendlich viele positive Zahlen x_{n+1} dieser Art, und man gewinnt die Formel

$$\text{(1)} \qquad \lim_{t \to \infty} N(\eta_\nu; \alpha_\nu; t) = \infty .$$

Wenn $\alpha_\nu \leqq 1$, dann gibt es zu jeder ganzen Zahl x_{n+1} höchstens *ein* System ganzer Zahlen $x_1, \ldots, x_n$ derart, daß

$$\eta_\nu \leqq \xi_\nu\, x_{n+1} - x_\nu < \eta_\nu + \alpha_\nu \qquad (\nu = 1, 2, \ldots, n)$$

ist, und im Fall $\alpha_\nu = 1$ gibt es auch wirklich eines. Die Zahlen x_{n+1} des Intervalles $t_1 < x_{n+1} \leqq t_2$ liefern also *höchstens*, und im Fall $\alpha_\nu = 1$ sogar *genau*, $t_2 - t_1$ solche Systeme; folglich gelten die Formeln

$$\text{(2)} \qquad 0 \leqq N(\eta_\nu; \alpha_\nu; t_2) - N(\eta_\nu; \alpha_\nu; t_1) \leqq t_2 - t_1 \qquad \text{für } \alpha_\nu \leqq 1,\ t_2 > t_1 ,$$

$$\text{(3)} \qquad N(\eta_\nu; \alpha_\nu; t) \leqq t \qquad \text{für } \alpha_\nu \leqq 1,$$

$$\text{(4)} \qquad N(\eta_\nu; 1; t) = t.$$

Nun beweisen wir zunächst den

Hilfssatz. *Unter der Voraussetzung von Satz* 67 *gilt, wenn die Zahlen* $\bar{\eta}_1, \ldots, \bar{\eta}_n$ *in der Form*

$$\bar{\eta}_1 = \xi_1 g - g_1,\ \bar{\eta}_2 = \xi_2 g - g_2, \ldots,\ \bar{\eta}_n = \xi_n g - g_n$$

darstellbar sind, wo die $g, g_1, \ldots, g_n$ *ganze Zahlen sind, und wenn* $\alpha_\nu \leqq 1$ *ist, die Beziehung*

$$\lim_{t \to \infty} \frac{N(\bar{\eta}_\nu; \alpha_\nu; t)}{N(0; \alpha_\nu; t)} = 1.$$

Da die Ungleichungen

$$\bar{\eta}_\nu \leqq \xi_\nu\, x_{n+1} - x_\nu < \bar{\eta}_\nu + \alpha_\nu \qquad (\nu = 1, 2, \ldots, n)$$

soviel besagen wie

$$0 \leqq \xi_\nu (x_{n+1} - g) - (x_\nu - g_\nu) < \alpha_\nu \qquad (\nu = 1, 2, \ldots, n),$$

so ist augenscheinlich

$$\text{für } t > g \geqq 0\colon\ N(\bar{\eta}_\nu; \alpha_\nu; t) = N(\bar{\eta}_\nu; \alpha_\nu; g) + N(0; \alpha_\nu; t - g),$$

$$\text{für } g < 0\colon\ N(0; \alpha_\nu; t + |g|) = N(0; \alpha_\nu; |g|) + N(\bar{\eta}_\nu; \alpha_\nu; t),$$

wobei das im Fall $g = 0$ auftretende und noch nicht definierte Zeichen $N(\bar{\eta}_\nu; \alpha_\nu; 0)$ die Bedeutung 0 hat; oder etwas anders geschrieben:

$$N(\eta_\nu; \alpha_\nu; t) - N(0; \alpha_\nu; t)$$

$$= \begin{cases} N(\bar{\eta}_\nu; \alpha_\nu; g) - [N(0; \alpha_\nu; t) - N(0; \alpha_\nu; t - g)] & \text{für } t > g \geqq 0 \\ [N(0; \alpha_\nu; t + |g|) - N(0; \alpha_\nu; t)] - N(0; \alpha_\nu; |g|) & \text{für } g < 0. \end{cases}$$

In beiden Fällen ergibt sich wegen (2) und (3), falls $\alpha_\nu \leqq 1$ ist:

$$|N(\bar{\eta}_\nu; \alpha_\nu; t) - N(0; \alpha_\nu; t)| \leqq |g|.$$

Hieraus und aus (1) folgt unmittelbar der Hilfssatz.

Nun sei q eine positive ganze Zahl (die wir später beliebig groß wählen). Offenbar gibt es zu jedem System ganzer Zahlen $x_1, \ldots, x_{n+1}$, das den Ungleichungen

$$\eta_\nu \leqq \xi_\nu x_{n+1} - x_\nu < \eta_\nu + 1 \qquad (\nu = 1, 2, \ldots, n)$$

genügt, genau *ein* System ganzer Zahlen $r_1, \ldots, r_n$, für welches $0 \leqq r_\nu < q$ und zugleich

$$\eta_\nu + \frac{r_\nu}{q} \leqq \xi_\nu x_{n+1} - x_\nu < \eta_\nu + \frac{r_\nu}{q} + \frac{1}{q} \qquad (\nu = 1, 2, \ldots, n)$$

ist; umgekehrt ziehen diese letzteren Ungleichungen auch wieder die vorausgehenden nach sich. Daraus und mit Rücksicht auf (4) folgt

$$\text{(5)} \qquad \sum_{r_1=0}^{q-1} \cdots \sum_{r_n=0}^{q-1} N\left(\eta_\nu + \frac{r_\nu}{q}; \frac{1}{q}; t\right) = N(\eta_\nu; 1; t) = t.$$

Analog gibt es zu jedem System ganzer Zahlen $x_1, \ldots, x_{n+1}$, das den Ungleichungen

$$\text{(A)} \qquad \eta_\nu \leqq \xi_\nu x_{n+1} - x_\nu < \eta_\nu + \alpha_\nu \qquad (\nu = 1, 2, \ldots, n)$$

genügt, genau *ein* System ganzer Zahlen $r_1, \ldots, r_n$, für welches $0 \leqq r_\nu < q\,\alpha_\nu$ und zugleich

$$\text{(B)} \qquad \eta_\nu + \frac{r_\nu}{q} \leqq \xi_\nu x_{n+1} - x_\nu < \eta_\nu + \frac{r_\nu}{q} + \frac{1}{q} \qquad (\nu = 1, 2, \ldots, n)$$

ist. Aber diesmal ziehen die Ungleichungen (B) nicht (A) nach sich, weil $r_\nu + 1$ größer als $q\,\alpha_\nu$ sein kann. Daher kann diesmal nur geschlossen werden, wenn die größte in $q\,\alpha_\nu$ enthaltene ganze Zahl mit $(q\,\alpha_\nu)_g = p_\nu$ bezeichnet wird:

$$(6) \qquad \sum_{r_1=0}^{p_1} \cdots \sum_{r_n=0}^{p_n} N\left(\eta_\nu + \frac{r_\nu}{q}; \frac{1}{q}; t\right) \geqq N(\eta_\nu; \alpha_\nu; t), \qquad \text{wobei } p_\nu = (q\,\alpha_\nu)_g.$$

Dagegen ziehen die Ungleichungen (B) wenn die r_ν der stärkeren Einschränkung $0 \leqq r_\nu \leqq q\,\alpha_\nu - 1$ unterworfen werden, notwendig die Ungleichungen (A) nach sich, und daraus schließt man

$$(7) \qquad \sum_{r_1=0}^{p_1-1} \cdots \sum_{r_n=0}^{p_n-1} N\left(\eta_\nu + \frac{r_\nu}{q}; \frac{1}{q}; t\right) \leqq N(\eta_\nu; \alpha_\nu; t), \qquad \text{wobei } p_\nu = (q\,\alpha_\nu)_g.$$

Schreibt man die Formeln (5) und (6) noch einmal mit $q + 1$ an Stelle von q, so lauten sie

$$(8) \qquad \sum_{r_1=0}^{q} \cdots \sum_{r_n=0}^{q} N\left(\eta_\nu + \frac{r_\nu}{q+1}; \frac{1}{q+1}; t\right) = t,$$

$$(9) \qquad \sum_{r_1=0}^{p_1} \cdots \sum_{r_n=0}^{p_n} N\left(\eta_\nu + \frac{r_\nu}{q+1}; \frac{1}{q+1}; t\right) \geqq N(\eta_\nu; \alpha_\nu; t),$$

$$\text{wobei } p_\nu = (q\,\alpha_\nu + \alpha_\nu)_g.$$

Nach Satz 65 kann man zu jedem der in (5) und (7) vorkommenden Systeme $r_1, \ldots, r_n$ ein zugehöriges System

$$\bar\eta_1 = \bar\eta_1(r_1, \ldots, r_n), \ldots, \bar\eta_n = \bar\eta_n(r_1, \ldots, r_n)$$

von der in dem Hilfssatz verlangten Form so bestimmen, daß

$$\eta_\nu + \frac{r_\nu}{q} < \bar\eta_\nu < \eta_\nu + \frac{r_\nu}{q} + \frac{1}{q(2q+1)} \qquad (\nu = 1, 2, \ldots, n)$$

ist. Da dann die Ungleichungen

$$\bar\eta_\nu + \frac{r_\nu}{q} \leqq \xi_\nu x_{n+1} - x_\nu < \eta_\nu + \frac{r_\nu}{q} + \frac{1}{q}$$

weniger verlangen als die Ungleichungen

$$\bar\eta_\nu \leqq \xi_\nu x_{n+1} - x_\nu < \bar\eta_\nu + \frac{2}{2q+1},$$

so ist offenbar

$$N\left(\bar\eta_\nu; \frac{2}{2q+1}; t\right) \leqq N\left(\eta_\nu + \frac{r_\nu}{q}; \frac{1}{q}; t\right),$$

und aus (5) und (7) folgen hiernach die Abschätzungen

$$(10) \qquad \sum_{r_1=0}^{q-1} \cdots \sum_{r_n=0}^{q-1} N\left(\bar\eta_\nu; \frac{2}{2q+1}; t\right) \leqq t,$$

$$(11) \qquad \sum_{r_1=0}^{p_1-1} \cdots \sum_{r_n=0}^{p_n-1} N\left(\bar\eta_\nu; \frac{2}{2q+1}; t\right) \leqq N(\eta_\nu; \alpha_\nu; t), \qquad \text{wobei } p_\nu = (q\,\alpha_\nu)_g.$$

Weiter kann man nach Satz 65 auch zu jedem der in (8) und (9) vorkommenden Systeme $r_1, \ldots, r_n$ ein zugehöriges System

$$\bar{\bar{\eta}}_1 = \bar{\bar{\eta}}_1(r_1, \ldots, r_n), \ldots, \bar{\bar{\eta}}_n = \bar{\bar{\eta}}_n(r_1, \ldots, r_n)$$

von der in dem Hilfssatz verlangten Form so bestimmen, daß

$$\eta_\nu + \frac{r_\nu}{q+1} - \frac{1}{(q+1)(2q+1)} < \bar{\bar{\eta}}_\nu < \eta_\nu + \frac{r_\nu}{q+1} \qquad (\nu = 1, 2, \ldots, n)$$

ist. Da dann die Ungleichungen

$$\eta_\nu + \frac{r_\nu}{q+1} \leqq \xi_\nu x_{n+1} - x_\nu < \eta_\nu + \frac{r_\nu}{q+1} + \frac{1}{q+1}$$

mehr verlangen als die Ungleichungen

$$\bar{\bar{\eta}}_\nu \leqq \xi_\nu x_{n+1} - x_\nu < \bar{\bar{\eta}}_\nu + \frac{2}{2q+1},$$

so ist diesmal

$$N\left(\bar{\bar{\eta}}_\nu; \frac{2}{2q+1}; t\right) \geqq N\left(\eta_\nu + \frac{r_\nu}{q+1}; \frac{1}{q+1}; t\right),$$

und aus (8) und (9) folgen die Abschätzungen

$$\sum_{r_1=0}^{q} \cdots \sum_{r_n=0}^{q} N\left(\bar{\bar{\eta}}_\nu; \frac{2}{2q+1}; t\right) \geqq t, \tag{12}$$

$$\sum_{r_1=0}^{p_1} \cdots \sum_{r_n=0}^{p_n} N\left(\bar{\bar{\eta}}_\nu; \frac{2}{2q+1}; t\right) \geqq N(\eta_\nu; \alpha_\nu; t), \quad \text{wobei } p_\nu = (q\,\alpha_\nu + \alpha_\nu)_g. \tag{13}$$

Aus den Formeln (10), (11), (12), (13) erhält man, wenn man durch $N\left(0; \frac{2}{2q+1}; t\right)$ dividiert, nach dem Hilfssatz, weil die $\bar{\eta}_\nu$, $\bar{\bar{\eta}}_\nu$ die dort verlangte Form haben, der Reihe nach die Formeln

$$\liminf_{t\to\infty} \frac{t}{N\left(0; \frac{2}{2q+1}; t\right)} \geqq q^n, \tag{14}$$

$$\liminf_{t\to\infty} \frac{N(\eta_\nu; \alpha_\nu; t)}{N\left(0: \frac{2}{2q+1}; t\right)} \geqq \prod_{\nu=1}^{n} p_\nu > \prod_{\nu=1}^{n} (q\,\alpha_\nu - 1), \tag{15}$$

$$\limsup_{t\to\infty} \frac{t}{N\left(0; \frac{2}{2q+1}; t\right)} \leqq (q+1)^n, \tag{16}$$

$$(17)\qquad \limsup_{t\to\infty} \frac{N(\eta_\nu;\alpha_\nu;t)}{N\left(0;\frac{2}{2q+1};t\right)} \leqq \prod_{\nu=1}^{n}(p_\nu+1) \leqq \prod_{\nu=1}^{n}(q\alpha_\nu+\alpha_\nu+1).$$

Aus (14) und (17) folgt aber

$$\limsup_{t\to\infty} \frac{N(\eta_\nu;\alpha_\nu;t)}{t} \leqq \frac{1}{q^n}\prod_{\nu=1}^{n}(q\alpha_\nu+\alpha_\nu+1) = \prod_{\nu=1}^{n}\left(\alpha_\nu+\frac{\alpha_\nu+1}{q}\right)$$

und analog aus (15) und (16)

$$\liminf_{t\to\infty} \frac{N(\eta_\nu;\alpha_\nu;t)}{t} > \frac{1}{(q+1)^n}\prod_{\nu=1}^{n}(q\alpha_\nu-1) = \prod_{\nu=1}^{n}\left(\alpha_\nu-\frac{\alpha_\nu+1}{q+1}\right).$$

Da q beliebig groß sein darf, besagen diese Formeln soviel wie

$$\limsup_{k\to\infty} \frac{N(\eta_\nu;\alpha_\nu;t)}{t} \leqq \prod_{\nu=1}^{n}\alpha_\nu,$$

$$\liminf_{t\to\infty} \frac{N(\eta_\nu;\alpha_\nu;t)}{t} \geqq \prod_{\nu=1}^{n}\alpha_\nu.$$

Daher sind der obere und untere Limes einander gleich, und es ist

$$\lim_{t\to\infty} \frac{N(\eta_\nu;\alpha_\nu;t)}{t} = \prod_{\nu=1}^{n}\alpha_\nu.$$ W. z. b. w.

In ähnlicher Weise soll nun auch der Satz 66 (erster Teil) vertieft werden. Zu dem Zweck seien $\alpha_1 \ldots, \alpha_{n+1}$ positive Zahlen, und zwar sämtlich $\leqq 1$. Wenn dann zu einem System ganzer Zahlen $x_1, \ldots, x_{n+1}$ eine reelle Zahl y gehört, für die

$$(18)\qquad \eta_\nu < \xi_\nu y - x_\nu < \eta_\nu + \alpha_\nu \qquad (\nu = 1, 2, \ldots, n+1)$$

ist, so gibt es offenbar unendlich viele solche y, und diese bilden auf der Zahlenlinie ein Intervall mit Ausschluß der Endpunkte (offenes Intervall). Wegen $\alpha_\nu \leqq 1$ kann ein y niemals zu zwei verschiedenen Systemen $x_1, \ldots, x_{n+1}$ gleichzeitig gehören. Außerdem gibt es, wenn t irgend eine positive Zahl ist, nur endlich viele Systeme, zu denen ein y des Intervalles $0 < y < t$ gehört; denn die betreffenden x_ν sind ja beschränkt. Hiernach bilden diejenigen Zahlen y des Intervalles $0 < y < t$, zu denen es ganze Zahlen $x_1, \ldots, x_{n+1}$ gemäß der Forderung (18) gibt, endlich viele offene Intervalle. Ihre Gesamtlänge bezeichnen wir mit $N_1(\eta_\nu;\alpha_\nu;t)$.

Läßt man in (18) statt $<$ auch $\leqq$ zu, so wird die Menge der möglichen Zahlen y zwischen 0 und t höchstens um endlich viele Zahlen vermehrt, so daß sich an der Gesamtlänge der Intervalle nichts ändert. Nun gilt

Satz 68. *Wenn die Zahlen $\xi_1, \xi_2, \ldots, \xi_{n+1}$ voneinander rational unabhängig sind, und wenn $t_1, t_2, t_3, \ldots$ irgend eine Folge mit $\lim\limits_{k\to\infty} t_k = \infty$ ist, so ist*

$$\lim_{k\to\infty} \frac{N_1(\eta_\nu; \alpha_\nu; t_k)}{t_k} = \prod_{\nu=1}^{n+1} \alpha_\nu.$$

Man beachte übrigens, daß hier in der Definition des Zeichens $N_1(\eta_\nu; \alpha_\nu; t)$ die Forderung $\alpha_\nu \leqq 1$ enthalten ist, was bei $N(\eta_\nu; \alpha_\nu; t)$ nicht der Fall war.

Der Beweis für Satz 68 läßt sich fast genau wie bei Satz 67 führen, wobei stets N_1 an Stelle von N zu stehen hat. Die zu (2) und (3) analogen Formeln sind dabei reine Trivialitäten, die überhaupt keines Beweises bedürfen, und als ebenso trivial erweist sich das Analogon zu (4), wenn man bedenkt, daß in (18) auch Gleichheit zugelassen werden darf, ohne daß die Gesamtlänge der Intervalle sich ändert. In dem Analogon zu dem Hilfssatz müssen die $\bar{\eta}_\nu$ die Gestalt

$$\bar{\eta}_1 = \xi_1 g - g_1, \; \bar{\eta}_2 = \xi_2 g - g_2, \; \ldots, \; \bar{\eta}_{n+1} = \xi_{n+1} g - g_{n+1}$$

haben, wo die $g_1, \ldots, g_{n+1}$ ganze Zahlen sind, während g eine beliebige reelle Zahl sein darf. Im übrigen ist die fast wörtliche Übertragung der einzelnen Beweisschritte so einfach, daß wir sie dem Leser überlassen wollen. Statt Satz 65 ist natürlich Satz 66 heranzuziehen.

Die Sätze 65—68 haben in den letzten Jahren mannigfache Verallgemeinerungen erfahren, die aber im Anschluß an die WEYLschen Arbeiten durchweg mit höheren analytischen Hilfsmitteln gewonnen wurden und für dieses Buch nicht mehr in Betracht kommen. Näheres findet der Leser bei KOKSMA, Kap. VII—X. Auch die Sätze 65—68 selbst werden heute meist mit höheren Mitteln bewiesen. Ein elementarer Beweis von Satz 68 mit Benutzung des bereits bekannten Satz 66 wurde von BOHR und COURANT gegeben; er hat dem obigen Beweis von Satz 67 als Vorbild gedient.

Für $n = 1$ war der Satz 67 schon früher von BOHL anläßlich einer Untersuchung über die säkularen Planetenstörungen bewiesen worden.

Sechstes Kapitel

Algebraische und transzendente Zahlen

§ 44. Definition und Abzählbarkeit der algebraischen Zahlen

Definition. *Eine Zahl ξ heißt* algebraisch, *wenn es eine ganze positive Zahl n gibt derart, daß die Potenzen*

$$1, \xi, \xi^2, \ldots, \xi^n$$

voneinander rational abhängig sind. Ist n die kleinste derartige Zahl, so heißt ξ eine algebraische Zahl n^{ten} Grades. *— Eine Zahl, die nicht algebraisch ist, heißt* transzendent.

Hiernach sind die algebraischen Zahlen ersten Grades identisch mit den rationalen Zahlen. Daß es algebraische Zahlen beliebigen Grades gibt, lehrt

Satz 69. *Ist n eine positive ganze Zahl und p eine Primzahl, so ist $\sqrt[n]{p}$ eine algebraische Zahl n^{ten} Grades.*

Zum Beweis setzen wir

$$\sqrt[n]{p} = \xi.$$

Die Zahlen $1, \xi, \ldots, \xi^n$ sind voneinander rational abhängig, denn es besteht die Gleichung $\xi^n = p$, also

$$-p \cdot 1 + 0 \cdot \xi + \ldots + 0 \cdot \xi^{n-1} + 1 \cdot \xi^n = 0.$$

Daher ist ξ eine algebraische Zahl vom höchstens n^{ten} Grad; wir müssen noch zeigen, daß der Grad genau gleich n ist. Wäre er kleiner, so gäbe es eine Relation

$$a_0 + a_1 \xi + \ldots + a_{n-1} \xi^{n-1} = 0 \tag{1}$$

mit ganzzahligen Koeffizienten a_ν, die nicht alle verschwinden. Es gibt dann auch eine derartige Gleichung, bei der a_0 nicht durch p teilbar ist. Denn zunächst dürfen wir annehmen, daß nicht alle a_ν den Teiler p haben, weil man diesen dann unterdrücken könnte. Wenn aber k der kleinste Index ist derart, daß a_k nicht den Teiler p hat, so setzen wir

$$a_\nu = p\, b_\nu = \xi^n b_\nu \qquad \text{für } \nu < k$$

und erhalten aus (1), indem wir durch ξ^k dividieren:

$$a_k + a_{k+1} \xi + \ldots + a_{n-1} \xi^{n-1-k} + b_0 \xi^{n-k} + \ldots + b_{k-1} \xi^{n-1} = 0,$$

und hier ist nun der erste Koeffizient nicht durch p teilbar.

Es darf also in der Tat angenommen werden, daß bereits in (1) der Koeffizient a_0 nicht durch p teilbar ist. Indem man dann die Gleichung (1) der Reihe nach mit $1, \xi, \ldots, \xi^{n-1}$ multipliziert, erhält man mit Rücksicht auf $\xi^n = p$ das System der n Gleichungen

$$\begin{array}{r} a_0 + a_1\,\xi + \ldots + a_{n-1}\,\xi^{n-1} = 0, \\ p\,a_{n-1} + a_0\,\xi + \ldots + a_{n-2}\,\xi^{n-1} = 0, \\ \text{— — — — — — — — — — — — —} \\ p\,a_1 + p\,a_2\,\xi + \ldots + a_0\,\xi^{n-1} = 0, \end{array}$$

aus welchem sogleich folgt:

$$\begin{vmatrix} a_0 & a_1 & a_2 \ldots\ldots & a_{n-2} & a_{n-1} \\ p\,a_{n-1} & a_0 & a_1 \ldots\ldots & a_{n-3} & a_{n-2} \\ \text{— —} & \text{— —} & \text{— — — —} & \text{— —} & \text{— —} \\ p\,a_1 & p\,a_2 & p\,a_3 \ldots\ldots & p\,a_{n-1} & a_0 \end{vmatrix} = 0.$$

Rechnet man aber die Determinante aus, so hat außer dem Hauptdiagonalglied a_0^n offenbar jedes Glied den Teiler p. Die Determinante ist also eine ganze, nicht durch p teilbare Zahl, sie kann daher nicht verschwinden. Die Annahme der Gleichung (1) führt somit zu einem Widerspruch.

Von fundamentaler Wichtigkeit ist nun die Frage, ob es auch *transzendente* Zahlen gibt, die also nicht algebraisch sind. Um diese Frage in bejahendem Sinne zu beantworten, bedient man sich seit den grundlegenden Arbeiten von G. Cantor über Mengenlehre des Begriffs der Abzählbarkeit. Wir definieren:

Definition. *Eine unendliche Menge von Zahlen heißt abzählbar, wenn es eine Zahlenfolge $\gamma_1, \gamma_2, \gamma_3, \ldots$ gibt, die alle Zahlen der Menge enthält.*

Dabei kann außerdem gefordert werden, daß die Folge jede Zahl der Menge *nur einmal* enthält; denn wenn die Folge diese Eigenschaft zunächst nicht hat, kann man ja eine geeignete Teilfolge auswählen, der die Eigenschaft zukommt. Außerdem kann man fordern, daß die Folge auch *nur* Zahlen der Menge enthält, also genau aus *allen* Zahlen der Menge besteht. Man braucht ja nur alle nicht zur Menge gehörenden Zahlen wegzustreichen und die verbleibende Teilfolge zu betrachten.

Nach unserer Definition ist jede unendliche Teilmenge einer abzählbaren Menge offenbar wieder abzählbar. Das einfachste Beispiel einer abzählbaren Menge ist die Menge der positiven ganzen Zahlen; diese bildet ja in ihrer natürlichen Anordnung bereits eine Folge. Weniger trivial ist die Tatsache, daß auch *die Menge aller rationalen Zahlen abzählbar* ist. In ihrer natürlichen Anordnung der Größe nach bilden die rationalen Zahlen selbstverständlich keine Folge. Um einzusehen, daß ihre Menge trotzdem abzählbar ist, bemerken wir, daß es nur eine endliche Anzahl rationaler Brüche $\frac{p}{q}$ mit positivem Nenner

q gibt, bei denen die Summe $|p| + q$ einen vorgegebenen Wert n hat; es sind das, der Größe nach geordnet, die folgenden $2n - 1$ Brüche:

$$\frac{1-n}{1}, \frac{2-n}{2}, \ldots, \frac{-1}{n-1}, \frac{0}{n}, \frac{1}{n-1}, \frac{2}{n-2}, \ldots, \frac{n-1}{1}.$$

Bildet man nun zuerst den Bruch, bei dem $n = 1$ ist, sodann die drei Brüche, bei denen $n = 2$ ist, alsdann die fünf Brüche, bei denen $n = 3$ ist, usw., so entsteht eine Folge, die alle rationalen Zahlen enthält (sogar jede unendlich oft), womit die Abzählbarkeit bewiesen ist. Wir geben hier den Anfang dieser Folge:

$$\frac{0}{1}, \frac{-1}{1}, \frac{0}{2}, \frac{1}{1}, \frac{-2}{1}, \frac{-1}{2}, \frac{0}{3}, \frac{1}{2}, \frac{2}{1}, \frac{-3}{1}, \frac{-2}{2}, \frac{-1}{3}, \frac{0}{4}, \frac{1}{3}, \frac{2}{2}, \frac{3}{1}, \ldots.$$

Dieses für den Anfänger wohl überraschende Ergebnis wird noch weit übertroffen durch den jetzt zu beweisenden

Satz 70. *Die Menge der algebraischen Zahlen ist abzählbar*[1]).

Eine algebraische Zahl ξ vom n^{ten} Grad genügt nach Definition einer algebraischen Gleichung

$$a_0 + a_1 \xi + \ldots + a_n \xi^n = 0 \tag{2}$$

mit ganzzahligen Koeffizienten a_ν, wobei insbesondere $a_n \neq 0$ ist. Nimmt man die a_ν ohne gemeinsamen Teiler an und a_n positiv, so gibt es offenbar *nur eine* solche Gleichung. Denn ist

$$b_0 + b_1 \xi + \ldots + b_n \xi^n = 0 \tag{3}$$

eine zweite, und zwar unter allen möglichen so ausgewählt, daß b_n möglichst klein ist, so sei k die größte in $\frac{a_n}{b_n}$ enthaltene ganze Zahl. Setzt man dann

$$a_\nu - k\, b_\nu = c_\nu \qquad (\nu = 0, 1, \ldots, n),$$

so folgt aus (2) und (3) auch:

$$c_0 + c_1 \xi + \ldots + c_n \xi^n = 0. \tag{4}$$

Hierbei ist nach der Bedeutung von k

$$0 \leqq c_n < b_n,$$

also, da in (3) die Zahl b_n schon so klein wie möglich war, $c_n = 0$. Dann müssen aber, da ξ vom n^{ten} Grad ist, nach (4) alle c_ν verschwinden; also ist $a_\nu - k\, b_\nu = 0$ und, da die a_ν keinen gemeinsamen Teiler haben: $a_\nu = b_\nu$.

Da diese Zahlen a_ν der Gleichung (2) hiernach eindeutig bestimmt sind, hat es einen Sinn, die Zahl

$$H = n + |a_0| + |a_1| + \ldots + |a_n|$$

als die *Höhe* der algebraischen Zahl ξ zu definieren. Die Höhe ist demnach stets eine ganze Zahl größer als 2; nur die Zahl $\xi = 0$ hat die Höhe 2 (es ist $n = 1$, $a_0 = 0$, $a_1 = 1$).

[1]) Wir reden in diesem Buch nur von *reellen* Zahlen. Doch würde der Satz auch richtig bleiben, wenn wir imaginäre Zahlen zuließen; der Beweis wäre wörtlich derselbe.

Offenbar kann man bei vorgegebener Höhe H nur eine endliche Anzahl algebraischer Gleichungen bilden; und da nach einem ganz elementaren Satz der Algebra eine Gleichung n^{ten} Grades höchstens n voneinander verschiedene Lösungen hat, so schließt man, daß es nur eine endliche Anzahl algebraischer Zahlen mit vorgegebener Höhe H gibt. Beispielsweise sind von der Höhe 3 nur die beiden Zahlen ± 1. Die Zahlen der Höhe 4 sind[1]) $\pm 2, \pm \frac{1}{2}$. Die Zahlen der Höhe 5 sind[1])

$$\pm 3, \pm \frac{1}{3}, \pm \sqrt{2}, \pm \frac{1}{\sqrt{2}}, \frac{1 \pm \sqrt{5}}{2}, \frac{-1 \pm \sqrt{5}}{2}.$$

Nimmt man nun zuerst die Zahl 0, sodann die Zahlen der Höhe 3 in irgendeiner Reihenfolge, sodann die Zahlen der Höhe 4 in irgendeiner Reihenfolge usw., so erhält man eine Zahlenfolge, die mit der Menge aller algebraischen Zahlen identisch ist.

§ 45. Nichtabzählbarkeit des Kontinuums. Existenz transzendenter Zahlen

Die Ausführungen des vorigen Paragraphen legen die Vermutung nahe, daß vielleicht die Menge aller Zahlen, also das Kontinuum, abzählbar sein könnte. Dem ist aber nicht so; vielmehr beweisen wir jetzt

Satz 71. *Das Kontinuum ist nicht abzählbar.*

Wäre das Kontinuum abzählbar, so müßte auch die Menge aller Zahlen zwischen 0 und 1 als Teilmenge abzählbar sein. Nehmen wir an, das sei der Fall, und ordnen sie demgemäß als Folge $\gamma_1, \gamma_2, \gamma_3, \ldots$. Jede solche Zahl γ_ν kann als unendlicher Dezimalbruch geschrieben werden:

$$\gamma_\nu = 0, c_{\nu 1}\, c_{\nu 2}\, c_{\nu 3} \ldots \qquad (\nu = 1, 2, 3, \ldots),$$

wobei stets unendlich viele Ziffern von 9 verschieden sind (Satz 40).

Wir wählen nun eine Folge ganzer Zahlen $b_1, b_2, b_3, \ldots$, die lediglich den nachstehenden Forderungen genügen sollen:

$$\left.\begin{array}{c} 1 \leqq b_\nu \leqq 8 \\ b_\nu \neq c_{\nu\nu} \end{array}\right\} \quad (\nu = 1, 2, 3, \ldots).$$

Zu jedem Index ν stehen also mindestens sieben Zahlen für b_ν zur Auswahl; wir treffen die Wahl irgendwie und bilden dann den unendlichen Dezimalbruch

$$0, b_1\, b_2\, b_3 \ldots,$$

der nach dem Komma gewiß keine 0 und 9 enthält. Dieser Dezimalbruch ist daher selbst eine Zahl zwischen 0 und 1, also eine Zahl der Folge $\gamma_1, \gamma_2, \gamma_3, \ldots$. Aber das ist unmöglich, denn welche sollte es sein? Die erste kann es nicht sein, sonst müßte $b_\mu = c_{1\mu}$ für alle μ, also insbesondere $b_1 = c_{11}$ sein, was nicht

[1]) Dabei ist von imaginären Zahlen abgesehen, die ja in diesem Buche keine Rolle spielen.

zutrifft. Aber auch die zweite kann es nicht sein; sonst müßte $b_\mu = c_{2\mu}$ für alle μ, also insbesondere $b_2 = c_{22}$ sein, was wieder nicht zutrifft. Überhaupt gilt für keinen Index ν die Gleichung

$$0, b_1 b_2 b_3 \ldots = \gamma_\nu;$$

sonst müßte ja $b_\mu = c_{\nu\mu}$ für alle μ, also insbesondere $b_\nu = c_{\nu\nu}$ sein, entgegen unserer Festsetzung. Die Annahme der Abzählbarkeit führt somit auf einen Widerspruch.

Nunmehr sind wir in der Lage, auch die im vorigen Paragraphen aufgeworfene Frage zu beantworten, indem wir beweisen:

Satz 72. *Es gibt transzendente Zahlen.*

Gäbe es nämlich keine transzendenten Zahlen, so wären alle Zahlen algebraisch, das Kontinuum also identisch mit der Menge aller algebraischen Zahlen. Das ist aber unmöglich, weil die Menge aller algebraischen Zahlen abzählbar ist, das Kontinuum aber nicht.

§ 46. Liouvillesche Zahlen

Der im vorigen Paragraphen gegebene CANTORsche Beweis für die Existenz transzendenter Zahlen hat bei aller Einfachheit und Eleganz den großen Nachteil, daß er *nur* Existenzbeweis ist; er setzt uns aber nicht in Stand, auch nur eine einzige transzendente Zahl wirklich anzugeben. Von diesem Nachteil frei ist ein anderer, und zwar der älteste, von LIOUVILLE herrührende Existenzbeweis, den wir jetzt entwickeln wollen. Dazu beweisen wir

Satz 73. *Ist ξ eine algebraische Zahl n^{ten} Grades ($n > 1$, also ξ irrational), so gibt es nur eine endliche Anzahl rationaler Brüche $\frac{g}{h}$ (mit $h > 0$), für welche die folgende Näherungsformel gilt:*

$$\left|\xi - \frac{g}{h}\right| < \frac{1}{h^{n+1}}.$$

Wir haben zu zeigen, daß diese Ungleichung nicht bestehen kann, sobald der Nenner h hinreichend groß ist. Sei

$$a_0 + a_1 \xi + \ldots + a_n \xi^n = 0$$

die algebraische Gleichung mit ganzzahligen Koeffizienten, welcher ξ genügt, wobei insbesondere wieder $a_n \neq 0$ ist. Setzt man zur Abkürzung

$$a_0 + a_1 x + \ldots + a_n x^n = f(x),$$

so ist also $f(\xi) = 0$. Ferner ist

$$-f\left(\frac{g}{h}\right) = f(\xi) - f\left(\frac{g}{h}\right) = a_1\left(\xi - \frac{g}{h}\right) + a_2\left(\xi^2 - \frac{g^2}{h^2}\right) + \ldots + a_n\left(\xi^n - \frac{g^n}{h^n}\right),$$

also, wenn man durch $\xi - \frac{g}{h}$ dividiert:

$$(1)\quad \frac{-f\left(\frac{g}{h}\right)}{\xi - \frac{g}{h}} = a_1 + a_2\left(\xi + \frac{g}{h}\right) + \dots + a_n\left(\xi^{n-1} + \frac{g}{h}\,\xi^{n-2} + \dots + \frac{g^{n-1}}{h^{n-1}}\right).$$

Hieraus folgt zunächst, daß $f\left(\frac{g}{h}\right) \neq 0$ ist. Denn andernfalls würde die Gleichung (1), wenn man sie nach Potenzen von ξ ordnet, aussagen, daß die Zahlen $1, \xi, \dots, \xi^{n-1}$ voneinander rational abhängig sind, so daß die algebraische Zahl ξ von geringerem als dem n^{ten} Grad wäre. Wenn nun

$$\left|\xi - \frac{g}{h}\right| < \frac{1}{h^{n+1}}$$

sein soll, so ist gewiß auch

$$\left|\frac{g}{h}\right| < |\xi| + \frac{1}{h^{n+1}} \leqq |\xi| + 1,$$

und da außerdem auch $|\xi| < |\xi| + 1$ ist, erhält man aus (1) die Abschätzung:

$$\left|\frac{f\left(\frac{g}{h}\right)}{\xi - \frac{g}{h}}\right| < |a_1| + 2\,|a_2|\,(|\xi| + 1) + \dots + n\,|a_n|\,(|\xi| + 1)^{n-1},$$

also für genügend große h gewiß:

$$\left|\frac{f\left(\frac{g}{h}\right)}{\xi - \frac{g}{h}}\right| < h\,.$$

Nun ist aber

$$\left|f\left(\frac{g}{h}\right)\right| = \frac{a_0\,h^n + a_1\,h\,g^{n-1} + \dots + a_n\,g^n}{h^n},$$

also, weil der Zähler wegen $f\left(\frac{g}{h}\right) \neq 0$ eine nicht verschwindende ganze Zahl und somit absolut mindestens gleich 1 ist,

$$\left|f\left(\frac{g}{h}\right)\right| \geqq \frac{1}{h^n}\,.$$

Daher folgt aus der vorigen Ungleichung:

$$\left|\xi - \frac{g}{h}\right| > \frac{1}{h}\left|f\left(\frac{g}{h}\right)\right| \geqq \frac{1}{h^{n+1}},$$

womit Satz 73 bewiesen ist.

Der Satz 73 läßt sich in bemerkenswerter Weise verschärfen. Offenbar reicht unser Beweisverfahren aus, um zu zeigen, daß auch die Ungleichung

$$\left|\xi - \frac{g}{h}\right| < \frac{1}{h^\lambda},$$

sobald nur $\lambda > n$ ist, wobei aber $\lambda - n$ beliebig klein sein darf, nur für endlich viele rationale Brüche $\frac{g}{h}$ möglich ist. Darüber hinaus hat THUE schon für $\lambda > \frac{n}{2} + 1$, sodann SIEGEL für $\lambda > 2\sqrt{n}$ und neuerdings ROTH sogar für $\lambda > 2$ dasselbe bewiesen. Jedoch wollen wir auf diese Untersuchungen, die für unsere Zwecke nicht nötig sind und auch den elementaren Rahmen des Buches sprengen würden, nicht mehr eingehen. Der interessierte Leser findet alles in dem Buch von SCHNEIDER (siehe Literatur). Bemerkt sei nur noch, daß das Resultat von ROTH keiner Verschärfung mehr fähig ist, weil ja mit $\lambda = 2$ nach Satz 52 stets unendlich viele approximierende Brüche $\frac{g}{h}$ existieren.

Nunmehr ist es leicht, transzendente Zahlen zu bilden. Wir gehen dabei aus von der

Definition. *Eine irrationale Zahl ξ heißt eine* LIOUVILLE*sche Zahl, wenn zu jeder positiven ganzen Zahl λ ein rationaler Bruch $\frac{g_\lambda}{h_\lambda}$ gefunden werden kann derart, daß die Ungleichungen gelten:*

$$h_\lambda > 1, \quad \left|\xi - \frac{g_\lambda}{h_\lambda}\right| < \frac{1}{h_\lambda^\lambda}.$$

Offenbar gibt es dann sogar unendlich viele verschiedenene derartige Brüche, also auch solche, deren Nenner oberhalb einer beliebig großen Zahl liegt. Denn es ist ja auch für $\nu = 1, 2, 3, \ldots$

$$\left|\xi - \frac{g_{\lambda+\nu}}{h_{\lambda+\nu}}\right| < \frac{1}{h_{\lambda+\nu}^{\lambda+\nu}} < \frac{1}{h_{\lambda+\nu}^{\lambda}},$$

und unter den Brüchen $\frac{g_{\lambda+\nu}}{h_{\lambda+\nu}}$ sind gewiß unendlich viele verschiedene, weil unter den Zahlen $\left|\xi - \frac{g_{\lambda+\nu}}{h_{\lambda+\nu}}\right|$ beliebig kleine sind (sie sind ja $< \frac{1}{h_{\lambda+\nu}^{\lambda+\nu}} \leqq \frac{1}{2^{\lambda+\nu}}\Big)$.

Satz 74. *Eine* LIOUVILLE*sche Zahl ist transzendent.*

In der Tat, wäre ξ eine algebraische LIOUVILLEsche Zahl und n ihr Grad, so wäre die Ungleichung

$$\left|\xi - \frac{g}{h}\right| < \frac{1}{h^{n+1}}$$

nach Satz 73 nicht für unendlich viele rationale Brüche $\frac{g}{h}$ erfüllt. Das widerspricht aber der soeben an die Definition der LIOUVILLEschen Zahlen geknüpften Bemerkung.

Um nun transzendente Zahlen zu bilden, genügt es, LIOUVILLEsche Zahlen zu bilden, was keine Schwierigkeit macht. Betrachten wir z. B. eine ENGELsche Reihe

$$\xi = \sum_{\nu=0}^{\infty} \frac{1}{q_1 q_2 \ldots q_{\nu+1}},$$

wobei $q_1 \geqq 2$, $q_{\nu+1} > q_\nu$ ist, so stellt diese nach Satz 49 Seite 124 eine *irrationale* Zahl ar. Setzt man

$$q_1 q_2 \ldots q_\lambda = h_\lambda,$$

$$\sum_{\nu=0}^{\lambda-1} \frac{1}{q_1 q_2 \ldots q_{\nu+1}} = \frac{g_\lambda}{h_\lambda},$$

so sind g_λ, h_λ ganze Zahlen, und zwar $h_\lambda > 1$. Ferner ist

$$\left|\xi - \frac{g_\lambda}{h_\lambda}\right| = \sum_{\nu=\lambda}^{\infty} \frac{1}{q_1 q_2 \ldots q_{\nu+1}} = \frac{1}{h_\lambda}\left(\frac{1}{q_{\lambda+1}} + \frac{1}{q_{\lambda+1} q_{\lambda+2}} + \ldots\right)$$

$$< \frac{1}{h_\lambda}\left(\frac{1}{q_{\lambda+1}} + \frac{1}{q_{\lambda+1}^2} + \frac{1}{q_{\lambda+1}^3} + \ldots\right) = \frac{1}{h_\lambda} \frac{1}{q_{\lambda+1} - 1}.$$

Wenn daher für unbegrenzt viele Werte von λ

$$q_{\lambda+1} \geqq 1 + h_\lambda^{\lambda-1} = 1 + (q_1 q_2 \ldots q_\lambda)^{\lambda-1}$$

ist, so folgt:

$$\left|\xi - \frac{g_\lambda}{h_\lambda}\right| < \frac{1}{h_\lambda^\lambda},$$

und ξ ist folglich eine LIOUVILLEsche Zahl. Solche können also beliebig viele gebildet werden.

Ebenso einfach ist die Konstruktion LIOUVILLEscher Zahlen auch mit Hilfe von systematischen Brüchen oder regelmäßigen Kettenbrüchen. Bei einem systematischen Bruch genügt es offenbar, daß seine Ziffernfolge hinreichend lange Serien von Nullen enthält, wobei wir es dem Leser überlassen wollen, genauer zu präzisieren, was hier als „hinreichend“ anzusehen ist.

Aus der Kettenbruchentwicklung ergibt sich sogar eine nicht nur hinreichende, sondern auch notwendige Bedingung dafür, daß eine Zahl eine LIOUVILLEsche ist. Um zu diesem Kriterium zu gelangen, beweisen wir zunächst den

Hilfssatz. *Wenn eine irrationale Zahl ξ_0 durch einen rationalen Bruch $\frac{P}{Q}$, wo $Q > 0$ ist, derart approximiert wird, daß*

$$\left|\xi_0 - \frac{P}{Q}\right| < \frac{1}{2Q^2}$$

ist, so ist $\frac{P}{Q}$ *einem Näherungsbruch des regelmäßigen Kettenbruches* $\xi_0 = [b_0, b_1, b_2, \ldots]$ *gleich.*

Für $Q = 1$ ist das evident; denn in diesem Fall ist $\frac{P}{Q}$ die nächste bei ξ_0 gelegene ganze Zahl, also gleich dem Näherungsbruch b_0 (wenn $b_1 > 1$), oder $[b_0, b_1]$ (wenn $b_1 = 1$). Sei daher jetzt $Q > 1$. Wir bedienen uns dann für die Näherungsbrüche und für die vollständigen Quotienten wieder der Bezeichnung des § 29ff. Sei B_{n-1} der größte Näherungsnenner, der kleiner als Q ist, also

$$(2) \qquad B_{n-1} < Q \leqq B_n .$$

Nach der Formel (5) des § 30 ist

$$(3) \qquad \xi_0 - \frac{A_n}{B_n} = \frac{(-1)^n}{B_n (B_n \xi_{n+1} + B_{n-1})} ;$$

ferner nach Voraussetzung

$$\xi_0 - \frac{P}{Q} = \frac{\varepsilon\vartheta}{2Q^2} \qquad (\varepsilon = \pm 1, \; 0 < \vartheta < 1).$$

Indem man diese Gleichung von der vorigen subtrahiert und links die Nenner beseitigt, erhält man:

$$(4) \qquad P B_n - Q A_n = (-1)^n \left(\frac{Q}{B_n \xi_{n+1} + B_{n-1}} - \frac{(-1)^n \varepsilon \vartheta B_n}{2Q} \right),$$

und analog ist auch

$$(5) \qquad P B_{n-1} - Q A_{n-1} = (-1)^{n-1} \left(\frac{Q}{B_{n-1} \xi_n + B_{n-2}} - \frac{(-1)^{n-1} \varepsilon \vartheta B_{n-1}}{2Q} \right).$$

Nach (2) ist $\frac{\vartheta B_{n-1}}{2Q} < \frac{1}{2}$; ferner

$$\frac{Q}{B_{n-1} \xi_n + B_{n-2}} < \frac{Q}{B_{n-1} b_n + B_{n-2}} = \frac{Q}{B_n} \leqq 1,$$

so daß in der Klammer auf der rechten Seite von (5) beide Glieder absolut kleiner als 1 sind; da das erste Glied zudem positiv ist, kann die Klammergröße, die ja, wie die linke Seite zeigt, eine ganze Zahl sein muß, nur 0 oder 1 sein.

Nun ist entweder $\varepsilon = (-1)^{n-1}$ oder $\varepsilon = (-1)^n$. Im ersten Fall hat die genannte Klammergröße offenbar den Wert Null; also ist

$$P B_{n-1} - Q A_{n-1} = 0, \text{ d. h.: } \frac{P}{Q} = \frac{A_{n-1}}{B_{n-1}} .$$

Es bleibt noch der Fall $\varepsilon = (-1)^n$. Dann hat die mehrfach genannte Klammergröße den Wert 1, und folglich ist

$$P B_{n-1} - Q A_{n-1} = (-1)^{n-1}.$$

Wenn man hiervon die Gleichung $A_n B_{n-1} - B_n A_{n-1} = (-1)^{n-1}$ subtrahiert [§ 29, Fl. (6)], erhält man:

$$(P - A_n) B_{n-1} = (Q - B_n) A_{n-1} .$$

Da aber A_{n-1} und B_{n-1} teilerfremd sind, folgt hieraus:

$$(6) \qquad P = A_n - t A_{n-1}, \; Q = B_n - t B_{n-1} ,$$

wo t eine ganze Zahl ist, und zwar nach (2) eine nicht negative. Setzt man auf der linken Seite der Gleichung (4) für P und Q die Werte aus (6) ein, so erhält man, weil $\varepsilon = (-1)^n$ ist:

$$t = - \frac{Q}{B_n \xi_{n+1} + B_{n-1}} + \frac{\vartheta B_n}{2Q} .$$

Daher ist $t < \frac{B_n}{2Q}$ oder also

$$2tQ < B_n .$$

Andererseits ist nach der zweiten Gleichung (6) und nach (2)

$$B_n = Q + t B_{n-1} \leqq Q + tQ = (t+1) Q.$$

Vergleicht man das mit der vorausgehenden Ungleichung, so ergibt sich: $t + 1 > 2t$; also, weil t eine nicht negative ganze Zahl ist, $t = 0$. Daher ist nach (6) $\frac{P}{Q} = \frac{A_n}{B_n}$, womit der Beweis des Hilfssatzes vollendet ist.

Aus dem Hilfssatz ergibt sich, daß die in der Definition der LIOUVILLEschen Zahlen auftretenden Brüche $\frac{g_\lambda}{h_\lambda}$ für $\lambda \geqq 3$ notwendig Näherungsbrüche des regelmäßigen Kettenbruches sein müssen, in den sich die betreffende Zahl entwickeln läßt. Wir können daher die definierende Bedingung dafür, daß die Zahl $\xi_0 = [b_0, b_1, b_2, \ldots]$ eine LIOUVILLEsche ist, auch dahin aussprechen, daß zu jeder beliebig großen Zahl λ ein Näherungsbruch $\frac{A_n}{B_n}$ angegeben werden kann derart, daß

$$\left| \xi_0 - \frac{A_n}{B_n} \right| < \frac{1}{B_n^\lambda}$$

ist, oder nach der schon oben benutzten Formel (3):

$$B_n \xi_{n+1} + B_{n-1} > B_n^{\lambda-1} .$$

Das wird, weil $b_{n+1} < \xi_{n+1} < b_{n+1} + 1$ ist, dann und nur dann eintreten, wenn zu jedem λ die Ungleichung $b_{n+1} > B_n^{\lambda-2}$ erfüllbar ist. Somit ergibt sich, wenn man $\lambda + 2$ an Stelle von λ schreibt:

Satz 75. *Ein regelmäßiger Kettenbruch* $[b_0, b_1, b_2, \ldots]$ *mit den Näherungsbrüchen* $\frac{A_n}{B_n}$ *stellt dann und nur dann eine* LIOUVILLE*sche Zahl dar, wenn zu jeder noch so großen Zahl* λ *ein Index* n *gefunden werden kann, für welchen* $b_{n+1} > B_n^{\lambda}$ *ist.*

Hiernach ist die wirkliche Angabe LIOUVILLEscher Zahlen wieder ganz leicht. Man braucht nur etwa $b_{n+1} > B_n^n$ für unendlich viele n zu wählen.

Außer den LIOUVILLEschen kennt man noch eine zweite Klasse transzendenter Zahlen, nämlich die zuerst von MAILLET studierten *quasiperiodischen Kettenbrüche*. Doch wollen wir auf diese hier nicht eingehen; es sei auf des Verfassers Buch „Die Lehre von den Kettenbrüchen" verwiesen.

Eine weitergehende Frage ist die, was es etwa für ein Merkmal gibt, das überhaupt alle algebraischen Zahlen von den transzendenten unterscheidet, mit anderen Worten: die Frage nach einer notwendigen und hinreichenden Bedingung dafür, daß eine Zahl algebraisch (oder transzendent) ist. Solche Bedingungen sind von MINKOWSKI, FURTWÄNGLER und PIPPING angegeben worden, doch müssen wir auch diese Untersuchungen hier beiseite lassen.

§ 47. Allgemeine Sätze über algebraische und transzendente Zahlen

Satz 76. *Ist* ξ *eine von Null verschiedene algebraische (transzendente,* LIOUVILLE*sche) Zahl, so gilt das gleiche von ihrem reziproken Wert* η.

Beweis. Ist ξ algebraisch und genügt der Gleichung

$$a_0 + a_1 \xi + \ldots + a_n \xi^n = 0,$$

so genügt die Zahl $\eta = \frac{1}{\xi}$ der Gleichung

$$a_n + a_{n-1} \eta + \ldots + a_0 \eta^n = 0,$$

sie ist also ebenfalls algebraisch.

Ist ξ transzendent, so kann $\eta = \frac{1}{\xi}$ nicht algebraisch sein, weil sonst nach dem soeben Bewiesenen auch $\xi = \frac{1}{\eta}$ algebraisch wäre.

Ist ξ eine LIOUVILLEsche Zahl, so ist offenbar auch $-\xi$ eine, so daß wir den Beweis auf positive ξ beschränken können. Dann kann die Ungleichung

$$\left|\xi - \frac{g}{h}\right| < \frac{1}{h^{2\lambda}}, \tag{1}$$

wie groß auch λ sei, durch positive ganze Zahlen g, h befriedigt werden, wobei $h > 1$ ist. Wir dürfen sogar h und folglich auch g oberhalb einer beliebig großen Zahl annehmen und also verlangen, daß

$$g > 1, \; h > \xi + 1, \; h > \frac{1}{\xi}$$

ist. Nach (1) ist dann gewiß $\frac{g}{h} < \xi + 1$, also

$$\frac{g}{h^2} < \frac{\xi + 1}{h} < 1 .$$

Weiter folgt aus (1), indem man mit $\frac{h}{\xi g}$ multipliziert:

$$\left|\frac{1}{\xi} - \frac{h}{g}\right| < \frac{1}{\xi g h^{2\lambda-1}} < \frac{1}{g h^{2\lambda-2}} = \frac{1}{g^\lambda}\left(\frac{g}{h^2}\right)^{\lambda-1} < \frac{1}{g^\lambda} .$$

Wegen $g > 1$ besagt das aber, daß $\frac{1}{\xi}$ eine LIOUVILLEsche Zahl ist.

Satz 77. *Besteht zwischen zwei irrationalen Zahlen ξ, η die Beziehung*

$$\eta = r_0 + r_1 \xi + \ldots + r_m \xi^m$$

mit rationalen Koeffizienten r_ν und ist ξ eine algebraische (transzendente, LIOUVILLEsche) Zahl, so gilt das gleiche von η.

Beweis. Ist ξ algebraisch vom n^{ten} Grad, so besteht eine Gleichung

$$\xi^n = b_0 + b_1 \xi + \ldots + b_{n-1} \xi^{n-1}$$

mit rationalen Koeffizienten b_ν; es ist also ξ^n rational abhängig von $1, \xi, \ldots, \xi^{n-1}$. Multipliziert man mit ξ und setzt rechts für ξ^n den obigen Wert ein, so erweist sich auch ξ^{n+1} als rational abhängig von $1, \xi, \ldots, \xi^{n-1}$. Durch Wiederholung dieses Prozesses erkennt man, daß alle Potenzen von ξ rational abhängig von $1, \xi, \ldots, \xi^{n-1}$ sind. Daher ist auch η von diesen Zahlen rational abhängig; ebenso $\eta \xi, \eta \xi^2 \ldots$, so daß es Gleichungen folgender Form gibt:

$$\begin{aligned} \eta &= b_{00} + b_{01} \xi + \ldots + b_{0,n-1} \xi^{n-1}, \\ \eta \xi &= b_{10} + b_{11} \xi + \ldots + b_{1,n-1} \xi^{n-1}, \\ &\text{— — — — — — — — — — — —} \\ \eta \xi^{n-1} &= b_{n-1,0} + b_{n-1,1} \xi + \ldots + b_{n-1,n-1} \xi^{n-1}, \end{aligned}$$

wo die $b_{\lambda\mu}$ rational sind. Hieraus folgt aber durch Elimination der Potenzen von ξ:

$$\begin{vmatrix} b_{00} - \eta & b_{01} & \ldots & b_{0,n-1} \\ b_{10} & b_{11} - \eta & \ldots & b_{1,n-1} \\ \text{—} & \text{—} & \text{—} & \text{—} \\ b_{n-1,0} & b_{n-1,1} & \ldots & b_{n-1,n-1} - \eta \end{vmatrix} = 0.$$

Also genügt auch η einer nicht identischen Gleichung n^{ten} Grades mit rationalen Koeffizienten, d. h. η ist eine algebraische Zahl höchstens n^{ten} Grades.

Ist ξ transzendent, so kann η nicht algebraisch sein; denn eine algebraische Gleichung für η

$$\sum_{\nu=0}^{n} a_\nu \eta^\nu = 0 \qquad (a_n \neq 0)$$

würde soviel besagen wie

$$\sum_{\nu=0}^{n} a_\nu (r_0 + r_1 \xi + \ldots + r_m \xi^m)^\nu = 0,$$

und da wir natürlich $r_m \neq 0$ annehmen dürfen, wäre das eine nicht identische algebraische Gleichung für ξ, so daß auch ξ algebraisch wäre.

Endlich sei ξ eine LIOUVILLEsche Zahl, so daß die Ungleichung

$$\left| \xi - \frac{g}{h} \right| < \frac{1}{h^{2m\lambda}}, \tag{2}$$

wie groß auch λ sei, durch ganze Zahlen g, h befriedigt werden kann, wobei wir wieder h oberhalb einer beliebig großen Zahl annehmen dürfen. Aus (2) folgt insbesondere:

$$\left| \frac{g}{h} \right| < | \xi | + 1,$$

und da auch $| \xi | < | \xi | + 1$ ist, ergibt sich leicht:

$$\left| \xi^{\mu-1} + \frac{g}{h} \xi^{\mu-2} + \frac{g^2}{h^2} \xi^{\mu-3} + \ldots + \frac{g^{\mu-1}}{h^{\mu-1}} \right| < \mu (| \xi | + 1)^{\mu-1}.$$

Multipliziert man diese Ungleichung mit (2), so folgt:

$$\left| \xi^\mu - \frac{g^\mu}{h^\mu} \right| < \frac{\mu (| \xi | + 1)^{\mu-1}}{h^{2m\lambda}},$$

und daher auch:

$$\left| \eta - \sum_{\mu=0}^{m} \frac{r_\mu g^\mu}{h^\mu} \right| = \left| \sum_{\mu=0}^{m} r_\mu \left(\xi^\mu - \frac{g^\mu}{h^\mu} \right) \right| < \frac{1}{h^{2m\lambda}} \sum_{\mu=0}^{m} | r_\mu | \mu (| \xi | + 1)^{\mu-1}.$$

Ist l der Hauptnenner der rationalen Zahlen r_μ und setzt man

$$\sum_{\mu=0}^{m} \frac{r_\mu g^\mu}{h^\mu} = \frac{k}{l h^m},$$

so daß auch k eine ganze Zahl ist, so folgt aus der letzten Ungleichung:

$$\left| \eta - \frac{k}{l h^m} \right| < \frac{1}{h^{2m\lambda}} \sum_{\mu=0}^{m} | r_\mu | \mu (| \xi | + 1)^{\mu-1} < \frac{1}{(l h^m)^\lambda}, \tag{3}$$

sobald nur h genügend groß ist. Daher ist η eine LIOUVILLEsche Zahl.

Die Sätze 76 und 77 sind als Spezialfälle enthalten in dem allgemeineren

Satz 78. *Besteht zwischen zwei irrationalen Zahlen ξ, η die Beziehung*

$$\eta = \frac{p_0 + p_1 \xi + \ldots + p_m \xi^m}{q_0 + q_1 \xi + \ldots + q_m \xi^m}$$

mit ganzzahligen p_μ, q_μ und ist ξ eine algebraische (transzendente, LIOUVILLEsche) Zahl, so gilt das gleiche von η.

Natürlich werden wir voraussetzen, daß die Zahlen p_m, q_m nicht beide verschwinden. Zur Abkürzung sei

$$p_0 + p_1 \xi + \dots + p_m \xi^m = \varrho,$$
$$q_0 + q_1 \xi + \dots + q_m \xi^m = \sigma,$$

also $\eta = \frac{\varrho}{\sigma}$. Ist ξ algebraisch, so ist nach Satz 77 auch σ algebraisch (eventuell sogar rational, aber $\neq 0$), etwa vom s^{ten} Grad. Dann besteht eine Gleichung

$$c_0 + c_1 \sigma + \dots + c_s \sigma^s = 0$$

mit ganzzahligen c_ν, wobei gewiß $c_0 \neq 0$ ist[1]). Daher ist

$$\frac{1}{\sigma} = -\left(\frac{c_1}{c_0} + \frac{c_2}{c_0}\sigma + \dots + \frac{c_s}{c_0}\sigma^{s-1}\right)$$
$$= -\sum_{\nu=1}^{s} \frac{c_\nu}{c_0}(q_0 + q_1 \xi + \dots + q_m \xi^m)^{\nu-1},$$

so daß sich die Zahl $\eta = \frac{\varrho}{\sigma}$ gewiß auch in der Form

$$r_0 + r_1 \xi + \dots + r_l \xi^l$$

mit rationalen r_λ darstellen läßt. Nach Satz 77 ist also η algebraisch.

Ist ξ transzendent und nimmt man an, η wäre algebraisch, etwa vom n^{ten} Grad, so besteht eine Gleichung

$$\sum_{\nu=0}^{n} a_\nu \eta^\nu = 0, \text{ also } \sum_{\nu=0}^{n} a_\nu \varrho^\nu \sigma^{n-\nu} = 0 \tag{4}$$

wobei $a_n \neq 0$ ist; also:

$$\sum_{\nu=0}^{n} a_\nu (p_0 + p_1 \xi + \dots + p_m \xi^m)^\nu (q_0 + q_1 \xi + \dots + q_m \xi^m)^{n-\nu} = 0.$$

Das ist nun eine algebraische Gleichung für ξ, und da ξ transzendent ist, muß sie eine Identität sein. Insbesondere wird daher der Koeffizient der Potenz ξ^{mn} verschwinden, also:

$$\sum_{\nu=0}^{n} a_\nu p_m^\nu q_m^{n-\nu} = 0. \tag{5}$$

Hieraus folgt $q_m \neq 0$. Denn andernfalls wäre nach (5) $a_n p_m^n = 0$; also entweder $a_n = 0$, was nicht der Fall ist, oder $p_m = 0$, während doch p_m und q_m nicht beide verschwinden.

Weiter ergibt sich aus (4) und (5):

$$\sum_{\nu=0}^{n} a_\nu q_m^{n-\nu} (q_m^\nu \eta^\nu - p_m^\nu) = 0.$$

---

1) Sonst würde die Gleichung nach Division durch σ besagen, daß σ eine algebraische Zahl von geringerem als dem s^{ten} Grad ist.

Dividiert man diese Gleichung durch die wegen $q_m \neq 0$ irrationale, also gewiß von Null verschiedene Zahl $q_m \eta - p_m$, so erhält man für η eine Gleichung vom Grad $n-1$ mit ganzzahligen Koeffizienten, und zwar ist der Koeffizient von η^{n-1} gleich

$$a_n q_m^{n-1} \neq 0.$$

Also wäre die algebraische Zahl η von geringerem als dem n^{ten} Grad, entgegen der Voraussetzung. Wegen dieses Widerspruchs muß die Annahme, daß η algebraisch ist, fallen gelassen werden.

Endlich sei ξ eine LIOUVILLEsche Zahl, so daß wieder die Ungleichung (2) gilt. Aus dem Beweis von Satz 77 ergibt sich dann [vgl. Fl. (3)]:

$$\left|\varrho - \frac{k_1}{h^m}\right| < \frac{1}{(h^m)^\lambda}, \quad \left|\sigma - \frac{k_2}{h^m}\right| < \frac{1}{(h^m)^\lambda}, \tag{6}$$

wo λ beliebig groß sein darf und wo außer h auch k_1 und k_2 ganze Zahlen sind. Wir dürfen dabei h und also auch die absoluten Werte von k_1 und k_2 oberhalb einer beliebig großen Zahl annehmen. Freilich muß, wenn wir uns auf Formel (3) berufen, der dortigen Forderung entsprechend vorausgesetzt werden, daß die Zahlen ϱ und σ irrational sind. Aber wenn im Gegenteil etwa ϱ rational sein sollte, also einfach $\varrho = p_0$, so genügt es, $k_1 = p_0 h^m$ zu setzen, um (6) zu erfüllen.

Aus (6) folgt

$$\begin{cases} \varrho = \dfrac{k_1}{h^m} + \dfrac{\varepsilon_1}{h^{m\lambda}}, & |\varepsilon_1| < 1, \\[2ex] \sigma = \dfrac{k_2}{h^m} + \dfrac{\varepsilon_2}{h^{m\lambda}}, & |\varepsilon_2| < 1 \end{cases} \tag{7}$$

und daher durch Division:

$$\eta = \frac{k_1 + \dfrac{\varepsilon_1}{h^{m(\lambda-1)}}}{k_2 + \dfrac{\varepsilon_2}{h^{m(\lambda-1)}}}. \tag{8}$$

Daraus ergibt sich:

$$\left|\eta - \frac{k_1}{k_2}\right| = \left|\frac{\varepsilon_1 k_2 - \varepsilon_2 k_1}{k_2 (k_2 h^{m(\lambda-1)} + \varepsilon_2)}\right| < \frac{|k_2| + |k_1|}{\frac{1}{2} k_2^2 h^{m(\lambda-1)}}$$

$$= \frac{2(|k_1| + |k_2|)}{|k_2|} \left(\frac{|k_2|}{h^m}\right)^{\lambda-1} \frac{1}{|k_2|^\lambda}.$$

Da aber nach (7)

$$\left|\frac{k_2}{h^m}\right| < |\sigma| + 1 < \sqrt{|k_2|}$$

ist, sofern nur $|k_2|$ genügend groß, so folgt aus der letzten Ungleichung weiter:

$$\left|\eta - \frac{k_1}{k_2}\right| < \frac{2(|k_1| + |k_2|)}{|k_2|} \frac{1}{|k_2|^{\frac{\lambda+1}{2}}}.$$

Nach (8) ist aber

$$|\eta| > \frac{|k_1| - 1}{|k_2| + 1}, \text{ also } |k_1| < 1 + |\eta|(|k_2| + 1);$$

daher nach der vorausgehenden Ungleichung:

$$\left|\eta - \frac{k_1}{k_2}\right| < \frac{2(|\eta| + 1)(|k_2| + 1)}{|k_2|} \frac{1}{|k_2|^{\frac{\lambda+1}{2}}} < \frac{1}{|k_2|^{\frac{\lambda}{2}}},$$

sobald $|k_2|$ genügend groß. Da hierbei λ, also auch $\frac{\lambda}{2}$ beliebig groß sein darf, schließt man, daß η eine LIOUVILLEsche Zahl ist.

Die Sätze 76 bis 78 lassen sich dahin umkehren, daß, wenn η eine algebraische (transzendente) Zahl ist, das gleiche von ξ gilt; in der Tat ist diese Umkehrung in den betreffenden Sätzen mit enthalten. Dagegen wäre es, außer bei Satz 76, falsch zu glauben, daß, wenn η eine LIOUVILLEsche Zahl ist, ξ ebenfalls eine solche sein müßte. Beispielsweise kann man leicht zwei Zahlen ξ, η angeben, die durch die Gleichung $\eta = \xi^2$ verbunden sind, wobei η eine LIOUVILLEsche Zahl ist, ξ aber nicht.

Dazu setzen wir

$$(9) \qquad \eta = \xi^2 = [b_0, b_1, b_2, \ldots],$$

wobei $b_0 \geqq 0$, und für alle hinreichend großen Werte von ν

$$b_{\nu+1} = B_\nu^{2\nu-1}$$

ist. Nach Satz 75 ist dann η eine LIOUVILLEsche Zahl. Für die Näherungsnenner B_ν gilt, wenn ν genügend groß ist, die Beziehung

$$B_{\nu+1} = b_{\nu+1} B_\nu + B_{\nu-1} = B_\nu^{2\nu} + B_{\nu-1} < B_\nu^{2\nu} + 2 B_\nu^\nu,$$

also

$$(B_\nu^\nu)^2 < B_{\nu+1} < (B_\nu^\nu + 1)^2.$$

Daher ist $B_{\nu+1}$ keine Quadratzahl, so daß unter den Näherungsbrüchen $\frac{A_\nu}{B_\nu}$ höchstens eine endliche Anzahl mit rationaler Quadratwurzel vorkommt.

Hieraus folgt aber leicht, daß $\xi = \sqrt{\eta}$ keine LIOUVILLEsche Zahl sein kann. Denn andernfalls gäbe es unendlich viele rationale Brüche $\frac{g}{h}$, für welche

$$\left|\xi - \frac{g}{h}\right| < \frac{1}{h^5}$$

ist; also, indem man mit $\left|\xi + \frac{g}{h}\right|$ multipliziert:

$$\left|\xi^2 - \frac{g^2}{h^2}\right| < \frac{\left|\xi + \frac{g}{h}\right|}{h^5} < \frac{2\,\xi + 1}{h^5} < \frac{1}{2\,h^4},$$

wenn nur h genügend groß ist. Nach dem Hilfssatz S. 181 müßte dann $\frac{g^2}{h^2}$ einem Näherungsbruch des Kettenbruches (9) gleich sein, so daß dieser unendlich viele Näherungsbrüche mit rationaler Quadratwurzel hätte, was aber nach obigem nicht der Fall ist.

§ 48. Transzendenz der Zahl *e*

Die fundamentale Bedeutung, die der Zahl *e*, der Basis der natürlichen Logarithmen, in der gesamten Mathematik zukommt, ist für den menschlichen Geist der Ansporn, immer tiefer in die Geheimnisse dieser Zahl einzudringen und ihre verborgensten Eigenschaften zu erforschen. Im vierten Kapitel haben wir erkannt, daß *e* irrational ist. Jetzt drängt sich die weitere Frage auf, ob *e* algebraisch oder transzendent ist. Jedenfalls gehört die Zahl *e* nicht zu den bekannten Typen transzendenter Zahlen: Sie ist keine Liouvillesche Zahl, denn ihre Kettenbruchentwicklung, die wir in § 32 hergeleitet haben, genügt offenbar nicht der Bedingung des Satz 75. Der Kettenbruch gehört aber, wie weiter bemerkt sei, auch nicht zu den am Schluß des § 46 erwähnten quasiperiodischen. Gleichwohl gilt

Satz 79. *Die Zahl e ist transzendent.*

Der erste Beweis dieses Satzes stammt von Hermite. Der Beweis ist später unter Beibehaltung des Hermiteschen Grundgedankens von mehreren Autoren, namentlich von Hilbert und Weber, bedeutend vereinfacht worden, so daß er sich heute ganz elementar gestalten läßt.

Sei

$$P(x) = \sum_{\mu=0}^{m} \frac{\gamma_\mu}{\mu!}\, x^\mu \tag{1}$$

irgendein Polynom. Wir ordnen ihm ein Polynom $P^*(x)$ zu nach folgendem Gesetz:

$$P^*(x) = \sum_{\mu=0}^{m} \left(\sum_{\lambda=\mu}^{m} \frac{\gamma_{m-\lambda+\mu}}{\mu!}\right) x^\mu = \sum_{\lambda=0}^{m} \sum_{\mu=0}^{\lambda} \frac{\gamma_{m-\lambda+\mu}}{\mu!}\, x^\mu \tag{2}$$

oder, was offenbar dasselbe ist,

$$P^*(x) = \sum_{\nu=0}^{m} \gamma_\nu \sum_{\mu=0}^{\nu} \frac{x^\mu}{\mu!}. \tag{3}$$

Da ein Polynom sich auf unendlich viele Arten in der Form (1) darstellen läßt, indem man ja beliebig viele Potenzen mit dem Koeffizienten Null hinzufügen kann, hat die Definition von $P^*(x)$ nur dann einen Sinn, wenn sie für jede solche Darstellung zu demselben $P^*(x)$ führt; das ist aber augenscheinlich der Fall, weil verschwindende Koeffizienten γ_μ keinen Beitrag zu $P^*(x)$ liefern. Für die Zuordnung von $P(x)$ und $P^*(x)$ gelten einige bemerkenswerte Regeln[1]):

I. Für $P(x) = \alpha\, Q(x)$, wo α eine Konstante, ist $P^*(x) = \alpha\, Q^*(x)$.

II. Für $P(x) = Q_1(x) + Q_2(x)$ ist $P^*(x) = Q_1^*(x) + Q_2^*(x)$.

Diese beiden Regeln folgen unmittelbar aus der Definition. Durch wiederholte Anwendung von I und II ergibt sich allgemeiner:

III. Für $P(x) = \sum\limits_{\nu=0}^{n} \alpha_\nu Q_\nu(x)$ ist $P^*(x) = \sum\limits_{\nu=0}^{n} \alpha_\nu Q_\nu^*(x)$.

Ebenfalls unmittelbar aus der Definition folgt:

IV. Für $P(x) = x^m$ ist $P^*(x) = m!\sum\limits_{\mu=0}^{m} \dfrac{x^\mu}{\mu!}$.

Endlich beweisen wir die Regel:

V. Ist $Q(x)$ irgendein Polynom, und $P(x) = Q(x+\beta)$, wo β eine Konstante, so ist auch $P^*(x) = Q^*(x+\beta)$.

Da jedes Polynom $Q(x)$ sich linear aus gewissen Potenzen x^m mit konstanten Koeffizienten zusammensetzt, so wird es nach Regel III genügen, wenn wir die Regel V nur für $Q(x) = x^m$ beweisen, in welchem Fall sie nach IV die Form annimmt:

Für $P(x) = (x+\beta)^m$ ist $P^*(x) = m!\sum\limits_{\mu=0}^{m} \dfrac{(x+\beta)^\mu}{\mu!}$.

Nun ist in unserem Fall

$$P(x) = (x+\beta)^m = \sum_{\mu=0}^{m} \frac{m!}{(m-\mu)!\,\mu!}\,\beta^{m-\mu} x^\mu .$$

Daher bei Vergleich mit (1)

$$\gamma_\mu = \frac{m!}{(m-\mu)!}\,\beta^{m-\mu}, \qquad \gamma_{m-\lambda+\mu} = \frac{m!}{(\lambda-\mu)!}\,\beta^{\lambda-\mu},$$

---

[1]) Der Leser, der mit den Elementen der Differentialrechnung vertraut ist, wird bemerken, daß $P^*(x)$ nichts anderes ist als die Summe der sukzessiven Ableitungen:

$$P^*(x) = P(x) + P'(x) + P''(x) + \dots + P^{(m)}(x).$$

Alsdann sind die im Text bewiesenen Eigenschaften I—V trivial und bedürfen keines Beweises.

somit definitionsgemäß nach (2):

$$P^*(x) = \sum_{\lambda=0}^{m} \sum_{\mu=0}^{\lambda} \frac{m!}{(\lambda-\mu)!\,\mu!} \beta^{\lambda-\mu} x^\mu = \sum_{\lambda=0}^{m} \frac{m!}{\lambda!} (x+\beta)^\lambda = m! \sum_{\mu=0}^{m} \frac{(x+\beta)^\mu}{\mu!}.$$

W. z. b. w.

Wir ordnen jetzt weiter dem Polynom (1) auch nach folgendem Gesetz ein Polynom $P_*(x)$ von $|x|$ zu:

$$P_*(x) = \sum_{\mu=0}^{m} \frac{|\gamma_\mu|}{\mu!} |x|^\mu.$$

Auch diese Definition hat einen Sinn, weil verschwindende Koeffizienten γ_μ wieder keinen Beitrag zu $P_*(x)$ liefern.

Nun beweisen wir, daß für jedes Polynom $P(x)$ die folgende Ungleichung gilt:

$$(4) \qquad |P^*(x) - e^x P^*(0)| \leqq |x|\, e^{|x|} P_*(x).$$

In der Tat ist nach (3), für $x = 0$

$$(5) \qquad P^*(0) = \sum_{\nu=0}^{m} \gamma_\nu .$$

Multipliziert man diese Gleichung mit

$$e^x = \sum_{\mu=0}^{\infty} \frac{x^\mu}{\mu!}$$

und subtrahiert sie dann von (3), so erhält man:

$$P^*(x) - e^x P^*(0) = \sum_{\nu=0}^{m} \gamma_\nu \left(\sum_{\mu=0}^{\nu} \frac{x^\mu}{\mu!} - \sum_{\mu=0}^{\infty} \frac{x^\mu}{\mu!} \right) = - \sum_{\nu=0}^{m} \gamma_\nu \sum_{\mu=\nu+1}^{\infty} \frac{x^\mu}{\mu!}.$$

Nun ist aber

$$\left| \sum_{\mu=\nu+1}^{\infty} \frac{x^\mu}{\mu!} \right| = \frac{|x|^{\nu+1}}{\nu!} \left| \frac{1}{\nu+1} + \frac{x}{(\nu+1)(\nu+2)} + \frac{x^2}{(\nu+1)(\nu+2)(\nu+3)} + \cdots \right|$$

$$\leqq \frac{|x|^{\nu+1}}{\nu!} \left(1 + \frac{|x|}{1!} + \frac{|x|^2}{2!} + \cdots \right) = \frac{|x|^{\nu+1}}{\nu!} e^{|x|},$$

so daß sich aus der vorigen Gleichung die Abschätzung ergibt:

$$|P^*(x) - e^x P^*(0)| \leqq \sum_{\nu=0}^{m} |\gamma_\nu| \frac{|x|^{\nu+1}}{\nu!} e^{|x|} = |x|\, e^{|x|} P_*(x). \qquad \text{W. z. b. w.}$$

Nach diesen Vorbereitungen gehen wir zum eigentlichen Transzendenzbeweis von e über. Angenommen, die Zahl e sei algebraisch vom n^{ten} Grad, so besteht eine Gleichung

$$(6) \qquad \sum_{\nu=0}^{n} a_\nu e^\nu = 0$$

mit ganzzahligen Koeffizienten a_ν, wobei insbesondere $a_0 \neq 0$ ist (vgl. die Fußnote S. 187). Wegen (6) ist, wenn wieder $P(x)$ ein beliebiges Polynom bedeutet,

$$\sum_{\nu=0}^{n} a_\nu P^*(\nu) = \sum_{\nu=0}^{n} a_\nu [P^*(\nu) - e^\nu P^*(0)];$$

daher, wenn man die Abschätzungsformel (4) anwendet:

$$\left| \sum_{\nu=0}^{n} a_\nu P^*(\nu) \right| \leqq \sum_{\nu=0}^{n} | a_\nu | \nu e^\nu P_*(\nu) < n e^n P_*(n) \sum_{\nu=0}^{n} | a_\nu | . \tag{7}$$

Wir wählen jetzt für $P(x)$ speziell das Polynom

$$P(x) = \frac{x^{p-1} (x-1)^p (x-2)^p \ldots (x-n)^p}{(p-1)!}, \tag{8}$$

wo p eine sehr große Primzahl ist, für die wir uns eine passende Wahl noch vorbehalten; jedenfalls sei

$$p > n, \quad p > | a_0 | . \tag{9}$$

Aus (8) folgt leicht:

$$P_*(n) \leqq \frac{n^{p-1} (n+1)^p (n+2)^p \ldots (n+n)^p}{(p-1)!} \leqq \frac{[(2n)!]^p}{(p-1)!}.$$

Hier ist aber die rechte Seite das p^{te} Glied der konvergenten Reihe

$$\sum_{\nu=0}^{\infty} \frac{[(2n)!]^{\nu+1}}{\nu!} = (2n)!\, e^{(2n)!},$$

also beliebig klein, wenn nur die Primzahl p groß genug gewählt wird. Somit ist die rechte Seite der Ungleichung (7) für hinreichend große Werte von p beliebig klein, also gewiß kleiner als 1, und man erhält aus (7):

$$\left| \sum_{\nu=0}^{n} a_\nu P^*(\nu) \right| < 1. \tag{10}$$

Mit dieser Ungleichung läßt sich aber leicht ein Widerspruch herleiten. Setzt man nämlich das Polynom (8) in die Form

$$P(x) = \sum_\mu \frac{\gamma_\mu}{\mu!} x^\mu,$$

so ist offenbar

$$\gamma_\mu = 0 \text{ für } \mu < p-1,$$
$$\gamma_{p-1} = [(-1)^n n!]^p,$$
$$\gamma_\mu = \text{Vielfaches von } p \text{ für } \mu > p-1.$$

Also sind alle γ_μ ganze Zahlen und mit Ausnahme von γ_{p-1} durch die Primzahl p teilbar; γ_{p-1} ist wegen $p > n$ nicht durch p teilbar. Da ferner auch a_0 wegen $p > |a_0| > 0$ nicht durch p teilbar ist, so *erweist sich der Ausdruck*

$$a_0 P^* (0) = a_0 \sum_\mu \gamma_\mu \qquad \text{(vgl. (5))}$$

als eine ganze nicht durch p teilbare Zahl.

Setzt man ferner, unter ν eine der Zahlen $1, 2, \ldots, n$ verstehend, das Polynom (8) in die Form

$$P(x) = \sum_\mu \frac{\delta_\mu^{(\nu)}}{\mu!} (x - \nu)^\mu = Q_\nu (x - \nu),$$

so ist $\delta_\mu^{(\nu)} = 0$ für $\mu < p$, und im übrigen sind die $\delta_\mu^{(\nu)}$ lauter ganze durch p teilbare Zahlen. Nach der Regel V ist $P^*(x) = Q_\nu^*(x - \nu)$; also

$$P^*(\nu) = Q_\nu^*(0) = \sum_\mu \delta_\mu^{(\nu)} \qquad \text{(vgl. 5));}$$

daher $P^*(\nu)$ eine ganze durch p teilbare Zahl.

Somit zeigt sich, daß in der Ungleichung (10) unter dem Summenzeichen alle Summanden ganze Zahlen sind, und zwar sind alle durch p teilbar mit Ausnahme des ersten ($\nu = 0$). Die Summe ist daher eine ganze nicht durch p teilbare Zahl, die deshalb gewiß nicht verschwindet. Ihr absoluter Betrag muß daher mindestens gleich 1 sein, was aber der Ungleichung (10) widerspricht.

§ 49. Transzendenz der Zahl π

Nächst der Zahl e und schon viel früher als diese hat die Ludolphsche Zahl π das besondere Interesse der Mathematiker in Anspruch genommen. Jedoch wissen wir von ihr viel weniger. Lambert hat bewiesen, daß π irrational ist. Aber die Kettenbruchentwicklung der Zahl π oder einer nahe mit ihr verwandten Zahl ist nicht bekannt. Wir wissen daher nicht, ob die Zahl π etwa eine Liouvillesche ist oder ein quasiperiodischer Kettenbruch. Das Geheimnis ihrer Transzendenz aber konnte ihr entrissen werden.

Satz 80. *Die Zahl π ist transzendent.*

Es ist das Verdienst von Ferdinand Lindemann, erkannt zu haben, daß auf Grund eines lange bekannten Zusammenhanges der Zahlen e und π der Hermitesche Transzendenzbeweis für e so verallgemeinert werden kann, daß er auch die Transzendenz von π offenbart. Lindemann hat damit das uralte Problem der Quadratur des Kreises im Jahr 1882 zur endgültigen Erledigung gebracht. Auch der Lindemannsche Beweis ist, zumeist parallel laufend mit den Vereinfachungen des Hermiteschen Beweises, späterhin bedeutend vereinfacht worden, so daß man jetzt mit ganz elementaren Betrachtungen auskommt. Immerhin müssen wir dabei ein bescheidenes Maß von Wissen voraussetzen, das über das in diesem Buch vermittelte hinausgeht. Wir benötigen die Lehre von den imaginären Zahlen, die Elemente der Algebra, insbesondere die

Wurzelexistenz und die Theorie der symmetrischen Funktionen, endlich aus der Analysis die Exponentialfunktion komplexen Arguments und die Formel

$$e^{\pi i} = -1 \quad (i = \sqrt{-1}).$$

Angenommen, die Zahl π würde einer Gleichung

$$a_0 + a_1 \pi + \ldots + a_l \pi^l = 0$$

mit ganzzahligen Koeffizienten genügen, wo $a_l \neq 0$ ist, so wird dasselbe von der Zahl $\pi i = \xi$ gelten; es ist nämlich

$$a_0 + a_1 \frac{\xi}{i} - a_2 \xi^2 - a_3 \frac{\xi^3}{i} + a_4 \xi^4 + a_5 \frac{\xi^5}{i} - \ldots = 0,$$

oder also

$$(a_0 - a_2 \xi^2 + a_4 \xi^4 - \ldots)^2 + (a_1 \xi - a_3 \xi^3 + a_5 \xi^5 - \ldots)^2 = 0.$$

Daher wollen wir annehmen,

$$f_1(x) = \sum_{\varkappa=0}^{k} c_\varkappa x^\varkappa = 0 \qquad (c_k \neq 0)$$

sei eine Gleichung mit ganzzahligen Koeffizienten $c_\varkappa$, der die Zahl πi genügt. Sind $x_1, \ldots, x_k$ die k Wurzeln dieser Gleichung, so ist also eine von ihnen gleich πi, eine zweite gleich $-\pi i$, weil mit jeder komplexen Wurzel bekanntlich auch die konjugierte auftritt. Daher ist

$$\prod_{\varkappa=1}^{k} (1 + e^{x_\varkappa}) = 0,$$

weil das Produkt den Faktor $1 + e^{\pi i} = 0$ enthält. Multipliziert man das Produkt aus, so ergibt sich:

$$(1) \qquad 1 + \sum_{\varkappa} e^{x_\varkappa} + \sum_{\varkappa\lambda} e^{x_\varkappa + x_\lambda} + \sum_{\varkappa\lambda\mu} e^{x_\varkappa + x_\lambda + x_\mu} + \ldots + e^{x_1 + x_2 + \ldots + x_k} = 0.$$

Nun hat die Gleichung $f_1(x) = 0$ die Wurzeln $x_1, \ldots, x_k$; also ist

$$\prod_{\varkappa=1}^{k} (x - x_\varkappa) = \frac{1}{c_k} f_1(x);$$

ferner haben die Polynome

$$\prod_{\varkappa\lambda} (x - x_\varkappa - x_\lambda) = \sum_\nu c_\nu^{(2)} x^\nu = f_2(x),$$

$$\prod_{\varkappa\lambda\mu} (x - x_\varkappa - x_\lambda - x_\mu) = \sum_\nu c_\nu^{(3)} x^\nu = f_3(x),$$

— — — — — — — — — — — — — — — —

als symmetrische Funktionen der $x_\varkappa$ rationale Koeffizienten. Daher läßt sich die Gleichung (1) auch in der Form schreiben:

$$(2) \qquad 1 + \sum_\nu e^{\nu_\nu} = 0,$$

wobei die Exponenten y_ν die Wurzeln der Gleichung

$$f_1(x) f_2(x) \ldots f_k(x) = 0$$

sind. Diese hat rationale Koeffizienten, die man durch Multiplikation mit dem Hauptnenner auch ganzzahlig machen kann. Von den Zahlen y_ν ist mindestens eine gleich Null; denn unter den Zahlen $x_\varkappa$ ist sowohl πi als $-\pi i$ vorhanden, daher unter den Zahlen $x_\varkappa + x_\lambda$ gewiß die Null. Wenn etwa $q - 1$ der Zahlen y_ν gleich Null sind, wo also $q \geqq 2$ ist, so nimmt die Gleichung (2) auch folgende Gestalt an:

$$q + \sum_\nu e^{z_\nu} = 0\,, \tag{3}$$

wobei die Exponenten z_ν die Wurzeln einer algebraischen Gleichung mit ganzzahligen Koeffizienten sind und alle von Null verschieden. Diese Gleichung sei

$$g_0 + g_1 x + \ldots + g_n x^n = 0, \tag{4}$$

wobei

$$g_0 \neq 0, \quad g_n \neq 0 \tag{5}$$

ist. Die Summe in (3) ist dann von $\nu = 1$ bis $\nu = n$ zu erstrecken.

Nun bleiben die an das Polynom $P(x)$ [Gleichung (1) des vorigen Paragraphen] geknüpften Überlegungen offenbar auch dann in Kraft, wenn die dabei auftretenden Zahlen

$$\gamma_\mu,\ x,\ \alpha,\ \alpha_\nu,\ \beta$$

komplex sind. Aus (3) folgt aber, wenn $P(x)$ irgendein Polynom ist:

$$q\, P^*(0) + \sum_{\nu=1}^{n} P^*(z_\nu) = \sum_{\nu=1}^{n} [P^*(z_\nu) - e^{z_\nu} P^*(0)];$$

also, indem man die rechte Seite mit Hilfe der Formel (4) des vorigen Paragraphen abschätzt:

$$\left| q\, P^*(0) + \sum_{\nu=1}^{n} P^*(z_\nu) \right| \leqq \sum_{\nu=1}^{n} |z_\nu|\, e^{|z_\nu|}\, P_*(z_\nu),$$

und erst recht, wenn ζ die größte der n Zahlen $|z_1|, \ldots, |z_n|$ bedeutet:

$$\left| q\, P^*(0) + \sum_{\nu=1}^{n} P^*(z_\nu) \right| \leqq n\, \zeta\, e^{\zeta}\, P_*(\zeta). \tag{6}$$

Wir wählen jetzt für $P(x)$ speziell das Polynom

$$P(x) = \frac{g_n^{np-1}\, x^{p-1}\, (g_0 + g_1 x + \ldots + g_n x^n)^p}{(p-1)!}\,, \tag{7}$$

wo p wieder eine geeignet zu wählende Primzahl bedeutet; jedenfalls sei

$$p > q, \quad p > |g_0|, \quad p > |g_n|\,. \tag{8}$$

Dann ist offenbar

$$P_*(\zeta) \leqq \frac{|g_n|^{np-1}\zeta^{p-1}(|g_0| + |g_1|\zeta + \ldots + |g_n|\zeta^n)^p}{(p-1)!},$$

und da die rechte Seite für genügend große p wieder beliebig klein wird, folgt aus (6):

$$\left| q\, P^*(0) + \sum_{\nu=1}^{n} P^*(z_\nu) \right| < 1, \tag{9}$$

sobald nur die Primzahl p groß genug gewählt ist. Hieraus ergibt sich nun wieder ein Widerspruch, wenn wir zeigen können, daß die linke Seite von (9) eine ganze nicht durch p teilbare Zahl ist.

Setzt man zu dem Zweck $P(x)$ in die Form

$$P(x) = \sum_{\mu} \frac{\gamma_\mu}{\mu!} x^\mu,$$

so ist

$$\begin{aligned} \gamma_\mu &= 0 \quad \text{für } \mu < p-1, \\ \gamma_{p-1} &= g_n^{np-1} g_0^p, \\ \gamma_\mu &= \text{Vielfaches von } p \text{ für } \mu > p-1. \end{aligned}$$

Mit Rücksicht auf (8) ist daher der Ausdruck

$$q\, P^*(0) = q \sum_{\mu} \gamma_\mu$$

eine ganze, *nicht durch p teilbare* Zahl. Der Widerspruch wird daher zutage treten, wenn wir noch zeigen können, daß die Summe

$$\sum_{\nu=1}^{n} P^*(z_\nu) \tag{10}$$

eine ganze, *durch p teilbare* Zahl ist. Nun ist, da die Gleichung (4) die Wurzeln $z_1, \ldots, z_n$ hat,

$$g_0 + g_1 x + \ldots + g_n x^n = g_n (x - z_1)(x - z_2) \ldots (x - z_n),$$

und daher auch

$$P(x) = \frac{(g_n x)^{p-1} (g_n x - g_n z_1)^p (g_n x - g_n z_2)^p \ldots (g_n x - g_n z_n)^p}{(p-1)!}.$$

Also, wenn man, unter ν eine der Zahlen $1, 2, \ldots, n$ verstehend, nach Potenzen von $g_n x - g_n z_\nu$ entwickelt:

$$P(x) = \sum_{\mu} \frac{A_{\nu\mu}(g_n z_1, \ldots, g_n z_n)}{\mu!} (g_n x - g_n z_\nu)^\mu = Q_\nu (x - z_\nu),$$

wobei die $A_{\nu\mu}$ für $\mu < p$ verschwinden, während sie für $\mu \geqq p$ Polynome ihrer n Argumente sind mit ganzzahligen, durch p teilbaren Koeffizienten; außerdem ist $A_{\nu\mu}$ eine *symmetrische* Funktion der $n - 1$ Größen

$$z_1, \ldots, z_{\nu-1}, z_{\nu+1}, \ldots, z_n .$$

Wenn man daher $A_{\nu\mu} = p\, B_{\nu\mu}$ setzt, so sind die $B_{\nu\mu}$ noch immer Polynome von $g_n z_1, \ldots, g_n z_n$ mit ganzzahligen Koeffizenten, und es ist unter Berücksichtigung der Regel V des vorigen Paragraphen

$$P^* (z_\nu) = Q_\nu^* (0) = \sum_\mu g_n^\mu A_{\nu\mu} (g_n z_1, \ldots, g_n z_n)$$
$$= p \sum_\mu g_n^\mu B_{\nu\mu} (g_n z_1, \ldots, g_n z_n)$$

und also

$$\sum_{\nu=1}^{n} P^* (z_\nu) = p \sum_\mu g_n^\mu \sum_{\nu=1}^{n} B_{\nu\mu} (g_n z_1, \ldots, g_n z_n).$$

Hier ist aber die innere Summe eine ganze symmetrische Funktion von $g_n z_1, \ldots, g_n z_n$ mit ganzzahligen Koeffizienten. Sie ist also selbst eine ganze Zahl, da die Gleichung mit den Wurzeln $g_n z_1, \ldots, g_n z_n$ die folgende ist:

$$g_0 g_n^{n-1} + g_1 g_n^{n-2} x + \ldots + g_{n-2} g_n x^{n-2} + g_{n-1} x^{n-1} + x^n = 0,$$

also bei ganzzahligen Koeffizienten den höchsten Koeffizienten 1 hat. Hiernach ist in der Tat die fragliche Summe (10) eine durch p teilbare ganze Zahl, womit alles bewiesen ist.

Literatur

Zum ersten und zweiten Kapitel

1. P. Bachmann, Vorlesungen über die Natur der Irrationalzahlen. Leipzig 1892.

2. B. Bolzano, Rein analytischer Beweis des Lehrsatzes, daß zwischen je zwey Werthen, die ein entgegengesetztes Resultat gewähren, wenigstens eine reelle Wurzel der Gleichung liege. Prag 1817. Neu herausgegeben von Jourdain in Ostwalds Klassiker Nr. 153 (1905).

3. G. Cantor, Über die Ausdehnung eines Satzes aus der Theorie der trigonometrischen Reihen. Mathem. Annalen 5 (1872) = Gesammelte Abhandlungen S. 92.

4. G. Cantor, Über unendliche lineare Punktmannigfaltigkeiten. Math. Annalen 21 (1883) = Gesammelte Abhandlungen S. 139.

5. A. Cauchy, Cours d'analyse de l'école polytechnique. Paris 1821.

6. V. von Dantscher, Vorlesungen über die Weierstraßsche Theorie der irrationalen Zahlen. Leipzig 1908.

7. R. Dedekind, Stetigkeit und irrationale Zahlen. Braunschweig 1872. Fünfte Aufl. 1927 = Ges. math. Werke 3, S. 315.

8. C. F. Gauß, Grundbegriffe der Lehre von den Reihen. Werke, Band X_1, S. 390.

9. E. Heine, Die Elemente der Funktionslehre. Journal f. d. reine u. angew. Mathem. 74 (1872).

10. O. Hölder, Die Arithmetik in strenger Begründung. Leipzig 1914.

11. E. V. Huntington, A set of postulates for real algebra, comprising postulates for a one-dimensional continuum and for the theory of groups. Transactions of the Amer. Math. Society 6 (1905).

12. E. Kossak, Die Elemente der Arithmetik. Programm des Friedrich-Werderschen Gymnasiums. Berlin 1872.

13. A. Loewy, Lehrbuch der Algebra. Leipzig 1915.

14. H. von Mangoldt, Einführung in die höhere Mathematik, erster Band. Leipzig 1911; 10. Aufl. bearb. von K. Knopp, 1956.

15. Ch. Méray, Revue des sociétés savantes: sc. math. sér. 2, tome 4 (1869).

16. Ch. Méray, Nouveau précis d'analyse infinitésimale. Paris 1872. — Leçons nouvelles sur l'analyse infinitésimale, tome 1. Paris 1894.

17. G. Mittag-Leffler, Die Zahl: Einleitung zur Theorie der analytischen Funktionen. The Tôhoku mathematical journal 17 (1920).

18. O. Perron, Was sind und sollen die irrationalen Zahlen? Jahresber. d. deutsch. Mathematikervereinigung 16 (1907).

19. B. L. van der Waerden, Moderne Algebra I (1930 und spätere Auflagen).

20. H. Weber, Elementare Mengenlehre. Jahresber. d. deutsch. Mathematikervereinigung 15 (1906).

21. H. Weber und J. Wellstein, Enzyklopädie der Elementarmathematik. Erster Band. Zweite Aufl. Leipzig 1906.

Zum dritten Kapitel

14. 21. Außerdem

22. J. Bürgi, Arithmetische und geometrische Progreßtabuln. Prag 1620.

23. H. Hankel, Theorie der komplexen Zahlensysteme. Leipzig 1867.

24. J. Neper, Mirifici Logarithmorum canonis descriptio. Edinburg 1614.

25. R. Neper, Mirifici Logarithmorum canonis constructio. Lugduni 1620; eine englische Übersetzung von W. R. Macdonald, Edinburg und London 1889.

26. O. Stolz, Vorlesungen über allgemeine Arithmetik. Leipzig 1885.

27. O. Stolz und J. A. Gmeiner, Theoretische Arithmetik. Zweite Aufl. Leipzig 1911—1915.

Zum vierten Kapitel

26. 27. Außerdem

28. R. Ballieu, Sur le développement des irrationnelles quadratiques en fractions continues régulières. Mathesis 54 (1942).

29. G. Cantor, Über die einfachen Zahlensysteme. Zeitschr. f. Mathem. u. Physik 14 (1869) = Gesammelte Abhandlungen S. 35.

30. G. Cantor, Zwei Sätze über eine gewisse Zerlegung der Zahlen in unendliche Produkte. Zeitschr. f. Mathem. u. Physik 14 (1869) = Gesammelte Abhandlungen S. 43.

31. P. A. Cataldi, Trattado del modo brevissimo di trovare la radice quadra delli numeri, et regole di approssimarsi di continuo al vero nelle radici dei numeri non quadrati, con le cause et inventioni loro. Bologna 1613.

32. Charves, Démonstration de la périodicité des fractions continues, engendrées par les racines d'une équation du deuxième degré. Bulletin des sciences mathém. sér. 2, tome 1 (1877).

33. F. Engel, Verhandl. d. 52. Versammlung deutscher Philologen und Schulmänner in Marburg 1913.

34. L. Euler, De fractionibus continuis. Comentarii Acad. scient. Petropolitanae, ad annum 1737 = Opera omnia, ser. 1, vol. 14 S. 187.

35. L. Euler, Introductio in analysin infinitorum I. 1748 = Opera omnia, ser. 1, vol. 8.

36. J. V. Gonçalves, Curso de Algebra superior, I parte, 3. edição. Lisboa 1953.

37. J. V. Gonçalves, Sur les fractions continues réelles. Revista da Faculdade de Ciências, 2. série-A-vol. II (1953).

38. Chr. Huygens, Opuscula posthuma. Descriptio automati planetarii. Lugduni Batavorum 1703.

39. J. L. Lagrange, Additions au mémoire sur la résolution des équations numériques. Mémoires de l'Académie royale des sciences et belles-lettres (de Berlin) 24 (1770) = Oeuvres II.

40. J. H. Lambert, Beyträge zum Gebrauche der Mathematik und deren Anwendung, 2. Teil, 1. Abschnitt. Berlin 1770. Speziell: III. Verwandlung der Brüche.

41. J. Lüroth, Über eine eindeutige Entwicklung von Zahlen in eine unendliche Reihe. Mathem. Annalen 21 (1883).

42. A. Ostrowski, Über einige Verallgemeinerungen des Eulerschen Produktes $\Pi(1+x^{2^\nu})=\frac{1}{1-x}$. Verhandl. der naturforsch. Gesellsch. in Basel, Band 40 (1929).

43. O. Perron, Die Lehre von den Kettenbrüchen. Leipzig 1913. Dritte Aufl. Band I. Stuttgart 1954.

44. O. Perron, Neue Periodizitätsbeweise für die regelmäßigen und halbregelmäßigen Kettenbrüche quadratischer Irrationalzahlen. Sitz. Ber. Bayer. Akad. d. Wissenschaften, Math.-naturw. Klasse 1954.

45. D. Schwenter, Deliciae Physico-Mathematicae. Nürnberg 1636.

46. G. Stratemeyer, Stammbruchentwicklungen für die Quadratwurzel aus einer rationalen Zahl. Mathem. Zeitschrift 31 (1930).

47. G. Stratemeyer, Entwicklung positiver Zahlen nach Stammbrüchen (Dissertation). Mitteil. des mathem. Seminars d. Universität Gießen, Bd. II, Heft 20 (1931).

48. J. J. Sylvester, On a point in the theory of vulgar fractions. American Journal of Mathematics 3 (1880).

49. J. Wallis, Tractatus de algebra, 1685 = Opera mathematica II.

Zum fünften Kapitel

48. Außerdem

50. P. Bohl, Über ein in der Theorie der säkularen Störungen vorkommendes Problem. Journal f. d. reine u. angew. Mathem. 135 (1909).

51. H. Bohr und R. Courant, Neue Anwendungen der Theorie der Diophantischen Approximationen auf die Riemannsche Zetafunktion. Journal f. d. reine u. angew. Mathem. 144 (1914).

52. É Borel, Contribution à l'analyse arithmétique du continu. Journal de mathém. pures et appliquées, sér. 5, tome 9 (1903).

53. G. Lejeune Dirichlet, Verallgemeinerung eines Satzes aus der Lehre von den Kettenbrüchen nebst einigen Anwendungen auf die Theorie der Zahlen. Bericht über die Verhandl. d. kgl. Preuß. Akad. d. Wissenschaften. Jahrg. 1842 = Werke I.

54. T. Estermann, A proof of Kronecker's theorem by induction. Journal of the London mathematical Society 8 (1933).

55. M. Fujiwara, Bemerkung zur Theorie der Approximation der irrationalen Zahlen durch rationale Zahlen. The Tôhoku mathematical journal 11 (1917).

56. Ph. Furtwängler, Über die simultane Approximation von Irrationalzahlen. Mathem. Annalen 96 (1927) und 99 (1928).

57. A. Hurwitz, Über die angenäherte Darstellung der Irrationalzahlen durch rationale Brüche. Mathem. Annalen 39 (1891).

58. C. G. J. Jacobi, Allgemeine Theorie der kettenbruchähnlichen Algorithmen, in welchen jede Zahl aus drei vorhergehenden gebildet wird. Aus dem Nachlaß veröffentlicht von Heine, Journal f. d. reine u. angew. Mathem. 69 = Werke Bd. 6.

59. J. F. Koksma, Diophantische Approximationen = Ergebnisse der Mathematik und ihrer Grenzgebiete Band 4. Berlin 1936.

60. L. Kronecker, Die Periodensysteme von Funktionen reeller Variabeln. Sitzungsber. d. kgl. Preuß. Akad. d. Wissenschaften zu Berlin 1884 = Werke 3 I.

61. L. Kronecker, Näherungsweise ganzzahlige Auflösung linearer Gleichungen. Sitzungsber. d. kgl. Preuß. Akad. d. Wissenschaften zu Berlin 1884 = Werke 3 I.

62. F. Lettenmeyer, Neuer Beweis des allgemeinen Kroneckerschen Approximationssatzes. Proceedings of the London mathematical Society, ser. 2, vol. 21 (1922).

63. H. Minkowski, Geometrie der Zahlen. Leipzig 1896.

64. O. Perron, Grundlagen für eine Theorie des Jacobischen Kettenbruchalgorithmus. Mathem. Annalen 64 (1907).

65. O. Perron, Über diophantische Approximationen. Mathem. Annalen 83 (1921).

66. M. Rieß, Modules réciproques. Congrès international des Mathématiciens Oslo 1936.

67. A. Scholz, Zur simultanen Approximation von Irrationalzahlen. Mathem. Annalen 103 (1930).

68. H. Weyl, Über ein Problem aus dem Gebiet der Diophantischen Approximationen. Nachrichten d. Gesellschaft d. Wissenschaften zu Göttingen; Math.-phys. Klasse 1914.

69. H. Weyl, Über die Gleichverteilung von Zahlen mod Eins. Mathem. Annalen 77 (1916).

Zum sechsten Kapitel

1. 21. 48. Außerdem

70. G. Cantor, Über eine Eigenschaft des Inbegriffes aller reellen algebraischen Zahlen. Journal f. d. reine u. angew. Mathem. 77 (1874) = Gesammelte Abhandlungen S. 115.

71. G. Cantor, Über eine elementare Frage der Mannigfaltigkeitslehre. Jahresber. d. deutsch. Mathematikervereinigung 1 (1891) = Gesammelte Abhandlungen S. 278.

72. G. Faber, Über arithmetische Eigenschaften gewisser ganzer Funktionen. Sitzungsber. d. kgl. Bayr. Akad. d. Wissenschaften zu München; Math.-phys. Klasse 1913.

73. Ph. Furtwängler, Über Kriterien für die algebraischen Zahlen. Sitzungsber. d. k. Akad. d. Wissenschaften zu Wien; Math.-naturw. Klasse, Bd. 126, Abt. IIa (1917).

74. P. Gordan, Transzendenz von e und π. Mathem. Annalen 43 (1893).

75. Ch. Hermite, Sur la fonction exponentielle. Comptes rendus des séances de l'Acad. des sciences 77 (1873) = Oeuvres 3.

76. D. Hilbert, Über die Transzendenz der Zahlen e und π. Nachrichten d. Gesellsch. d. Wissenschaften zu Göttingen; Math.-phys. Klasse 1893 = Mathem. Annalen 43 (1893) = Gesammelte Abhandlungen Bd. 1, S. 1.

77. A. Hurwitz, Beweis der Transzendenz der Zahl e. Mathem. Annalen 43 (1893) = Math. Werke 2, S. 134.

78. J. H. Lambert, Mémoire sur quelques propriétés remarquables des quantités transcendantes circulaires et logarithmiques (Lu en 1767). Histoire de l'Académie royale des sciences et belles-lettres (de Berlin), année 1761 (gedruckt 1768).

79. J. H. Lambert, Beyträge zum Gebrauche der Mathematik und deren Anwendung, 2. Teil, 1. Abschnitt. Berlin 1770. Speziell: V. Vorläufige Kenntnis für die, so die Quadratur und Rectifikation des Circuls suchen.

80. J. Liouville, Sur des classes très-étendues de quantités dont la valeur n'est ni algébrique, ni même réductible à des irrationnelles algébriques. Journal de mathém. pures et appliquées 16 (1851).

81. F. Lindemann, Über die Zahl π. Mathem. Annalen 20 (1882).

82. E. Maillet, Introduction à la théorie des nombres transcendants et des propriétés arithmétiques des fonctions. Paris 1906.

83. H. Minkowski, Ein Kriterium für die algebraischen Zahlen. Nachrichten d. Gesellsch. d. Wissenschaften zu Göttingen; Math.-phys. Klasse 1899.

84. H. Minkowski, Über periodische Approximationen algebraischer Zahlen. Acta mathematica 26 (1902).

85. I. Niven, Irrational numbers. Published by The Mathematical Association of America 1956.

86. N. Pipping, Ein Kriterium für die reellen algebraischen Zahlen. Acta Academiae Aboensis, Math. et Phys. I, 1921.

87. N. Pipping, Arithmetische Kriterien für reelle algebraische Zahlen. Acta Academiae Aboensis, Math. et Phys. VII, 1933.

88. N. Pipping, Ein neues Kriterium für die reellen algebraischen Zahlen n-ten Grades. Acta Academiae Aboensis, Math. et Phys. VIII, 1934.

89. K. F. Roth, Rational approximations to algebraic numbers. Mathematica 2 (1955).

90. Th. Schneider, Einführung in die transzendenten Zahlen. Berlin-Göttingen-Heidelberg 1957.

91. C. Siegel, Approximation algebraischer Zahlen. Mathem. Zeitschrift 10 (1921).

92. C. Siegel, Über Näherungswerte algebraischer Zahlen. Mathem. Annalen 84 (1921).

93. H. Späth, Zur Transzendenz von e und π. Mathem. Annalen 98 (1928).

94. A. Thue, Über Annäherungswerte algebraischer Zahlen. Journal f. d. reine u. angew. Mathem. 135 (1909).

Namen- und Sachregister

Bei Fragen zur Produktsicherheit wenden Sie sich bitte an:
If you have any questions regarding product safety,
please contact:

Walter de Gruyter GmbH
Genthiner Straße 13
10785 Berlin
productsafety@degruyterbrill.com